全国高等职业教育机电类专业“十二五”规划教材

电工基础

DIANGONG JICHU

李蛇根 主 编
陈 静 魏宏飞 副主编
程 周 金仁贵 主 审

中国铁道出版社
CHINA RAILWAY PUBLISHING HOUSE

内 容 简 介

本书是中国铁道出版社“十二五”机电类规划系列教材之一。编写时参照教育部高教司颁布的《高职高专教育基础课程教学基本要求》的文件精神，结合职业任职资格标准及行业职业技能鉴定标准，在总结“十一五”高等职业教育教学改革经验的基础上，坚决贯彻“以服务为宗旨，以就业为导向，以能力为本位”的职业教育办学指导思想，并参考近年来广泛使用的同类优秀教材编写而成。

本书适合作为高等职业院校机电技术、电子应用技术、电气自动化技术、计算机、通信技术、机械制造等专业的教材，也作为相关工程技术人员工作参考书，以及岗前培训用书。

图书在版编目（CIP）数据

电工基础/李蛇根主编．—北京：中国铁道出版社，2013.7（2018.8 重印）
全国高等职业教育机电类专业“十二五”规划教材
ISBN 978-7-113-15899-6

Ⅰ.①电… Ⅱ.①李… Ⅲ.①电工学—高等职业教育—教材 Ⅳ.①TM1

中国版本图书馆 CIP 数据核字（2012）第 318773 号

书　　名：电工基础
作　　者：李蛇根　主编

策　　划：秦绪好　王春霞　　　**读者热线：**（010）63550836
责任编辑：秦绪好　鲍　闻
封面设计：刘　颖
封面制作：白　雪
责任印制：郭向伟

出版发行：中国铁道出版社（100054，北京市西城区右安门西街 8 号）
网　　址：http：//www.tdpress.com/51eds/
印　　刷：北京虎彩文化传播有限公司
版　　次：2013 年 7 月第 1 版　　2018 年 8 月第 3 次印刷
开　　本：787 mm×1092 mm　1/16　**印张：**13.5　**字数：**342 千
印　　数：5001～6000 册
书　　号：ISBN 978-7-113-15899-6
定　　价：28.00 元

FOREWORD

前　言

很多人用“看不见、摸不着、实存在、很有用”来形容“电”；相关的电学理论较为抽象，较难理解。但是随着社会的发展，电所发挥的作用越来越大，人类已越来越离不开电。无论从能源的角度，还是从改善生活、减小劳动强度的角度，特别是当今的信息社会都缺少不了电。

电从电流的大小上可分为：强电和弱电。强电主要应用于传输、转换电能，弱电主要应用于传递、处理信号。从电流形式上可分：直流和交流；从电流频率上可分为低频和高频；其分类复杂多样。本书从直流电入手，重点讲解电的基本分析方法，进而引入交流电的分析方法，以及三相电能和磁电关系。

本书的编写宗旨：力图简单、浅显、易学、易懂，使学生学习达到“事半功倍”“立竿见影”的效果。因为，无论学习电学的哪一个分支——“电工基础”或“电路基本分析”，都是学习电学的第一个阶梯，因此，编写好该书尤显重要。

全书共分为8章：第1章 电路基本知识，第2章 电路的等效变换，第3章 电路的基本分析方法，第4章 正弦交流电路，第5章 三相正弦交流电路，第6章 磁路与变压器，第7章 动态电路分析，第8章 实验课题及电路仿真。为了便于读者理解，书中配有丰富的图片，并用通俗易懂的文字描述，各章附有例题、习题。为了配合双证制教学需要，附录中设置了电工考证试题及各章部分习题参考答案，供学生复习参考。

本书由安徽工业经济职业技术学院李蛇根老师任主编，负责全书的统稿、审稿、改稿、定稿；安徽工业经济职业技术学院陈静老师和河南职业技术学院魏宏飞老师任副主编，王莲生老师负责书稿的电子版版面格式编排；全书由安徽职业技术学院电气工程系主任程周教授及金仁贵教授担任主审。参与本书编写工作的人员还有蒋鸣东、刘畅、马传奇、钟俊等老师。其中李蛇根编写第2章~第4章全部内容，全书每小节前的现象与思考，以及附录B、附录C；陈静编写第1章的1.1、1.2节，第8章，并绘制、整理了大量图稿；魏宏飞老师编写第5章；安徽工业经济职业技术学院蒋鸣东老师编写了附录A电工生产实习项目指导的全部内容，安徽工业经济职业技术学院刘畅老师编写第7章，阜阳职业技术学院马传奇老师编写了第1章部分内容；安徽职业技术学院钟俊编写第6章。

金仁贵教授对本书的内容提出了许多宝贵的意见和建议，编者对金教授深表谢意！

由于编写时间仓促，加之编者水平有限，书中难免存在疏漏与不足之处，恳请广大读者批评指正。

编　者

2013年4月

CONTENTS

目录

第1章 电路基本知识

学习目标

- 了解电路的定义、基本组成和电路的分类。
- 理解电路符号、电路模型的建立。
- 掌握电路中主要电参量：电压、电流和电功率的计算。
- 掌握电压、电流的参考方向和实际方向的区别及其联系，理解关联参考方向的意义。
- 掌握用关联参考方向对电路进行分析，以及元件吸收功率和释放功率的物理意义。
- 了解常见电路元件的参数定义、电压电流的约束关系，以及电阻元件的伏安特性。
- 掌握电路常见的三种工作状态——通路、断路和短路，理解元件参数的额定值。

引导提示

本章主要介绍电路的定义、组成、分类，电路中的各种电参量，电路的工作状态，常见的电路元件及其模型，理想电源与实际电源的模型。

重点、难点：电流、电压的参考方向及其关联性，电压与电位的关系。

1.1 电路与电路模型

观察与思考

电气工程包括电力工程、通信工程、工业控制三大系统，而且还在不断地向其他领域渗透。大到各种大型的电气设备，小到各种小型电子产品，都是由不同的电路组成的。

汽车行驶在马路上，行人走在人行道上，轮船、飞机各行其道。那么电荷经过的路径能不能称为电路？在电路中是不是只有导体，有没有其他的电路元件，这些电路元件在电路中起什么作用，充当什么角色？本节将通过一定的内容介绍来让读者全面正确地理解电路与电路元件及电路中各电参量之间的关系。

1.1.1 电路的定义及其组成

1. 什么是电路

带电荷的粒子定向有序地移动所经过的路径称为电路，就像马路、铁路、水路等一样。

所谓电路，就是按所要完成的功能，将一些电气设备或元器件按一定方式连接起来，以便形成电流流过的通路。若工作时电路中电流的大小和方向不随时间变化，则称该电路为直流电路；若电路中电流的大小和方向随时间而变化，则称该电路为交流电路。

电路通常由若干电气元器件构成，具有一定的功能。电路可以是复杂的系统，也可以是系统的一部分。为了研究方便，可先从简单电路入手。

2. 电路的组成

电路通常由电源、负载、导线及控制保护装置等组成，如图 1-1所示。

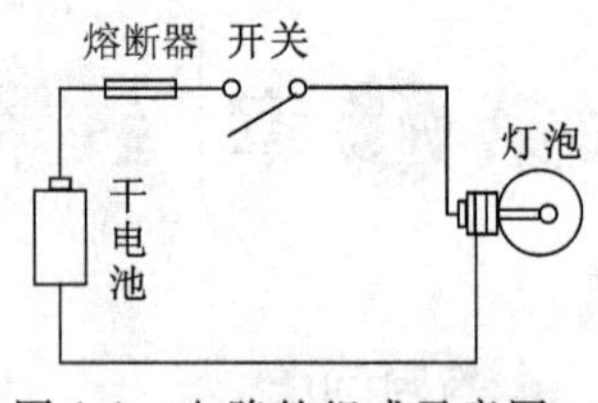

图 1-1　电路的组成示意图

电源：提供电路所需的电能，如干电池、蓄电池、发电机等。

负载：将电能转换成其他形式的能量，如电灯、电动机、电热器、扬声器等。

导线：用来把电源和负载连接成闭合回路，常用是铜导线或铝导线。

控制和保护装置：用来控制电路的通断、保护电路的安全，使电路能够正常工作，如开关、熔断器（俗称保险丝）等。

通常还有“中间环节”这一提法：简单情况可以指导线、开关；复杂情况可以是具体的应用电路。例如，一台电视机中，交流电源及电视信号可视为电源，显像管以及扬声器可视为负载，其余部分则可视为中间环节。

1.1.2　电路的模型及电路的分类

1. 电路的模型及电路符号

由理想元件所组成的电路称为实际电路的电路模型，简称电路。将实际电路模型化是研究电路问题的常用方法。图 1-2 所示为一个电路模型。

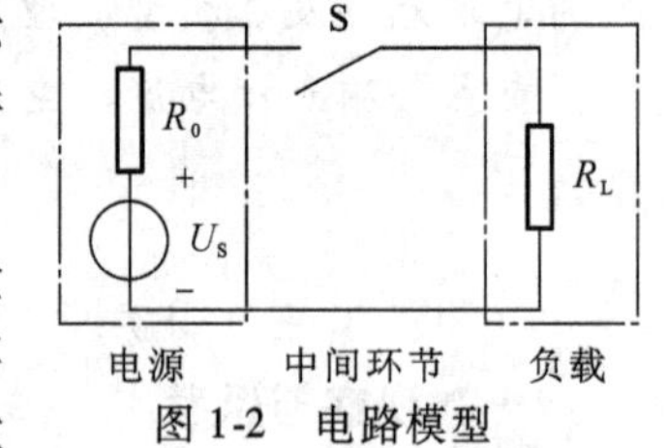

图 1-2　电路模型

实际的电路元件往往具有一定的外观形状，有一定的质量和体积，研究时很难描述清楚。如果能够抓住电路元件的主要特征（电磁性能），忽略次要因素，将电路元件抽象成理想的模型，在研究电路及求解电路参数时，可以节省大量的时间，也是研究电路常用的方法之一。

在研究电路时，人们常常使用很多电路符号来描述具体电路元件的特征及其参量，由各种电路符号所组成的电路或电路图称为电路模型。

电路模型常用电路符号来表征，中学已经介绍过一些，如电阻器、电容器、电感器、可调电阻器、二极管、三极管的符号等。常见电路元器件的符号如表 1-1 所示。

表 1-1　常见电路元器件的符号

元器件名称	元器件符号	元器件名称	元器件符号
导线		电动机	M
开关		可调电阻器	
电阻器		可调电容器	
电容器		电压表	V

续表

元器件名称	元器件符号	元器件名称	元器件符号
电感器		电流表	
电池、电池组		二极管	

2. 电路的分类与作用

电路的种类繁多，分类方法也很多。通常可认为电路有两种类型：

一类主要是以实现能量的传输、电能的分配与转换为主要目的，研究这类知识的学科称为电工学。

另一类主要以实现信息的传递、信号的处理为主要目的，研究这类知识的学科称为电子学。

前者常见于工厂、港口、交通运输等用电设备或各种家用电器，属于强电范畴；后者常见于广播、电视、通信系统及计算机技术的各种电子产品，属于弱电范畴。

1.1.3　自己动手练一练

1. 电路模型和实际电路的区别是什么？
2. 为什么电路理论中讨论的只是电路模型而不是实际电路？
3. 电路符号是自行定义，还是采用国家标准？

1.2　电路的参量

水在重力的作用下由高处往低处流动，这种定向流动形成了水流。平静的湖面并没有水流，是因为没有水位的高低之差，这种现象引导我们去思考电流产生的原理和产生电流的必要因素。导体内电荷在电压或电场的作用下产生了电荷的移动形成了电流，有电流流过的电路元件又形成了电压降。元件上既有电流又有电压，就产生了电功率。

电路中的电参量很多，本节主要讨论最常见的电参量：电流、电压、电功率等。

1.2.1　电流和电压

1. 电流

带电粒子或电荷在电场力作用下的定向移动便形成了电流，度量电流大小的物理量称为电流强度，简称电流，其数值是指单位时间内通过导体某一横截面上的电量。

$$I = \frac{Q}{t} \tag{1-1}$$

其中：I 表示电流，Q 表示电量，t 表示通电的时间。在 SI（国际单位制）中，电流的单位为安［培］，符号为 A；电量的单位为库［仑］，符号为 C；时间的单位为秒，符号为 s。当电路中某一横截面在 1 s 时间内通过 1 C 的电量时，电路中该处的电流即为 1 A。即

$$1\ \text{A} = \frac{1\ \text{C}}{1\ \text{s}}$$

实际应用中，电流的单位还有毫安（mA）、微安（μA）、纳安（nA）等，甚至还会遇到千安（kA），常需要进行单位换算：

$$1\ \text{kA}=10^{3}\ \text{A}\qquad 1\ \text{mA}=10^{-3}\ \text{A}\qquad 1\ \mu\text{A}=10^{-6}\ \text{A}\qquad 1\ \text{nA}=10^{-9}\ \text{A}$$

2. 电压

在电场中，两点之间的电位差称为电压或电压降。另一种定义为：电场力把单位正电荷由 a 点移到 b 点所做的功在数值上等于 a、b 两点的电压。即

$$U_{ab}=\frac{W}{Q} \tag{1-2}$$

其中：U_{ab}表示两点之间的电压，W 表示电功，Q 表示电荷的电量。在 SI 中，电压的单位为伏［特］，符号为 V，电功的单位为焦［耳］，符号为 J。当电路中有 1 C 的电荷在电场中移动做功 1 J，那么它所产生的电压就为 1 V。即

$$1\ \text{V}=\frac{1\ \text{J}}{1\ \text{C}}$$

实际应用中，电压的单位还有毫伏（mV），微伏（μV）等，有时还会遇到千伏（kV），甚至兆伏（MV）。常需要进行单位换算：

$$1\ \text{MV}=10^{6}\ \text{V}\qquad 1\ \text{kV}=10^{3}\ \text{V}\qquad 1\ \text{mV}=10^{-3}\ \text{V}\qquad 1\ \mu\text{V}=10^{-6}\ \text{V}$$

1.2.2 电压和电流的参考方向

电流总是有一定方向性的，通常规定正电荷移动的方向为电流的正方向，对外电路而言，电流总是由电位高处流向电位低处，而在电源内部则由于非静电力作用，电流由低电位处流向高电位处。

电流的方向常用箭头直接标注在导线上。

电压或电位也有高低、极性之分，常用一对正负号（+-）表示其极性，“+”表示高电位点，“-”表示低电位点，如图 1-3 所示。

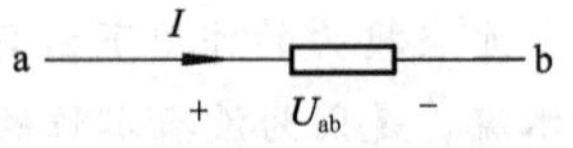

图 1-3 电压和电流的参考方向

在对某些电路进行分析、计算之前往往很难预先知道电路中电压与电流的实际方向，不妨先假设一个正方向或正极性作为电流、电压的方向，即参考方向，并以参考方向列出算式进行计算，待求解出真实结果后再根据数值的正负关系确定其实际方向。如果计算结果为正值，则表明参考方向与实际方向相同；如果计算结果为负值，则表明参考方向与实际方向相反。

【例 1.1】 求图 1-4 所示各电参量的实际方向。

解：（a）$I=2\ \text{A}>0$，说明实际电流方向由 a 点流向 b 点；

$U=-5\ \text{V}<0$，说明实际电压极性 b 点高，a 点低。

（b）$I=-1\ \text{A}<0$，说明实际电流方向由 d 点流向 c 点；

$U=2\ \text{V}>0$，说明实际电压极性 c 点高，d 点低。

图 1-4 例 1.1 电路

实际分析电路时，常常不区分参考方向和实际方向，将标注于电路图中的方向统称为参考方向。

1.2.3　关联的参考方向

在分析电路时，既要假设元件的电流参考方向，又要假设元件的电压参考极性，这样假设容易导致彼此相互独立，毫无关联性，甚至造成混乱。

为了便于分析，常采用关联参考方向。使选定同一元件的电流参考方向与电压降的参考极性保持一致，即表示电流参考方向的箭头，由参考电压的“+”极指向“-”极。电流从“+”端流向“-”端，这样的一对参考方向称为关联参考方向，如图 1-3 和图 1-4 所示。

【例 1.2】 试说明图 1-5 中所标出的 U 和 I 的参考方向是否为关联参考方向。

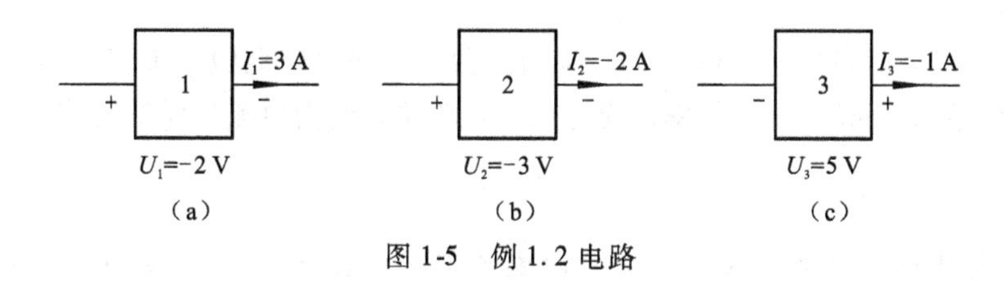

图 1-5　例 1.2 电路

解： 根据关联参考方向的定义可知：图(a)与图(b)的参考方向具有关联性，而图(c)的参考方向不具有关联性。

注意：在考察参考方向关联性的时候，只看所标注的箭头和“+”“-”是否一致，不看数值。

1.2.4　电位

在电路中任取一点 o 为参考点，则 a 点到参考点的电压 U_{ao} 称为 a 点的电位，记为 V_a。工程上常选择大地、设备的外壳作为参考点，用“⊥”表示，并规定参考点的电位为 0 V。

a、b 两点之间的电压等于这两点之间的电位差，即

$$U_{ab} = V_a - V_b \tag{1-3}$$

电路中某点的电位是相对的，随参考点的改变而改变，因此电位使用单下标标注。

电路中某两点的电压是绝对的，不随参考点的改变而改变。因此电压使用双下标标注。

在 SI 中，电位的单位与电压相同，也是伏［特］，符号为 V。

【例 1.3】 电路如图 1-6 所示，若以 o 点为参考点，求 U_{ab}、V_a、V_b；若以 b 点为参考点，再求 U_{ab}、V_a、V_b。

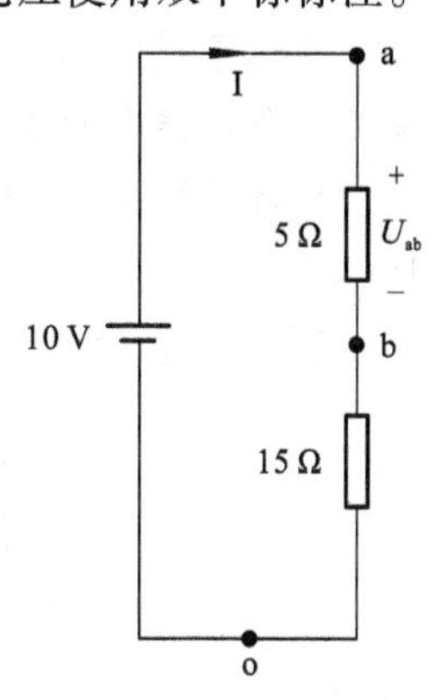

图 1-6　例 1.3 电路

解： 设电流、电压参考方向如图 1-6 所示，根据欧姆定律，有

$$I = \frac{10\ \text{V}}{(5+15)\ \Omega} = 0.5\ \text{A}$$

所以

$$U_{ab} = 5\ \Omega \times I = 5\ \Omega \times 0.5\ \text{A} = 2.5\ \text{V}$$

$$U_{ao} = 10\ \text{V}$$

$$U_{bo} = 15\ \Omega \times 0.5\ \text{A} = 7.5\ \text{V}$$

若以 o 点为参考点，则

$$V_o = 0\ \text{V}$$

$$V_a = U_{ao} = U_{ab} + U_{bo} = 2.5\ \text{V} + 7.5\ \text{V} = 10\ \text{V}$$

$$V_b = U_{bo} = 7.5\ \text{V}$$

若以 b 点为参考点，则

$$V_b = 0\ \text{V}$$

$$V_a = U_{ab} = 2.5\ \text{V}$$

$$V_o = U_{ob} = -U_{bo} = -7.5\ \text{V}$$

1.2.5 电功率与电能

1. 电功率

电场力推动正电荷在电路中运动时，电场力做功，同时电路吸收能量，电路在单位时间内吸收的能量称为电路吸收的电功率，简称功率。单位时间内电流所做的功称为电功率。即

$$P = \frac{W}{t} \tag{1-4}$$

其中：字母 P 表示平均功率，W 表示电能或电功。在 SI 中，功率单位是瓦［特］，符号为 W。电路中，电流在 1 s 内做功 1 J，那么其电功率就为 1 W。即

$$1\ \text{W} = \frac{1\ \text{J}}{1\ \text{s}}$$

实际应用中，工程上常用的功率单位还有兆瓦（MW）、千瓦（kW）、毫瓦（mW）等。常需要进行单位换算：

$$1\ \text{MW} = 10^6\ \text{W},\ 1\ \text{kW} = 10^3\ \text{W},\ 1\ \text{mW} = 10^{-3}\ \text{W},\ 1\ \mu\text{W} = 10^{-6}\ \text{W}$$

因为

$$U = \frac{W}{Q},\ I = \frac{Q}{t}$$

所以

$$P = \frac{W}{t} = UI \tag{1-5}$$

对于电源而言，通常会向电路提供电能，也称为释放电功率。对于负载而言，通常会从电路中吸收或消耗电能，又称吸收电功率。那么如何确定电路元件是吸收电功率，还是释放电功率呢？

在运用式（1-5）进行计算时，通常应在关联参考方向下进行。若 U 与 I 的参考方向不关联，则计算时应添加负号。

当计算结果 $P>0$ 时，表明元件吸收电功率；当计算结果 $P<0$ 时，表明元件释放电功率。

【例 1.4】计算图 1-7 所示电路中各元件的功率，并说明是吸收功率，还是释放功率。

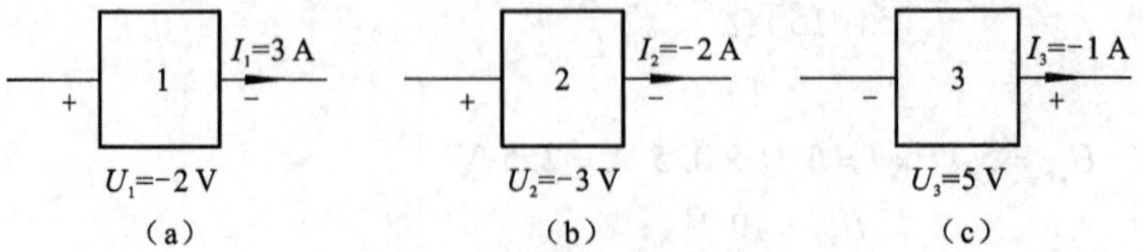

图 1-7 例 1.4 电路

解： 图（a）、（b）的参考方向关联，图（c）的参考方向不关联。

$P_1 = U_1 I_1 = (-2\ V) \times 3\ A = -6\ W < 0$，元件（1）中 $P<0$，说明该元件释放功率；

$P_2 = U_2 I_2 = (-3\ V) \times (-2\ A) = 6\ W > 0$，元件（2）中 $P>0$，说明该元件吸收功率；

$P_3 = -U_3 I_3 = -5\ V \times (-1\ A) = 5\ W > 0$，元件（3）中 $P>0$，说明该元件吸收功率。

2. 电能

电能是指电流对用电器所做的功。平均功率与时间的乘积就是电能。在 SI 中，电能或电功的单位均为焦［耳］，符号为 J。日常生活中，人们习惯上用“度”作为电能的单位，1 度等于 1 千瓦·时（1 kW·h）。即

$$W = Pt$$

根据 $P = \frac{W}{t} = UI$，可知　　$W = Pt = UIt = \frac{U^2}{R}t = I^2 Rt$

【例 1.5】 有一个电饭锅，额定功率为 1 000 W，每天使用 2 h；一台 25 英寸电视机，功率为 60 W，每天使用 4 h；一台电冰箱，输入功率为 120 W，电冰箱的压缩机每天工作 8 h。计算这些家用电器每月（30 天）耗电多少度？

解： 根据电能的计算公式可得

$$W = Pt = (1 \times 10^3\ W \times 2\ h + 60\ W \times 4\ h + 120\ W \times 8\ h) \times 30$$
$$= (2\ 000 + 240 + 960) \times 30\ W \cdot h = 96 \times 10^3\ W \cdot h = 96\ kW \cdot h = 96\ 度$$

答： 所有电器每月耗电 96 度。

1.2.6　自己动手练一练

一、填空题

1. 电压的实际方向规定为__________指向__________，电动势的实际方向规定为由__________指向__________。

2. 测量直流电流的直流电流表应__________联在电路当中，表的“__________”端接电流的流入端，表的“__________”端接电流的流出端。

3. 电路中 A、B、C 三点的电位：$V_A = 2\ V$，$V_B = 5\ V$，$V_C = 0\ V$，则 U_{AB} = __________ V，参考点是__________点。如果以 A 点为参考点，则：V_A = __________ V，V_B = __________ V，V_C = __________ V。

4. 市用照明电的电压是 220 V，这是指电压有效值，接入一个标有“220 V、100 W”的白炽灯后，灯丝上通过的电流的有效值是__________。

5. 工厂中一般动力电源电压为__________，照明电源电压为__________，__________以下的电压称为安全电压。

6. 直流电路中形成电流的必要条件是有__________存在，而且电路需要__________。

7. 电压是衡量电场__________本领大小的物理量。电路中某两点的电压等于__________。

8. 电流是__________形成的，大小用__________表示。

9. 电压的实际方向是由__________电位指向__________电位。

10. 电压的参考方向可以用“+”“-”参考极性表示，也可以用__________表示。

11. 表征电流强弱的物理量叫__________，简称__________。电流的方向，规定为

__________电荷定向移动的方向。

12. 单位换算：6 mA =__________ A；0.08 A =__________ μA；0.05 V =__________ mV；10 V =__________ kV。

13. 选定电压参考方向后，如果计算出的电压值为正，说明电压实际方向与参考方向__________；如果电压值为负，说明电压实际方向与参考方向__________。

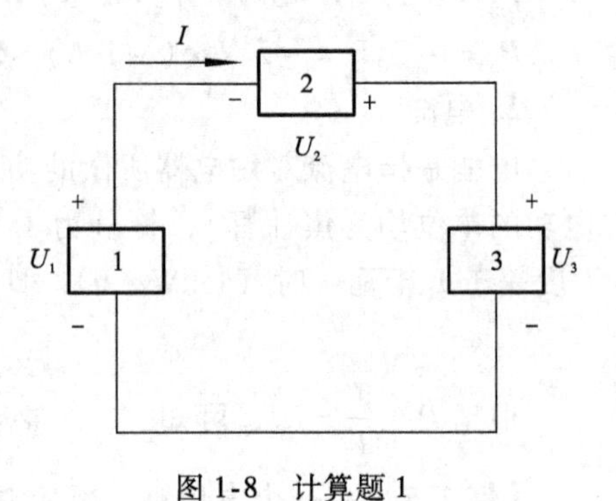

图 1-8 计算题 1

二、计算题

1. 如图 1-8 所示，有三个元件，电流、电压的参考方向如图中所标注，已知 $I = 3$ A，$U_1 = -12$ V，$U_2 = 7$ V，$U_3 = -5$ V。试求各元件的功率，并指出哪个元件吸收功率，哪个元件释放功率。

2. 某家用电器一昼夜耗电 1.8 kW · h，工作电压为 220 V，求该用电器的功率和电阻值。

三、简答题

1. 电路中电位相等的各点，如果用导线接通，对电路其他部分有无影响？

2. 电路中导线连接的各点电位是相等的，如果把导线断开，对电路其他部分有无影响？

3. 在用电流表或电压表测量直流电流或电压时，为何要注意表笔的极性？

1.3 电路元件

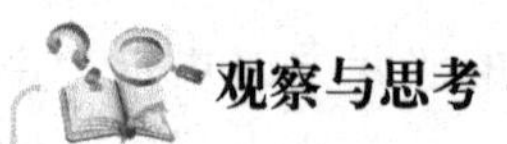
观察与思考

电路中的元器件种类较多，但最基本的有电源、电阻、电感和电容等，这些元器件的性能参数也不尽相同，有些参数不随外界因素而改变，有些参数随着外界因素而改变，我们最初学习应从最接近理想的元件入手。理想电路元件又称线性电路元件，其所描述元件的电器参数不随外界因素（如温度、压力、电流、电压等）的变化而变化，是一种抽象的模型。

干电池和普通照明电源是最常用的两种电源。新买的干电池不论用在手电筒里，还是用在半导体收音机里，两端的电压都保持 1.5 V，不会因手电筒和收音机需要供给的电流大小不一样而改变；供电系统提供的照明电源，不论是接入电灯照明，还是接入电视机等其他用电器，电压都保持 220 V，不会因为各种用电器的功率不同而改变电压。干电池和照明电源在规定的工作范围内可以向外提供不同的电流或功率，但是电源的电压近似保持不变。

1.3.1 电源元件

电源是一种理想元件，通常分为电压源和电流源两种。

1. 电压源及其特征

一个二端元件接到任何电路中，该元件两端的电压总能保持规定的数值，则这个二端元件称为电压源。

（1）具有无穷的能量，输出功率无穷大。

（2）电源内部没有损耗，其内阻为零。

（3）无论负载电阻如何变化，电源两端的电压都不随外界因素的变化而改变。

电压源两端的电压总保持一个固定值，又称恒压源，其电压大小与通过它的电流的大小和方向无关，其电路符号如图 1-9 所示。其中 U_S 为电压源的电压，“+”“-”号为电压的参考方向（极性）。

由定义可知，电压源有两个基本特点：

① 端电压值为定值；

② 流过电压源的电流是由外电路决定的任意值。

很明显，电压源所提供的电流和功率是不受限制的。然而，任何一个实际电源所能提供的电流和功率却是有限的，更不允许短路，因此电压源是实际电源的一种理想二端元件。

电压源在电路中通常作为提供功率的电源元件出现，但有时也作为吸收功率的负载元件出现。

如图 1-10 所示，理想电压源 $U_S = 10$ V，则当 R_1 接入时，$I = 5$ A；当 R_1、R_2 同时接入时，$I = 10$ A，而电压源电压仍为 $U_S = 10$ V。其特性曲线如图 1-9（b）所示。

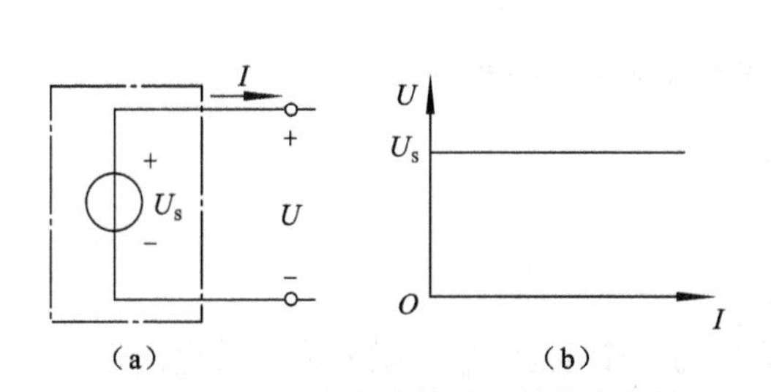

图 1-9　电压源的电路符号及其伏安特性

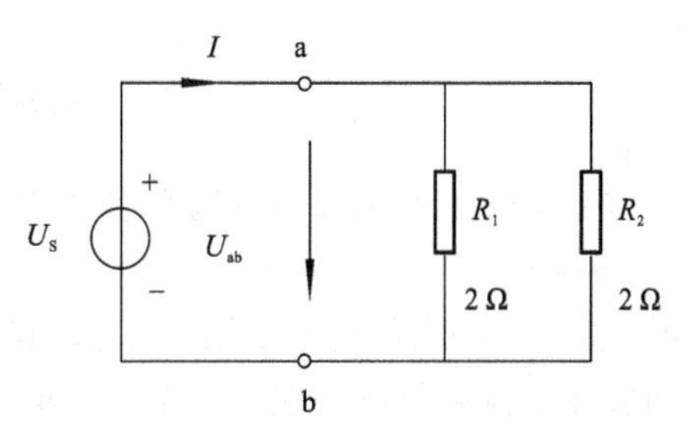

图 1-10　电压源电路示例图

而实际电压源可以等效为一个理想电压源 U_S 与一个电阻 R_0 串联而成，其电路模型与电源外特性曲线（伏安特性）如图 1-11 所示。

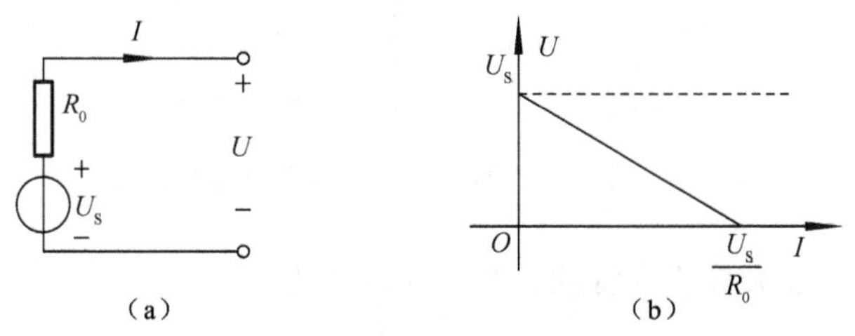

图 1-11　实际电压源模型，电压源外特性曲线

实际电压源的外特性又称伏安特性，其特性方程为

$$U = U_S - R_0 I \tag{1-6}$$

由特性方程及特性曲线可知，R_0 越小，直线越接近水平，越接近理想电压源。

2. 电流源及其特征

电压源能向电路提供确定的电压，而另一些电源能向电路提供一定的电流。如光电池，在一定条件下，利用一定照度的光线照射时光电池被激发产生一定数值的电流。

电流源是从这类实际电源中抽象出来的一种理想元件，它的定义是：一个二端元件接到任何电路中，由该元件提供给电路的电流能保持规定数值，则这个二端元件称为电流源。

电流源具有以下特征：

(1) 具有无穷的能量，输出功率无穷大。

(2) 电源内部没有任何损耗，其内阻为无穷大。

(3) 无论负载电阻如何变化，电源两端的电流参数不随外界因素的变化而改变。

电流源的电路符号如图 1-12 所示；其中 I_S 为电流源的电流，箭头为电流的参考方向。

电流源的模型以及它的外特性曲线（伏安特性）是一条在 $U-I$ 图上与 U 轴平行的直线，如图 1-12 所示。

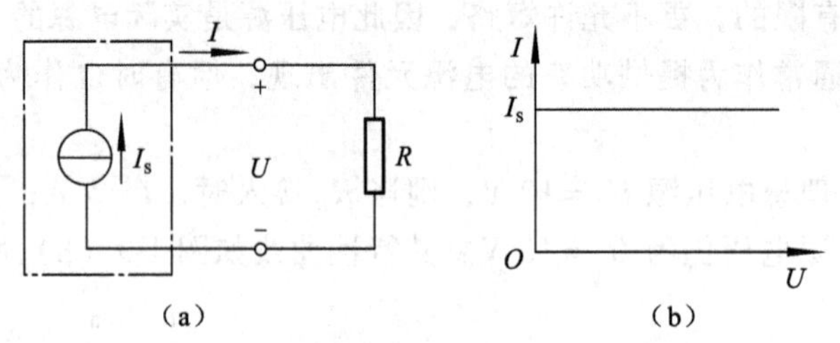

图 1-12　电流源的电路符号及其伏安特性

由定义可知，电流源也有两个基本的特点：

① 通过它的电流为定值；

② 它的端电压是由外电路决定的任意值。

而实际电流源可以等效为一个理想电流源 I_S 与一个电阻 R_0 并联而成，其电路模型与电源外特性曲线（伏安特性）如图 1-13 所示。

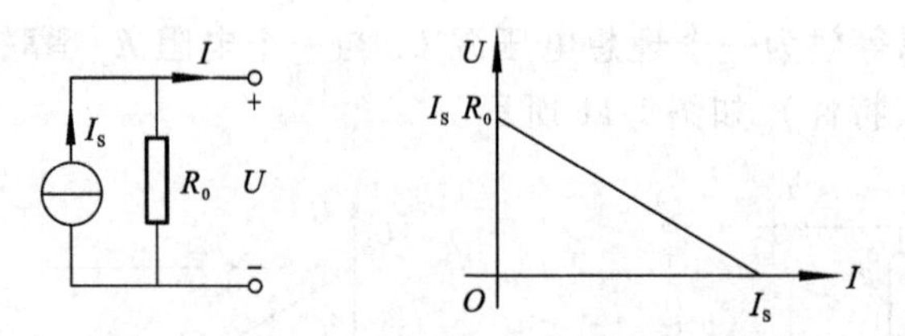

图 1-13　实际电流源模型，电流源外特性曲线

实际电流源的外特性又称伏安特性，其特性方程为

$$I = I_S - \frac{U}{R_0} \tag{1-7}$$

由特性方程及特性曲线可知，R_0 越大，直线越接近垂直，越接近理想电流源。

1.3.2　电阻元件

电阻元件的参数若不随外界因素而变化，则称为线性电阻元件。电阻元件上电压与电流成正比。即

$$R = \frac{U}{I}$$

其伏安特性为一过原点的直线，如图 1-14 所示。

在 SI 中，电阻的单位为欧［姆］，符号为 Ω。

为了运算方便，有时也用电导来描述元件的导电性能，称为电导元件，用 G 表示：

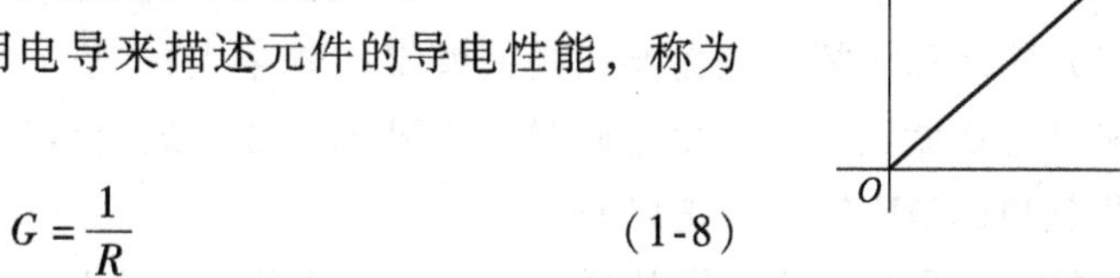

$$G=\frac{1}{R} \tag{1-8}$$

图 1-14　电阻元件的伏安特性

在 SI 中，电导的单位为西［门子］，符号为 S。

电阻元件体现了元件对电流的阻碍能力，电流流过电阻时总要克服阻碍而做功，从而消耗电能。因此，电阻两端电压降的真实方向总是与电流的真实方向一致。在应用欧姆定律和功率计算公式时，若所选参考方向不具有关联性，则计算时应添加负号。同样，若计算的电阻结果为负值，则说明该元件并非真实电阻，可能是一个电源，因为实际情况下不存在负电阻。

线性电阻元件吸收的功率为

$$P=UI=I^2R>0$$

所以电阻元件总是吸收功率，是一个耗能元件。

注意：欧姆定律只适用于线性电阻元件，非线性电阻元件的伏安特性不是一条过原点的直线，所以元件上的电压电流不服从欧姆定律。

1.3.3　电容元件

电容元件又称电容器，由两块金属极板组成，极板间充满了绝缘材料。理想电容元件的参数（电容量）不随外界因素而变化。电容量（C）的表达式为

$$C=\frac{\varepsilon S}{4\pi kd} \tag{1-9}$$

式中：K——静电常数；

ε——介电常数；

S——电容器两极板的正对面积；

d——电容器两极板间的距离。

电容器两极板上所带电量与两极板间电压的比值，称为电容器的容量。电容量（C）的表达式为

$$C=\frac{Q}{U} \tag{1-10}$$

线性电容器的库伏特性是一条过原点的直线，如图 1-15 所示。

在 SI 中，电容的单位为法［拉］，符号为 F。

$$1\ \text{F}=10^6\ \mu\text{F}=10^{12}\ \text{pF}$$

电容器上电流与电压的关系如下：

$$I=\frac{\Delta Q}{\Delta t}=C\frac{\Delta U}{\Delta t}$$

电容元件为一储能元件。

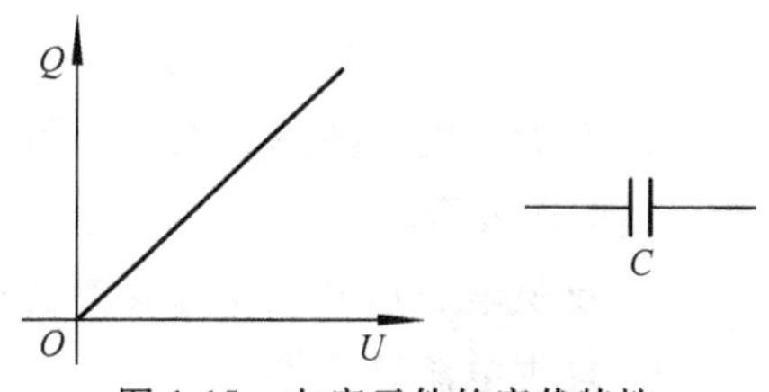

图 1-15　电容元件的库伏特性

1.3.4 理想电感元件

电感元件又称线圈，是由导线紧密缠绕在骨架上构成的。理想电感元件的参数（电感量）不随外界因素而变化。由电磁学知识可知，电流通过线圈时，会产生磁通 Φ，线圈各匝磁通的总和称为磁链，通常以 ψ 表示。

线圈的电感量定义为线圈的磁链与流过线圈的电流之比，即

$$L=\frac{\psi}{I} \tag{1-11}$$

线性电感的韦安特性是一条过原点的直线，电感元件的符号与韦安特性曲线如图 1-16 所示。

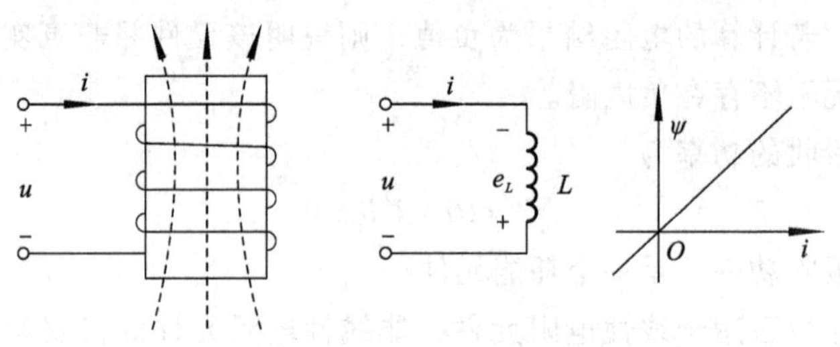

图 1-16　电感元件及其韦安特性

在 SI 中，电感的单位为亨［利］，符号为 H，磁通和磁链的单位为韦［伯］，符号 Wb，其关系式为

$$1\ \mathrm{H}=\frac{1\ \mathrm{Wb}}{1\ \mathrm{A}}$$

电感上电流与电压的关系（由楞次定律可知）如下：

$$U_L=\frac{\Delta\psi}{\Delta t}=L\frac{\Delta I}{\Delta t} \tag{1-12}$$

电感元件为储能元件。

1.3.5 自己动手练一练

一、填空题

1. 导体对电流的__________称为电阻。电阻大，说明导体的导电能力__________，电阻小，说明导体的导电能力__________。

2. 有两根同种材料的电阻丝，长度之比为 2∶3，横截面之比为 3∶4，则它们的电阻值之比为__________。

3. 理想电压源又称恒压源，它的端电压是________，流过它的电流由________来决定。

4. 实际的电压源总有内阻，因此实际的电压源可以用__________与__________串联的组合模型来表示。

5. 反映电源端电压和端电流之间关系的曲线称为__________。

6. 理想电流源提供__________电流，其端电压由__________决定。

7. 实际的电流源可以用__________与__________并联的组合模型来代替。

二、判断题

1. 理想电流源的输出电流和电压是恒定的，不随负载变化。 （ ）
2. 理想电流源和理想电压源可以相互转换。 （ ）
3. 实际电流源和实际电压源可以相互转换。 （ ）

1.4 电路的状态和电气设备的额定值

调节调光台灯的旋钮，台灯会逐渐亮起，是因为灯泡中流过的电流逐渐增大了。这里有什么奥妙？电流、电压、电阻之间有什么关系？德国物理学家欧姆发现了这一规律，即人们所熟悉的欧姆定律。人们为了纪念这位伟大的科学家，就以他的名字来命名电阻的单位。

1.4.1 欧姆定律

1. 部分电路欧姆定律

欧姆定律反映了电阻元件上电压与电流的关系。对于线性电阻元件，任何时刻它两端的电压与电流成正比例关系，电阻一定时，电压愈高电流愈大；电压一定时，电阻愈大电流就愈小。即

$$I=\frac{U}{R} \quad 或 \quad U=RI \tag{1-13}$$

2. 全电路欧姆定律

对于整个电路的电源来说，电源本身的电流通路称为内电路，内电路的电阻称为内电阻，用 R_0 表示。在分析电路时常将内电路等效成一个理想电动势 U_S 和一个内电阻 R_0 串联的电路。电源以外的电流通路称为外电路，外电路的所有负载可以等效成一个电阻，用 R 表示。内电路和外电路的整体称为全电路，如图 1-17 所示。

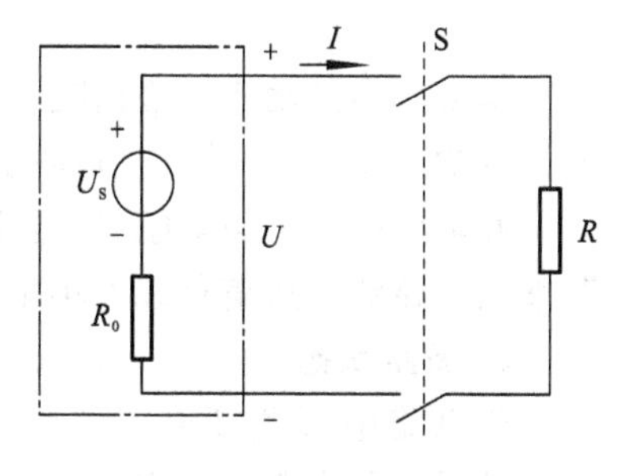

图 1-17 全电路示意图

在全电路中，电流、电阻和电动势之间的关系满足全电路欧姆定律：

$$I=\frac{U_S}{R_0+R} \tag{1-14}$$

1.4.2 电路的工作状态

电路在工作时，按照其提供的电流大小，可分为通路、断路和短路。按照其提供的功率大小，可分为满载、空载和过载。

1. 通态和额定状态（负载状态）

图 1-18 所示为一般的有载工作状态，此时电路有以下特征：

（1）电路中电流为

$$I=\frac{U_S}{R_0+R_L}$$

式中：R_0 为电源内阻；R_L 为负载电阻。

当负载 R_L 变化时，电源的端电压将随之变化，其外特性曲线如图 1-18（b）实线所示。

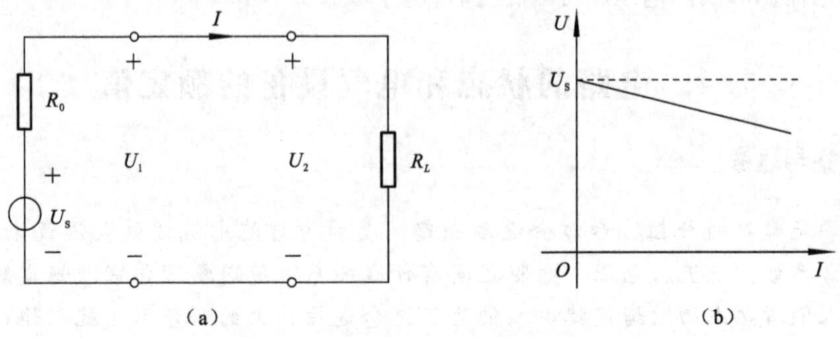

图 1-18　电路的有载工作状态及伏安特性

（2）电源的端电压称为 U_1，负载的端电压称为 U_2。则有

$$\begin{aligned} U_1 &= U_2 \\ U_1 &= U_S - R_0 I \\ U_2 &= R_L I \end{aligned} \tag{1-15}$$

电源的端电压总是小于电源的电动势 U_S，因为电源内部存在损耗。

（3）电源输出的功率为

$$P_1 = U_1 I = (U_S - R_0 I)\ I = U_S I - R_0 I^2 \tag{1-16}$$

负载获得的功率为

$$P_2 = U_2 I = R_L I^2$$

$$P_1 = P_2$$

电源发出的功率减去内阻消耗的功率等于负载获得的功率。这说明电源产生的功率与电源的输出功率和内阻上所损耗的功率是平衡的。

在电路中，负载电阻 R_L 越小，电路中电流越大，输出的功率也越大，这种情况称为负载增大。显然，所谓负载大小指的是负载电流或功率的大小，而不是负载电阻阻值的大小。

2. 断路状态

当电路中开关断开时，称为断路状态，或开路状态，此时又称空载。空载时，外电路所呈现的电阻可视为无穷大，如图 1-19 所示。此时电路有以下特征：

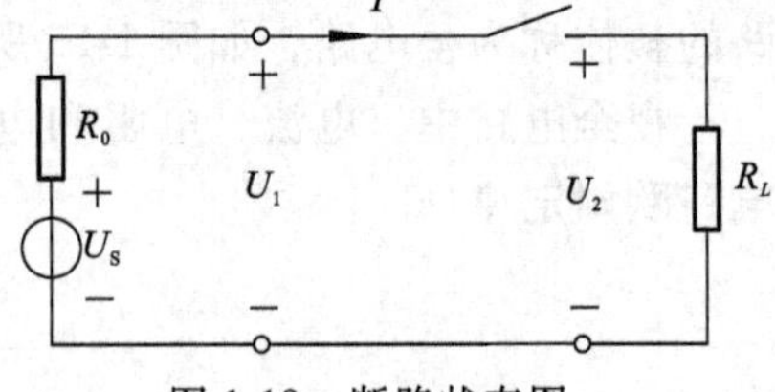

图 1-19　断路状态图

（1）电路中电流为零：$I=0$。

（2）电源的端电压等于电源电动势，负载上电压为零。

$$U_1 = U_S - R_0 I = U_S \qquad U_2 = R_L \cdot I = 0$$

（3）电源输出的功率为 0，负载吸收的功率为 0。

$$P_1 = U_1 I = 0 \qquad P_2 = U_2 I = 0$$

3. 短路状态

当电源的两个输出端钮由于某种原因（如电源线绝缘损坏，或操作不慎等）相接触时，会造成电源被直接短路的情况。当电源直接短路时，外电路所呈现的电阻可视为零。如图 1-20 所示，此时电路有以下特征：

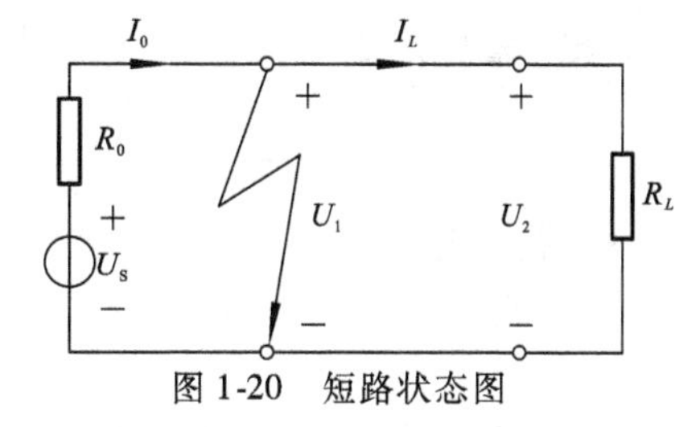

图 1-20　短路状态图

（1）电路中电流最大，此电流称为短路电流。一般电源的内阻 R_0 都很小，故短路电流 I_0 很大，这对电源很不利。

$$I_0 = \frac{U_S}{R_0} \quad \rightarrow \quad 很大$$

而外电路电流却为零：$I_L = 0$。

（2）电源的端电压与负载的端电压均为零：

$$U_1 = U_S - R_0 I_0 = 0 \qquad U_2 = 0$$

（3）电源对外输出的功率 P_1 和负载所吸收的功率 P_2 均为零。这时电源所发出的功率全部消耗在电源的内阻上：

$$P_1 = U_1 I = 0 \qquad P_2 = U_2 I = 0 \qquad P_{U_S} = U_S I_0 = \frac{U_S^2}{R_0}$$

这种短路现象，会使电源内部迅速产生很大的热量，导致电源的温度迅速上升，有可能烧毁电源及其他设备，甚至引起火灾。电源的短路通常是一种严重的事故，应尽量避免。实际应用中通常在电源的输出端安装熔断器，以保护电源不致损坏。

1.4.3　电气设备的额定值

在实际电路中，所有电气设备和元器件在工作时都有一定的使用限额，这种限额称为额定值。用电设备都有限定的工作条件和能力，产品在给定的工作条件下正常运行而规定的正常容许值称为额定值。使用值等于额定值为额定状态；实际电流或功率大于额定值称为过载；小于额定值称为欠载。

额定值是制造商综合考虑产品的性能，使用的可靠性、经济性，以及使用寿命等因素而制定的，它是使用者使用电气设备和元器件的依据。例如，灯泡上标注的“PZ220 - 100”或 220 V/100 W 就是指额定电压和额定功率。该灯泡在 220 V 电压下才能正常工作，这时消耗的功率是 100 W。如果使用值超过额定值较多，会导致电气设备和元器件损伤，影响寿命，甚至会烧毁；如果使用值低于额定值较多，则不能正常工作，有时也会造成设备损坏。

额定值用带有下标“N”的字母表示，如 U_N、I_N 或 P_N。

当电气设备的实际电流、电压或功率等于额定值时，称为满载工作；超过额定值时，电气设备的工作状态称为过载状态，严重的过载现象会导致短路。

当电气设备的实际电流、电压或功率比额定值小很多时，电气设备工作在欠载状态，过度欠载相当于空载。

【例 1.6】 某直流电源的额定功率是 20 W，额定电压为 5 V，内阻为 0.1 Ω，负载电阻可以调节，如图 1-21 所示。试求：

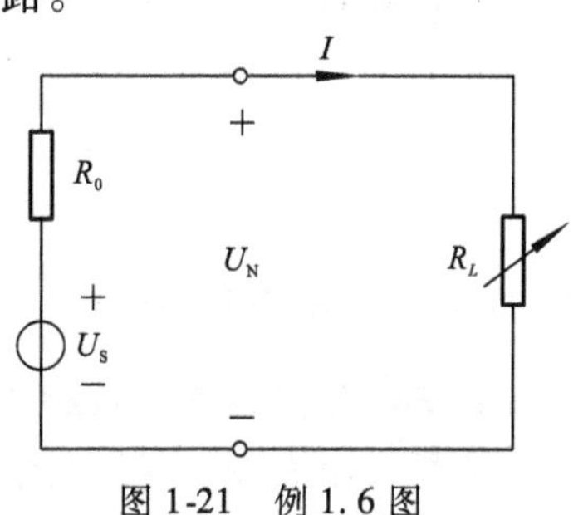

图 1-21　例 1.6 图

（1）额定状态下的电流及负载电阻；

（2）满载状态下的电压；

（3）短路状态下的电流。

解：额定电流为

$$I_N=\frac{P_N}{U_N}=\frac{20}{5}\text{A}=4\ \text{A}$$

负载电阻为

$$R_L=\frac{U_N}{I_N}=\frac{5}{4}\Omega=1.25\ \Omega$$

满载电压为 $U_S=(R_0+R_L)\ I=(0.1\ \Omega+1.25\ \Omega)\times 4\ \text{A}=5.4\ \text{V}$

短路电流为 $$I_0=\frac{U_S}{R_0}=\frac{5.4\ \text{V}}{0.1\ \Omega}=54\ \text{A}$$

短路电流与额定电流之比为 $$\frac{I_0}{I_N}=\frac{54}{4}=13.5$$

若电源不采取措施，发生短路后，电源将会被烧毁。为了避免短路现象的发生，应在电路中接入过载保护和短路保护电路，例如在家庭的电源进线处安装熔断器或断路器就是这个目的。

1.4.4 自己动手练一练

一、填空题

1. 电路的运行状态一般分为________、________、________。

2. 当负载被短路时，负载上电压为________、电流为________、功率为________。

3. 欧姆定律反映的是电路中________、________和________三者的数量关系。全电路欧姆定律的表达式为________。

4. 当负载处于断路时，负载上电压为________、电流为________、功率为________。

二、判断题

1. 在短路状态下，电源内压降为零。 （ ）

2. 当电路开路时，电源电动势的大小就等于电源端电压。 （ ）

3. 在通路状态下，负载电阻变大，端电压就下降。 （ ）

三、简答题

1. 什么是电路的开路状态，短路状态，空载、满载、过载状态？

2. 电气设备的额定值的含义是什么？

3. 一个正在工作的负载，如果因为某种事故而与电源相接的两条导线发生短路，试问会产生什么后果？如果保护电源的熔断器被烧断，电源和负载会被烧毁吗？

1.5 电路元件参数的简单测量

1.5.1 万用表的使用

1. 500 型万用表的基本结构

万用表由表头、测量电路及转换开关等三个主要部分组成。

（1）表头：它是一只高灵敏度的磁电式直流电流表，万用表的主要性能指标基本上取决于表头的性能。表头的灵敏度是指表头指针满刻度偏转时流过表头的直流电流值，这个值越小，表头的灵敏度越高。测量电压时的内阻越大，其性能就越好。表头上有四条刻度线，它们的功能如下：第一条（从上到下）标有 R 或 Ω，指示的是电阻值，转换开关在欧姆挡时，即读此条刻度线。第二条标有∽和 V · A，指示的是交、直流电压和直流电流值，当转换开关在交、直流电压或直流电流挡，量程在除交流 10 V 以外的其他位置时，即读此条刻度线。第三条标有 10 V，指示的是 10 V 的交流电压值，当转换开关在交、直流电压挡，量程在交流 10 V 时，即读此条刻度线。第四条标有 dB 字样，指示的是音频电平。测量音频电平时，即读此条刻度线。

（2）测量线路：测量线路是用来把各种被测量转换到适合表头测量的微小直流电流的电路，它由电阻、半导体元件及电池组成。它能将各种不同的被测量（如电流、电压、电阻等）、不同的量程，经过一系列的处理（如整流、分流、分压等）统一变成一定量限的微小直流电流送入表头进行测量。

（3）转换开关：其作用是用来选择各种不同的测量线路，以满足不同种类和不同量程的测量要求。转换开关一般有两个，分别标有不同的挡位和量程。

2. 500 型万用表面板符号的含义

（1）∽表示测量的是交流电参量。

（2）V-2.5 kV，4 000 Ω/V 表示对于交流电压及 2.5 kV 的直流电压挡，其灵敏度为4 000 Ω/V。

（3）A-V-Ω 表示可测量电流、电压及电阻。

（4）45-65-1 000 Hz 表示使用频率范围为 1 000 Hz 以下，标准工频范围为 45～65 Hz。

（5）2 000 Ω/V，DC 表示直流挡的灵敏度为 2 000 Ω/V。

钳形表和摇表盘上的符号与上述符号相似。

3. 500 型万用表的使用

（1）熟悉表盘上各符号的意义及各个旋钮和选择开关的主要作用。

（2）进行机械调零。

（3）根据被测量的种类及大小，选择转换开关的挡位及量程，找出对应的刻度线。

（4）选择表笔插孔的位置。

（5）测量电压：测量电压（或电流）时要选择好量程，如果用小量程去测量大电压，则会有烧表的危险；如果用大量程去测量小电压，那么指针偏转太小，影响测量精度，甚至无法读数。量程的选择应尽量使指针偏转到满刻度的 2/3 左右。如果事先不清楚被测电压的大小时，应先选择最大量程挡，然后逐渐减小到合适的量程。

① 交流电压的测量：将万用表的一个转换开关置于交、直流电压挡，另一个转换开关置于交流电压的合适量程上，万用表两表笔和被测电路或负载并联即可。

② 直流电压的测量：将万用表的一个转换开关置于交、直流电压挡，另一个转换开关置于直流电压的合适量程上，且“+”表笔（红表笔）接到高电位处，“-”表笔（黑表笔）接到低电位处，即让电流从“+”表笔流入，从“-”表笔流出。若表笔接反，表头指针会反方向偏转，容易撞弯指针。

（6）测量电流：测量直流电流时，将万用表的一个转换开关置于直流电流挡，另一个转换开关置于 50 μA～500 mA 的合适量程上，电流的量程选择和读数方法与电压一样。测量时必须先断开电路，然后按照电流从“+”到“-”的方向，将万用表串联到被测电路中，即电流从红表笔流入，从黑表笔流出。如果误将万用表与负载并联，则因表头的内阻很小，会造成表头短路烧毁仪表。

其读数方法如下：

$$实际值 = 指示值 \times 量程/满偏$$

（7）测量电阻：

① 选择合适的倍率挡。万用表欧姆挡的刻度线是不均匀的，所以倍率挡的选择应使指针停留在刻度线较稀的部分为宜，且指针越接近刻度尺的中间，读数越准确。一般情况下，应使指针指在刻度尺的1/3～2/3处。

② 欧姆挡调零。测量电阻之前，应将两个表笔短接，同时调节“欧姆调零旋钮”（电气调零），使指针刚好指在欧姆刻度线右边的零位。如果指针不能调到零位，说明电池电压不足或仪表内部有问题。并且每换一次倍率挡，都要再次进行欧姆调零，以保证测量准确。

③ 读数：表头的读数乘以倍率，就是所测电阻的电阻值。

（8）注意事项：

① 在测电流、电压时，不能带电切换量程。

② 选择量程时，要先选大的，后选小的，尽量使被测值接近于量程2/3的位置。

③ 测电阻时，不能带电测量。因为测量电阻时，万用表由内部电池供电，如果带电测量则相当于接入一个额外的电源，可能损坏表头。

④ 万用表使用完毕，应使转换开关停在交流电压最大挡位或空挡上。

4. 数字万用表

现在，数字式测量仪表已成为主流设备，有取代模拟式仪表的趋势。与模拟式仪表相比，数字式仪表灵敏度高，准确度高，显示清晰，过载能力强，便于携带，使用更简单。下面以VC9802型数字万用表为例，简单介绍其使用方法和注意事项。

（1）使用方法：

① 使用前应认真阅读有关使用说明书，熟悉电源开关、量程开关、插孔、特殊插口的作用。

② 将电源开关置于ON位置。

③ 交直流电压的测量：根据需要将量程开关拨至DCV（直流）或ACV（交流）的合适量程，红表笔插入V/Ω孔，黑表笔插入COM孔，并将表笔与被测线路并联，读数即显示。

④ 交直流电流的测量：将量程开关拨至DCA（直流）或ACA（交流）的合适量程，红表笔插入mA孔（<200 mA时）或10 A孔（>200 mA时），黑表笔插入COM孔，并将万用表串联在被测电路中即可。测量直流量时，数字万用表能自动显示极性。

⑤ 电阻的测量：将量程开关拨至Ω挡的合适量程，红表笔插入V/Ω孔，黑表笔插入COM孔。如果被测电阻值超出所选择量程的最大值，万用表将显示“1”，表明数字溢出，这时应选择更高的量程。测量电阻时，红表笔为正极，黑表笔为负极，这与指针式万用表正好相反。因此，测量晶体管、电解电容器等有极性的元器件时，必须注意表笔的极性。

（2）使用注意事项：

① 如果无法预先估计被测电压或电流的大小，则应先拨至最高量程挡测量一次，再视情况逐渐把量程减小到合适位置。测量完毕，应将量程开关拨到最高电压挡，并关闭电源。

② 满量程时，仪表仅在最高位显示数字“1”，其他位均消失，这时应选择更高的量程。

③ 测量电压时，应将数字万用表与被测电路并联。测电流时应与被测电路串联，测直流量时可以不考虑正、负极性。

④ 当误用交流电压挡去测量直流电压时，或者误用直流电压挡去测量交流电压时，显示屏将显示“000”，或低位上的数字出现跳动。

⑤ 禁止在测量高电压（220 V 以上）或大电流（0.5 A 以上）时换量程，以防止产生电弧，烧毁开关触点。

⑥ 当显示“BATT”或“LOW BAT”时，表示电池电压低于工作电压。

1.5.2　电阻阻值的测量

1. 用万用表测固定电阻

将万用表左旋钮置于 Ω 挡，右旋钮分别用 $R\times1$、$R\times10$、$R\times100$、$R\times1$ k、$R\times10$ k 各挡测量不同电阻值，记入表 1-2 中。

表 1-2　用万用表测电阻

量　程	100 Ω	1 kΩ	10 kΩ	100 kΩ
1				
10				
100				
1 k				
10 k				

2. 用伏安法测电阻

（1）按图 1-22、图 1-23 电路接线，电阻为 51 Ω，电压源输出为 3 V 进行测量，将电压表、电流表实际值记入表 1-3 中。

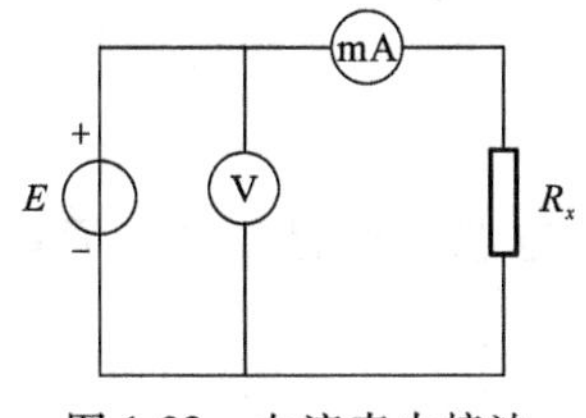

图 1-22　电流表内接法

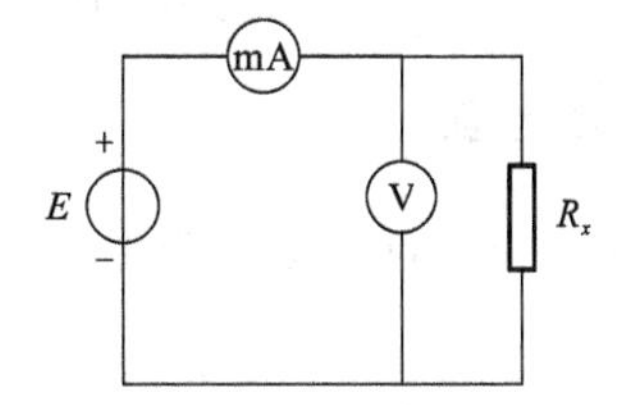

图 1-23　电流表外接法

（2）接线图同上，电阻为 10 kΩ，电压源输出为 20 V 进行测量，将电压表、电流表实际值，记入表 1-3 中。

表 1-3　用伏安法测电阻

阻　值	接 法（a）				接 法（b）			
	U	I	R	Y	U	I	R	Y
51 Ω								
10 kΩ								

（3）根据下列公式计算相对误差：

$$\gamma_a=\frac{R_A}{R}\times100\% \qquad \gamma_b=\frac{R_x}{R}\times100\%$$

1.5.3 电压的测量

使用万用表测量电压：测量电压时要选择好量程，如果用小量程去测量大电压，则会有烧毁仪表的危险；如果用大量程去测量小电压，那么指针偏转太小，无法读数。量程的选择应尽量使指针偏转到满刻度的2/3左右。如果事先不清楚被测电压的大小时，应先选择最高量程挡，然后逐渐减小到合适的量程。

1. 直流电压的测量

将万用表的一个转换开关置于交、直流电压挡，另一个转换开关置于直流电压的合适量程上，且“+”表笔（红表笔）接到高电位处，“-”表笔（黑表笔）接到低电位处，即让电流从“+”表笔流入，从“-”表笔流出。若表笔接反，则表头指针会反方向偏转，容易撞弯指针。

2. 交流电压的测量

将万用表的一个转换开关置于交、直流电压挡，另一个转换开关置于交流电压的合适量程上，万用表两表笔和被测电路或负载并联即可。

1.5.4 电流的测量

使用万用表测电流：测量直流电流时，将万用表的一个转换开关置于直流电流挡，另一个转换开关置于50 μA~500 mA的合适量程上，电流的量程选择和读数方法与电压一样。测量时必须先断开电路，然后按照电流从“+”到“-”的方向，将万用表串联到被测电路中，即电流从红表笔流入，从黑表笔流出。如果误将万用表与负载并联，则因表头的内阻很小，会造成短路烧毁仪表。其读数方法如下：

$$实际值=指示值\times量程/满偏$$

1.5.5 自己动手练一练

在老师的指导下对部分电阻阻值进行测量，认识电感、电容并进行简单测量，测量电压、电流。

小　结

（1）电路的组成、分类。电路元件的符号及电路模型。

（2）电压与电流的定义及其参考方向，电压与电位的区别与联系。在关联参考方向下，电功率的计算及功率的物理意义。

（3）理想电源的模型与外特性曲线，实际电源的模型与外特性曲线，理想电阻、电容、电感的VCR关系。

（4）电路的三种工作状态：通路、短路、断路，以及满载、空载、过载之间的关系。额定值是电气设备使用中必须注意的一项参数。

（5）普通万用表的工作原理，常用电参量的测量方法。

习　题　一

一、填空题

1. 按所设电流的参考方向列写方程，当计算的结果为负时，表示电流的实际方向与参考方向＿＿＿＿＿。

2. 参考点的电位为＿＿＿＿＿值，低于参考点的值为＿＿＿＿＿值，高于参考点的值为＿＿＿＿＿值。

3. 测得电路中 A、B、C 三点的电位：$V_A=2$ V、$V_B=5$ V、$V_C=0$ V，则参考点是＿＿＿＿＿点，$U_{AB}=$＿＿＿＿＿ V。

4. 测量电压时，电压表应与被测电路＿＿＿＿＿连接。

5. 测量电流时，电流表应与被测电路＿＿＿＿＿连接。

6. 若电路中 $U_{AB}=-10$ V，则表示 A 点的＿＿＿＿＿比 B 点＿＿＿＿＿ 10 V。

7. 电动势的方向规定从＿＿＿＿＿指向＿＿＿＿＿。

8. 电动势是指电源力将单位正电荷从＿＿＿＿＿经电源内部搬移到＿＿＿＿＿所做的功。

9. 电感元件的韦安关系是＿＿＿＿＿。

10. 电流表的内阻应该＿＿＿＿＿。

11. 电流的方向与参考方向＿＿＿＿＿时，电流为正值；电流的方向与参考方向＿＿＿＿＿时，电流为负值。

12. 电路的工作状态有＿＿＿＿＿、＿＿＿＿＿和＿＿＿＿＿三种状态。

13. 电路的基本元件包括＿＿＿＿＿、＿＿＿＿＿和＿＿＿＿＿三种。

14. 电路的三种基本物理量是＿＿＿＿＿、＿＿＿＿＿和＿＿＿＿＿。

15. 电路是由＿＿＿＿＿、＿＿＿＿＿、＿＿＿＿＿和＿＿＿＿＿组成。

16. 电位与电压的关系式＿＿＿＿＿。

17. 电路中＿＿＿＿＿状态为故障状态，应尽可能避免；在＿＿＿＿＿状态下运行既经济又安全。

18. 电容元件的库伏特性是＿＿＿＿＿。

19. 规定＿＿＿＿＿电荷移动的方向为电流的方向，在金属导体中，电流的方向与电子的运动方向＿＿＿＿＿。

20. 实际电压源是指理想电压源和电阻＿＿＿＿＿，实际电流源是指理想电流源和电阻＿＿＿＿＿。

二、判断题

1. 当电路中的参考点改变时，某点的电位也将随之改变。（　　）

2. 电流通过导体使导体发热的现象称为电流的热效应。（　　）

3. 电流总是从高电位流向低电位。（　　）

4. 电路中任意两点之间的电位差随参考点的改变而改变。（　　）

5. 电路中任意两点之间的电压随参考点的改变而改变。（　　）

6. 电能的单位是瓦特。（　　）

7. 电能是指单位时间内电场力所作的功。（　　）

8. 某点的电位即该点与参考点之间的电压，参考点改变，各点电位值不变。 （　　）
9. 在额定电压下，500 W 白炽灯在 2 h 内消耗的电能是 0.5 度。 （　　）
10. 理想电流源的输出电流和电压是恒定的，不随负载变化。 （　　）

三、选择题

1. “220 V，100 W”的白炽灯经一段导线接在 220 V 电源上时，它的实际功率为 81 W，在导线上损耗的功率是（　　）。

A. 19 W　　B. 9 W　　C. 10 W　　D. 38 W

2. 1 度电可供“220 V40 W”的白炽灯正常发光的时间是（　　）。

A. 20 h　　B. 40 h　　C. 25 h　　D. 30 h

3. 1 度电相当于（　　）。

A. 1 W · s　　B. 1 kW · h　　C. 1 kW · s　　D. 1 W · h

4. 电路中两个相互等效的电源，是指它们的（　　）电路等效。

A. 内　　B. 外　　C. 左边　　D. 右边

5. 2 kW 的电炉，用电 3 h，耗电（　　）。

A. 6 度　　B. 1.5 度　　C. 2 度　　D. 300 度

6. 额定电压为 220 V 的 40 W、60 W 和 100 W 三只白炽灯串联后接在 220 V 电源中，发热量由大到小的排列顺序是（　　）。

A. 40 W、60 W、100 W　　B. 100 W、60 W、40 W

C. 60 W、100 W、40 W　　D. 100 W、40 W、60 W

7. 白炽灯电压为 220 V，电路中电流 0.5 A 通电 1 h 消耗的电能是（　　）。

A. 0.2 度　　B. 0.11 度　　C. 110 度　　D. 0.4 度

8. 标明“100 Ω，24 W”和“100 Ω，25 W”的两个电阻并联时，允许通过的最大电流是（　　）。

A. 0.7 A　　B. 1 A　　C. 1.4 A　　D. 0.4 A

9. 电流表要与被测电路（　　）。

A. 断开　　B. 并联　　C. 串联　　D. 混联

10. 电能的常用单位是（　　）。

A. W　　B. kW　　C. MW　　D. kW · h

11. 电压表的内阻（　　）。

A. 越小越好　　B. 越大越好　　C. 不能太小　　D. 适中为好

12. 某电器 1 天（24 h）用电 36 度，则此电器功率为（　　）。

A. 4.8 kW　　B. 1.5 kW　　C. 2 kW　　D. 2.4 kW

13. 使用 500 型万用表进行欧姆调零时，发现高倍率挡能调到零，而低倍率挡调不到零。这有可能是（　　）原因造成的。

A. 电路内阻增大　　B. 内部有开路

C. 调零器失灵　　D. 电池电量不足，电压下降

14. 下列（　　）是耗能元件。

A. 电压源　　B. 电容器　　C. 电感器　　D. 电阻器

15. 在电阻并联电路中，相同时间内，电阻越大，发热量（　　）。

A. 越小　　　　B. 不一定大

C. 越大　　　　D. 不变

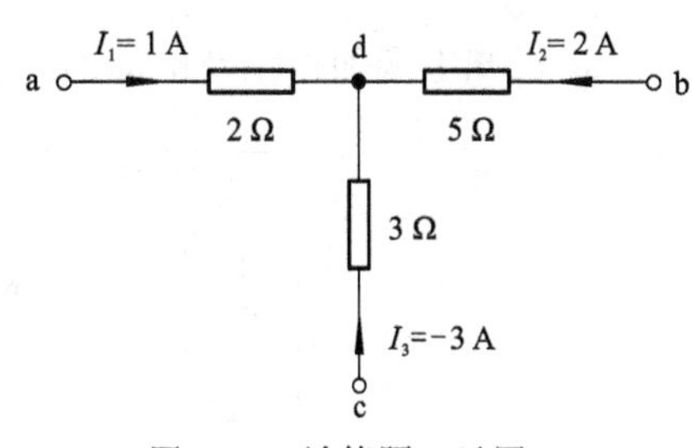

图 1-24　计算题 1 示图

四、计算题

1. 计算图 1-24 中的 U_{ab}、U_{bc}、U_{ac}。

2. 计算题图 1-25 中 A 点的电位。

3. 计算题图 1-26 中 A、B、C 点的电位。

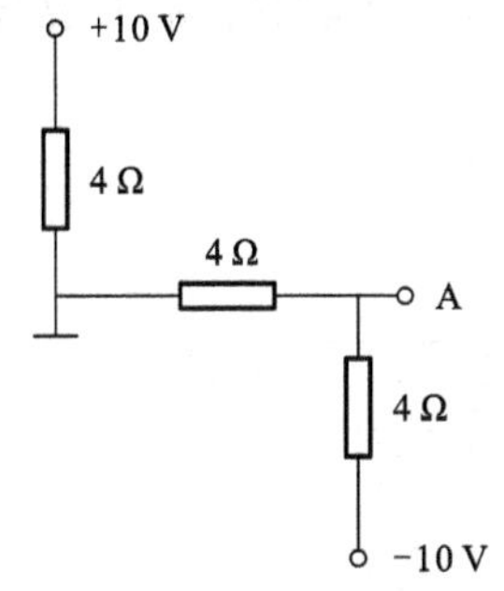

图 1-25　计算题 2 示图

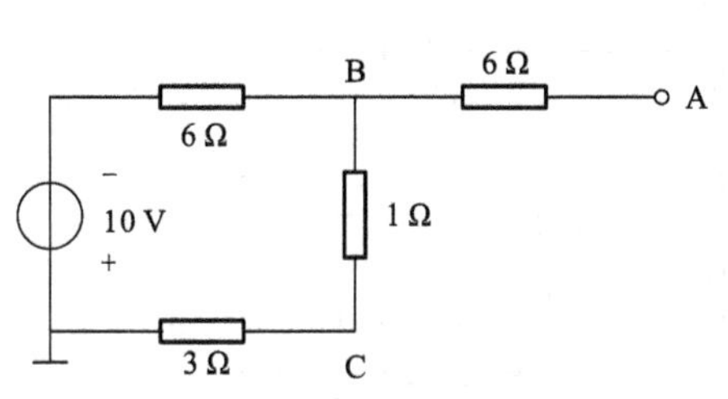

图 1-26　计算题 3 示图

4. 计算图 1-27 中电压 U、电流 I，并计算各元件的功率。

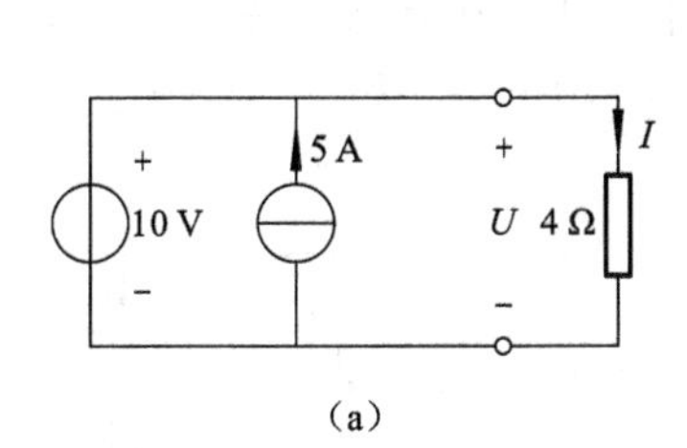

（a）

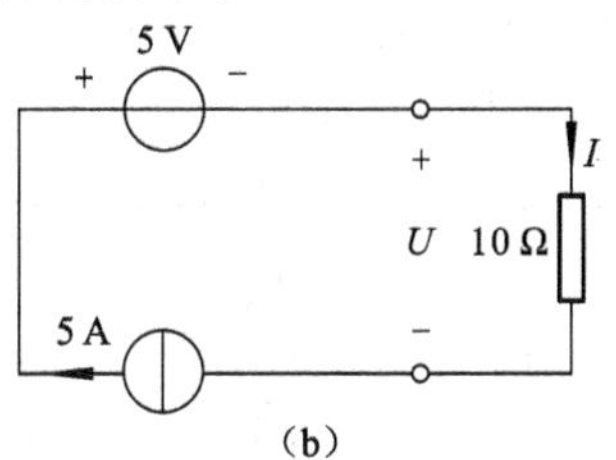

（b）

图 1-27　计算题 4 示图

5. 有额定电压为 110 V，功率分别为 40 W 和 60 W 的两只灯泡，问：

（1）每只灯泡的额定电流各是多少？

（2）每只灯泡的电阻各是多少？

（3）能否将它们串联后接在 220 V 的电源上使用，为什么？

6. 图 1-28 中，已知 $R_2=R_4$，$U_{AD}=15$ V，$U_{CE}=10$ V，试计算 U_{AB}。

7. 图 1-29 中，已知 $U_S=110$ V，$R_0=10$ Ω，负载电阻 $R_L=100$ Ω，问：开关处于 1、2、3 位置时电压表和电流表的读数分别是多少？

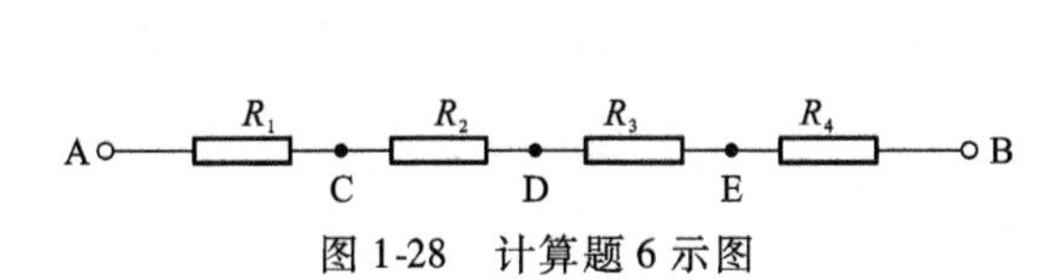

图 1-28　计算题 6 示图

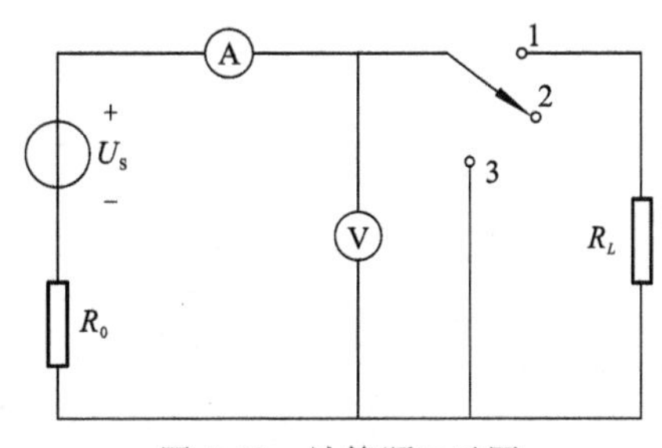

图 1-29　计算题 7 示图

8. 已知电源的模型及电源的外特性曲线如图 1-30 所示，求：电源电动势 U_S 及内阻 R_0。

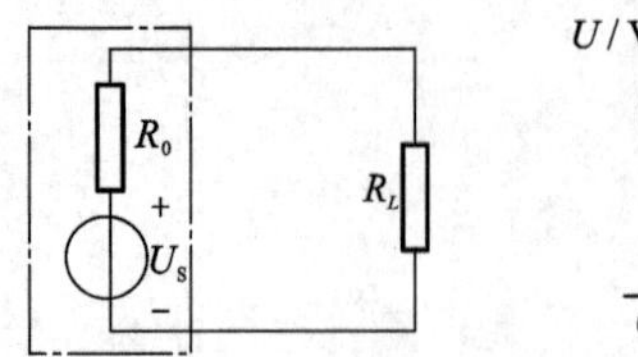

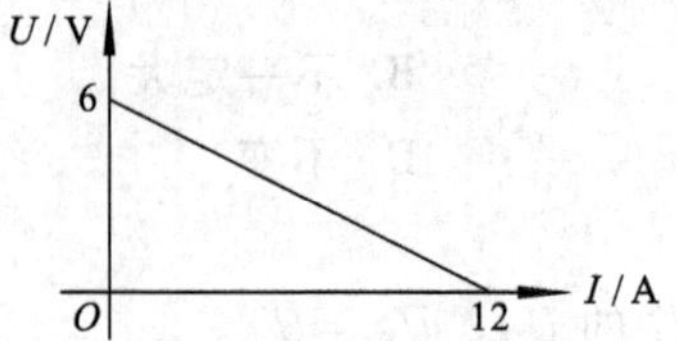

图 1-30　计算题 8 示图

9. 电路如图 1-31 所示。(1) 已知 $I_1=5$ A，求 I_2；若 AB 支路断开，则 I_2 又为多少？

10. 欲使图 1-32 中电流 $I=0$，U_S 应为多少？

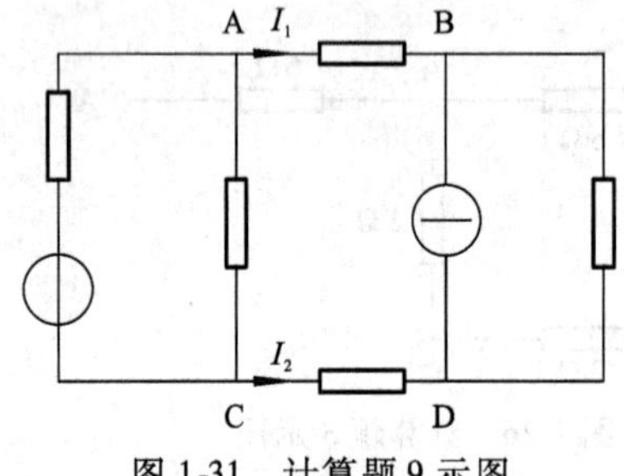

图 1-31　计算题 9 示图

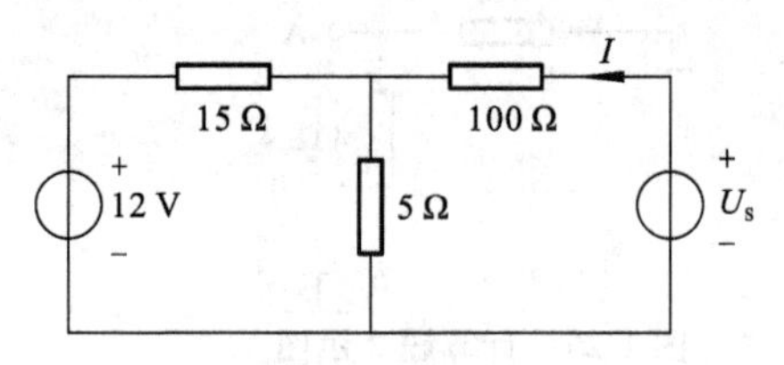

图 1-32　计算题 10 示图

11. 试用基尔霍夫定律写出图 1-33 中各支路中电压与电流的关系。

12. 如图 1-34 所示，已知 $I_1=1$ A，$I_2=2$ A，$I_5=16$ A，求 I_3、I_4、I_6。

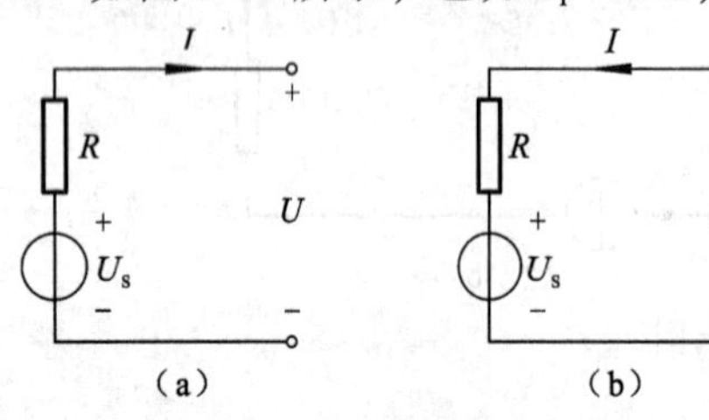

图 1-33　计算题 11 示图

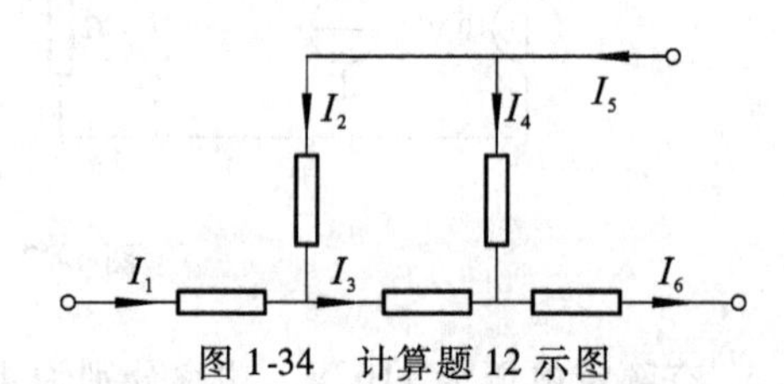

图 1-34　计算题 12 示图

第2章 电路的等效变换

学习目标

- 了解网络等效的概念和意义。
- 掌握电阻串联、并联的特点，分压定理，分流定理及其应用。
- 掌握电阻串联、并联的等效，学会求解混联电路的等效电阻。
- 理解星形连接和三角形连接的电路特征。
- 了解星形连接和三角形连接电路的等效规律。
- 掌握两种实际电源的等效条件，学会利用电源等效来求解复杂电路。

引导提示

“等效电路”在学习电路理论的过程中既是一个重要概念，也是一种重要的分析方法。

本章主要介绍等效的定义，等效分析方法的重要意义。电阻的串联、并联及其重要性质，电阻串、并联的等效，复杂电阻网络的等效及其求解方法。两种实际电源的模型及其相互等效的条件。

重点：①等效电阻的计算；②两种实际电源模型的等效变换。

难点：关于星形（Y）网络与三角形（△）网络的等效可视情况进行讲解。部分专业可作为选学内容。

2.1 网络及网络等效

观察与思考

一个学校或一个单位，从外表看起来都大体相同，但其内部构成绝对不相同。我们在报考学校或专业时，没有到学校去实地考察，而是将它们等效看待，所以选择了A校B专业，B校B专业，或C校B专业，我们认为只要专业相同即可以等效。同样电路也可以进行等效。等效的目的和意义在于在某一特定场合进行替换。

复杂的电路结构有时又称“网络”，这和现实意义上的“计算机网络”不同，这里只借用“网络”一词来指代所有电路。

一个电路元件有两个接线端钮，一个局部电路如果也只有两个端钮，且进出两个端钮的电流是同一个电流，则称这样的电路为“二端子网络”或“单端口网络”。

在电路分析中可以将部分电路当作一个整体来看，如果这个整体只有两个端钮与外电路相连，则这个由若干元件组成的整体就称为二端网络。网络等效通常是针对二端网络而言。

2.1.1 网络的分类

网络是电路的代名词，有简单和复杂之分。不同的学习者看待网络的方法不同，得出的结论也不同，初学者认为复杂的，熟练者可能认为简单。按照不同的方法可将网络分为：

按照网络所含元件的不同，可将网络分为：纯电阻网络、含电源电阻网络、阻抗网络（含电容或电感元件）、有源网络（含放大元件）等。

按照网络中元件的连接方式不同，可将网络分为：串联网络、并联网络、混联网络，复杂网络（无法分清串联和并联的网络）等。

按照网络所含端口（或端子）的不同，可将网络分为：单端口网络（二端子网络）、双端口网络（四端子网络）、多端口网络（三端子网络）等。

观察图 2-1，说说各电路的网络名称，看看自己的理解是否正确？

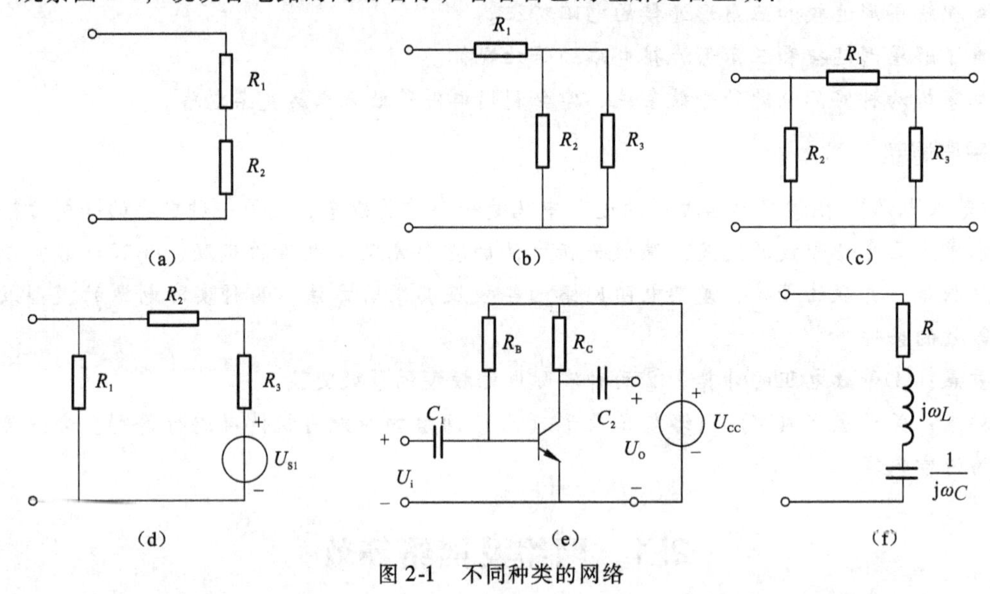

图 2-1 不同种类的网络

在图 2-1 中，(a)(b)(c) 属于纯电阻网络，(d)(e) 属于含电源网络，(e) 为有源网络，(f) 属于阻抗网络。

(a)(f) 属于串联网络，(b)(d) 属于并联网络，(c)(e) 属于复杂网络。

(a)(b)(d)(f) 属于单端口网络，(c)(e) 属于双端口网络。

2.1.2 等效的定义

如果一个二端网络 N_1 与另一个二端网络 N_2 的伏安关系相同，那么这两个二端网络就称为等效二端网络。

在图 2-2 中，若网络 N_1 与网络 N_2 接在相同的电源 U_S上，且 $U_1=U_2$，$I_1=I_2$，即它们对应的端钮间电压相等，对应端钮上的电流也相等，因而两者吸收或释放的功率也相等。尽管两个等效的网络 N_1 和 N_2 可以具有完全不同的内部结构，但对于电源而言，它们的作用完全相同，可以等效替换。因此，在分析计算电路时，一个二端网络可以用它的等效网络替换。

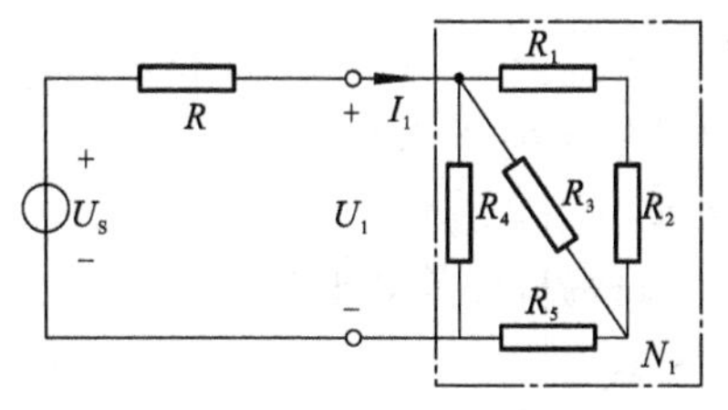

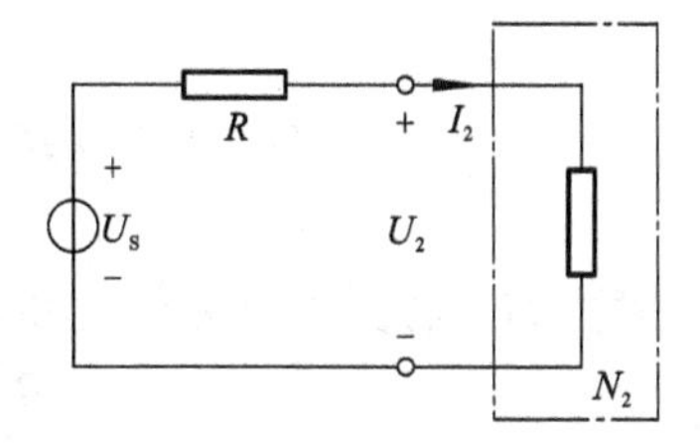

图 2-2　等效网络电路

2.1.3　等效的意义

等效的目的在于将一个复杂的网络等效变换成一个简单的网络，或者将一个不甚熟悉的网络等效变换成一个比较熟悉的网络，从而给分析计算带来方便。

等效又分为无源网络的等效和有源网络的等效。

需要注意的是等效不是相等。等效电路仅指对外部等效，对内则不能等效。

2.1.4　自己动手练一练

说明电路等效的含义，等效的条件以及等效的对象。

2.2　简单电阻网络的等效

观察与思考

生活中用的自来水管如果一根接一根没有分叉，水流也相同，我们称之为串联。在学生宿舍的公用水房，同一根水管上安装了许多水龙头，每个水龙头的水压都相同，我们称之为并联。当然，在复杂的水网中，可能既具有串联形式又具有并联形式，我们称之为混联。同样在电路中电阻的连接方式也有串联、并联、混联（部分串联，部分并联）等形式。

2.2.1　电阻的串联及分压定理

1. 串联电路的性质

几个电阻没有分支地依次首尾连接，称为串联。电阻串联是电路中较常见的连接形式，电阻串联后必定在同一条支路上，因而具有以下特点：

（1）串联支路上电流处处相等。

（2）串联支路中各元件的电压之和等于串联支路的端口电压，如图 2-3 所示。

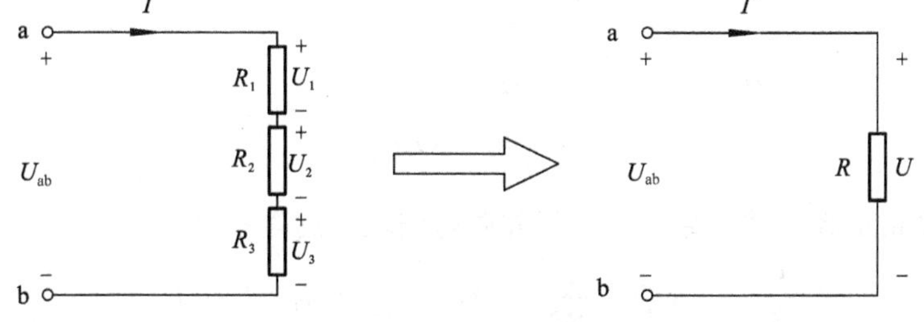

图 2-3　串联电路及其等效示意图

$$U_{ab}=U_1+U_2+U_3$$

$$U_{ab}=IR_1+IR_2+IR_3=I\ (R_1+R_2+R_3)$$

$$U_{ab}=U=IR$$

（3）串联支路中各元件电阻值之和等于串联支路端口的等效电阻。

$$R=R_1+R_2+R_3$$

2. 串联电路的分压定理

根据串联电路电流相等的性质，可以推出：两个电阻元件串联后，各元件上电压之比与其阻值成正比，如图 2-4 所示。其与端口电压的关系如下：

$$\begin{cases}U_1=IR_1=\dfrac{U_{ab}}{R_1+R_2}\cdot R_1=\dfrac{R_1}{R_1+R_2}\cdot U_{ab}\\[2ex] U_2=IR_2=\dfrac{U_{ab}}{R_1+R_2}\cdot R_2=\dfrac{R_2}{R_1+R_2}\cdot U_{ab}\end{cases}\tag{2-1}$$

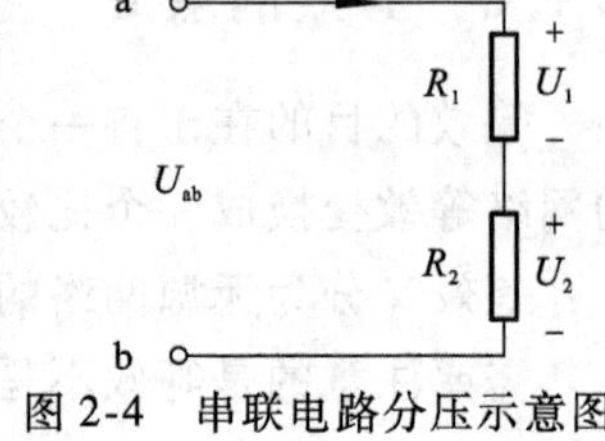

图 2-4　串联电路分压示意图

$$U_1=IR_1,\ U_2=IR_2,\ U_1:U_2=R_1:R_2$$

由此可以推广到电路中有 n 个电阻串联，第 k 个电阻 R_k 两端的电压 U_k 与电路总电压 U_{ab}之比为

$$\frac{U_k}{U_{ab}}=\frac{IR_k}{I\ (R_1+R_2+\cdots+R_n)}=\frac{R_k}{R_1+R_2+\cdots+R_n}=\frac{R_k}{R}$$

2.2.2　电阻的并联及分流定理

1. 并联电路的性质

两个以上的电阻元件首首相连、尾尾相连的连接形式称为并联。并联电路中每个电阻（或并联支路）都承受同一个电压。并联电路具有以下特点：

（1）各并联支路上电压均相等。

（2）并联电路中各支路的电流之和等于并联电路的端口总电流，如图 2-5 所示。

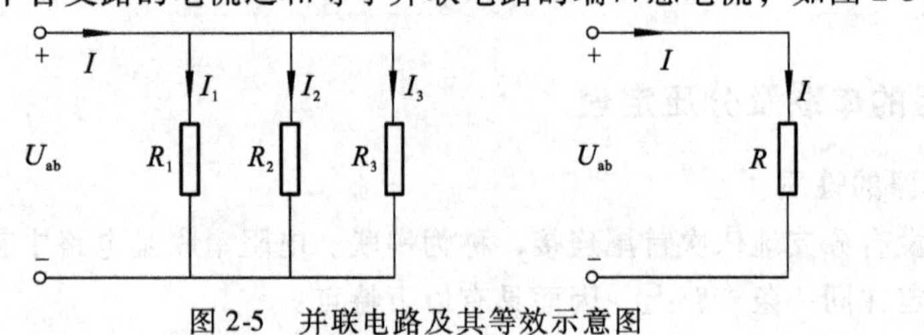

图 2-5　并联电路及其等效示意图

$$I=I_1+I_2+I_3$$

$$I=\frac{1}{R_1}U_{ab}+\frac{1}{R}U_{ab}+\frac{1}{R_2}U_{ab}=(G_1+G_2+G_3)\ U_{ab}$$

$$I=\frac{1}{R}U_{ab}=G\dot{U}_{ab}$$

（3）并联电路中各元件电导之和等于并联电路端口的等效电导。

$$\frac{1}{R}=\frac{1}{R_1}+\frac{1}{R_2}+\frac{1}{R_3}\qquad 或\qquad G=G_1+G_2+G_3$$

2. 并联电路的分流定理

根据并联电路电压相等的性质，可以推出：两个电阻元件并联后，各元件上电流之比与其阻值成反比，如图 2-6 所示。其与端口电流的关系如下：

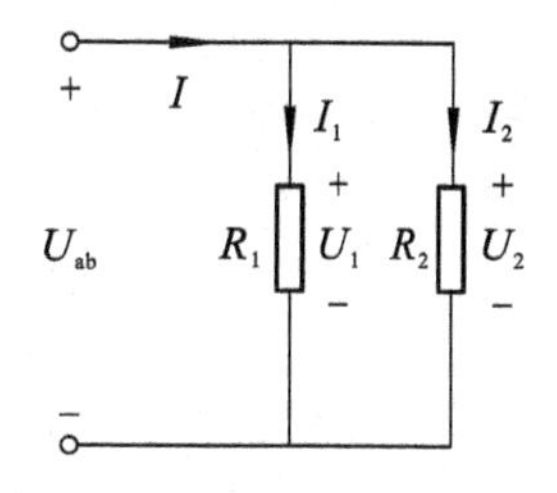

图 2-6　并联电路分流示意图

$$I_1=\frac{U_1}{R_1}\qquad I_2=\frac{U_2}{R_2}$$

因为 $$U_1=U_2$$

所以 $$I_1:I_2=R_2:R_1$$

$$U_{ab}=R_{ab}I=\frac{R_1R_2}{R_1+R_2}\cdot I$$

$$\begin{cases} I_1=\dfrac{U_{ab}}{R_1}=\dfrac{R_2}{R_1+R_2}\cdot I \\ I_2=\dfrac{U_{ab}}{R_2}=\dfrac{R_1}{R_1+R_2}\cdot I \end{cases}$$

由此可以推广到电路中有 n 个电阻并联，第 k 个电阻 R_k 上的电流 I_k 与电路总电流 I 之比为

$$\frac{I_k}{I}=\frac{1/R_k}{1/R_1+1/R_2+\cdots+1/R_n}=\frac{G_k}{G_1+G_2+\cdots+G_n}=\frac{G_k}{G}$$

2.2.3　分压定理、分流定理的应用

利用电阻串联的分压特性，可将电流计串联一个阻值较大的电阻改装成不同量程的电压表，如图 2-7 所示。

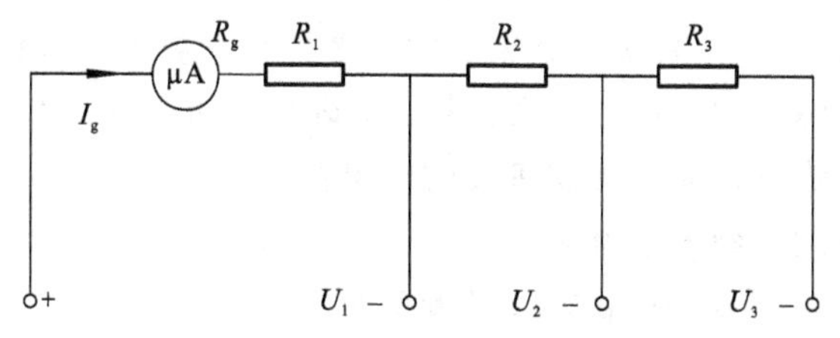

图 2-7　电压表量程扩展示意图

【例 2.1】图 2-8 所示为某万用表的直流电压挡部分，共有五个量程，分别是 U_1 = 2.5 V, U_2 = 10 V, U_3 = 50 V, U_4 = 250 V, U_5 = 500 V，表头参数为 R_g = 3 kΩ, I_g = 50 μA，求各挡位的分压电阻。

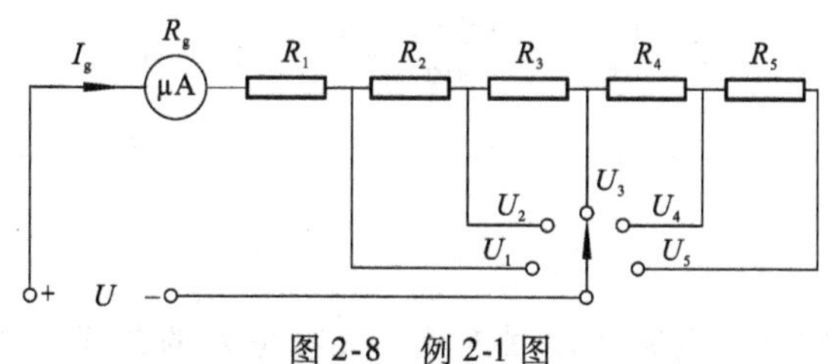

图 2-8　例 2-1 图

解：根据串联电路性质，用欧姆定律可求得各挡位的电阻值分别为

$$U_1 = U_g + U_{R_1} = I_g R_g + I_g R_1$$

$$R_1 = \frac{U_1 - R_g I_g}{I_g} = \frac{2.5 - 3\times10^3\times50\times10^{-6}}{50\times10^{-6}}\ \Omega = 47\ \text{k}\Omega$$

$$R_2 = \frac{U_2 - U_1}{I_g} = \frac{10 - 2.5}{50\times10^{-6}}\ \Omega = 150\ \text{k}\Omega$$

$$R_3 = \frac{U_3 - U_2}{I_g} = \frac{50 - 10}{50\times10^{-6}}\ \Omega = 800\ \text{k}\Omega$$

$$R_4 = \frac{U_4 - U_3}{I_g} = \frac{250 - 50}{50\times10^{-6}}\ \Omega = 4\times10^3\ \text{k}\Omega$$

$$R_5 = \frac{U_5 - U_4}{I_g} = \frac{500 - 250}{50\times10^{-6}}\ \Omega = 5\times10^3\ \text{k}\Omega$$

利用电阻并联的分流特性，可将电流计并联一阻值很小的电阻改装成不同量程的电流表，如图 2-9 所示。

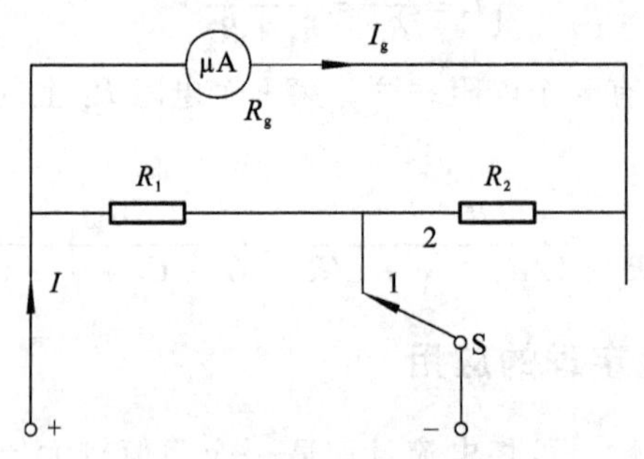

图 2-9　电流表量程扩展示意图

【例 2.2】工程上常采用并联电阻分流的方法来扩大电流表的量程。如图 2-10 所示，某量程为 $I_g = 100\ \mu\text{A}$ 的微安表，其内阻为 $R_g = 1\ \text{k}\Omega$，现要改装成量程为 1 A 的电流表，需要并联多大的电阻？

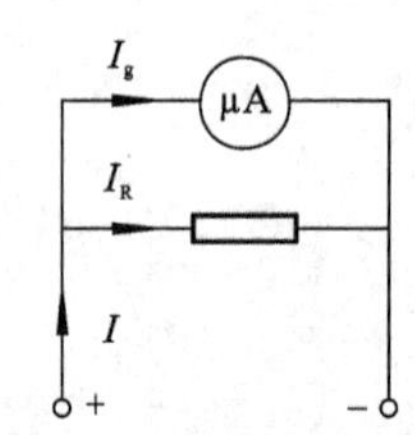

图 2-10　例 2.2 图

解：微安表允许通过的最大电流为

$$I_g = 100\ \mu\text{A} = 0.1\ \text{mA}$$

流过分流电阻 R 上的电流为

$$I_R = \text{I} - \text{I}_g = (1\times10^3 - 0.1)\text{mA} = 999.9\ \text{mA}$$

根据并联电路性质，微安表和分流电阻的电压相等，可得

$$I_g R_g = I_R R$$

所以

$$R = \frac{R_g I_g}{I_R} = \frac{1\ 000\times0.1}{999.9}\ \Omega \approx 0.1\ \Omega$$

由此可见，当在微安表两端并联 0.1 Ω 的电阻后，其量程就由 100 μA 扩大到 1 A 了。

2.2.4　电阻的混联

在实际电路中，往往既有电阻的串联连接、又有电阻的并联连接，这种电路常称为混联。对于混联电路的计算，常常按照串联和并联的分析方法，先求出部分电路的等效电阻，即一步一步地将电路化简，最后求出电路总的等效电阻。

【例 2.3】求图 2-11 电路中 ab 两端的等效电阻 R_{ab}。

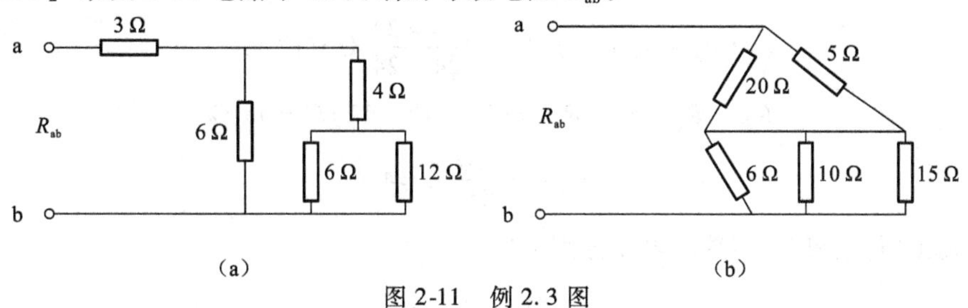

图 2-11　例 2.3 图

解： 将图 2-11（a）进行等效，如图 2-12 所示。

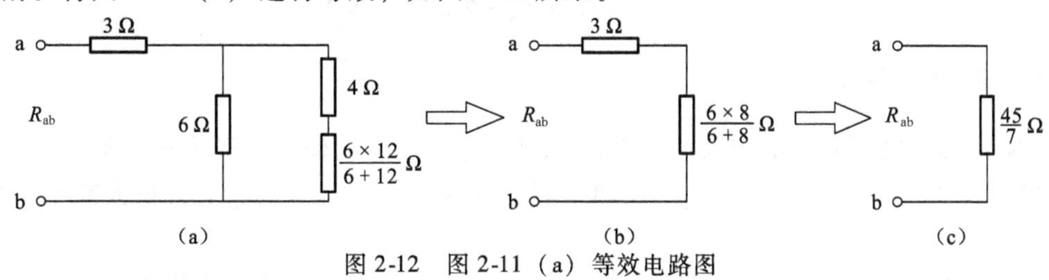

图 2-12　图 2-11（a）等效电路图

$$R_{ab} = \frac{45}{7}\Omega$$

将图 2-11（b）进行等效，如图 2-13 所示。

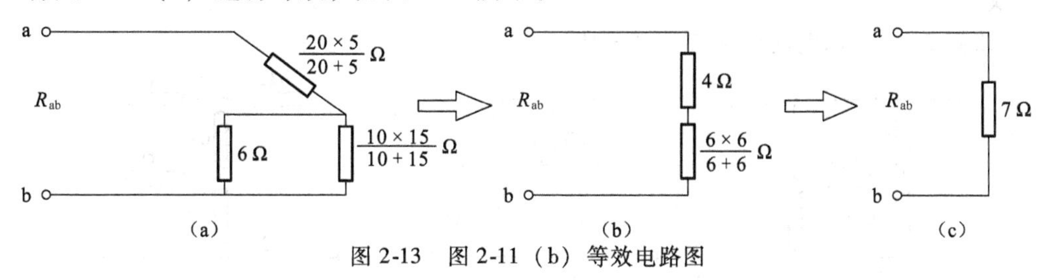

图 2-13　图 2-11（b）等效电路图

$$R_{ab} = 7\ \Omega$$

【例 2.4】在图 2-14（a）所示电路中，$R_1 = 30\ \Omega$，$R_2 = 13\ \Omega$，$R_3 = R_4 = 5\ \Omega$，$R_5 = 24\ \Omega$，$R_6 = 14\ \Omega$，电路端电压 $U = 220$ V，试求电阻 R_6 两端的电压和 R_6 上的电流。

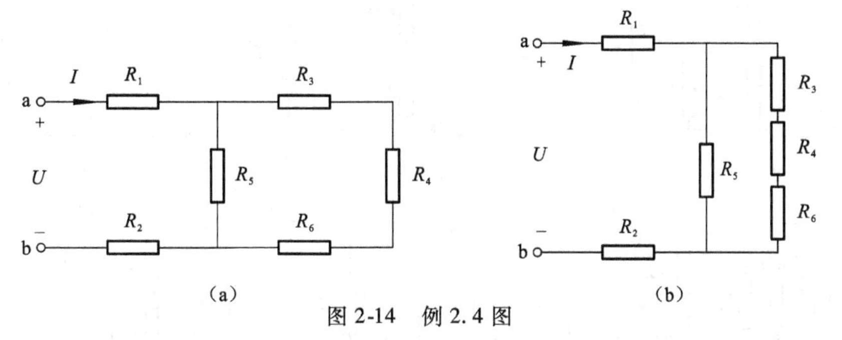

图 2-14　例 2.4 图

解： 将图 2-14（a）等效为 2-14（b）所示。

由等效电路可知，R_3、R_4、R_6 串联后与 R_5 并联，然后再与 R_1 和 R_2 串联。即

$$R_3+R_4+R_6=(5+5+14)\Omega=24\ \Omega=R_5$$

$$(R_3+R_4+R_6)/\!/R_5=\frac{24\times 24}{24+24}\ \Omega=12\ \Omega$$

$$R_{总}=R_1+R_2+R_{/\!/}=(30+13+12)\Omega=55\ \Omega$$

$$I_{总}=\frac{U}{R_{总}}=\frac{220}{55}\ \text{A}=4\ \text{A}$$

则，通过 R_6 的电流和 R_6 两端的电压分别为

$$I_6=\frac{I_{总}}{2}=\frac{4}{2}=2\ \text{A}$$

$$U_6=I_6\cdot R_6=2\times 14=28\ \text{V}$$

2.2.5 自己动手练一练

1. 测量元件电压时，电压表应与被测电路__________连接（填串联或并联）；扩大电压表量程时，应在表头上__________（填串联或并联）一个__________（填大或小）电阻来实现。

2. 测量电路电流时，电流表应与被测电路__________连接（填串联或并联）；扩大电流表量程时，应在表头上__________（填串联或并联）一个__________（填大或小）电阻来实现。

3. 通常情况下，安培表的内阻__________（填大或小），伏特表的内阻__________（填大或小）。

4. 求图 2-15 所示电路的端口等效电阻 R_{ab}。

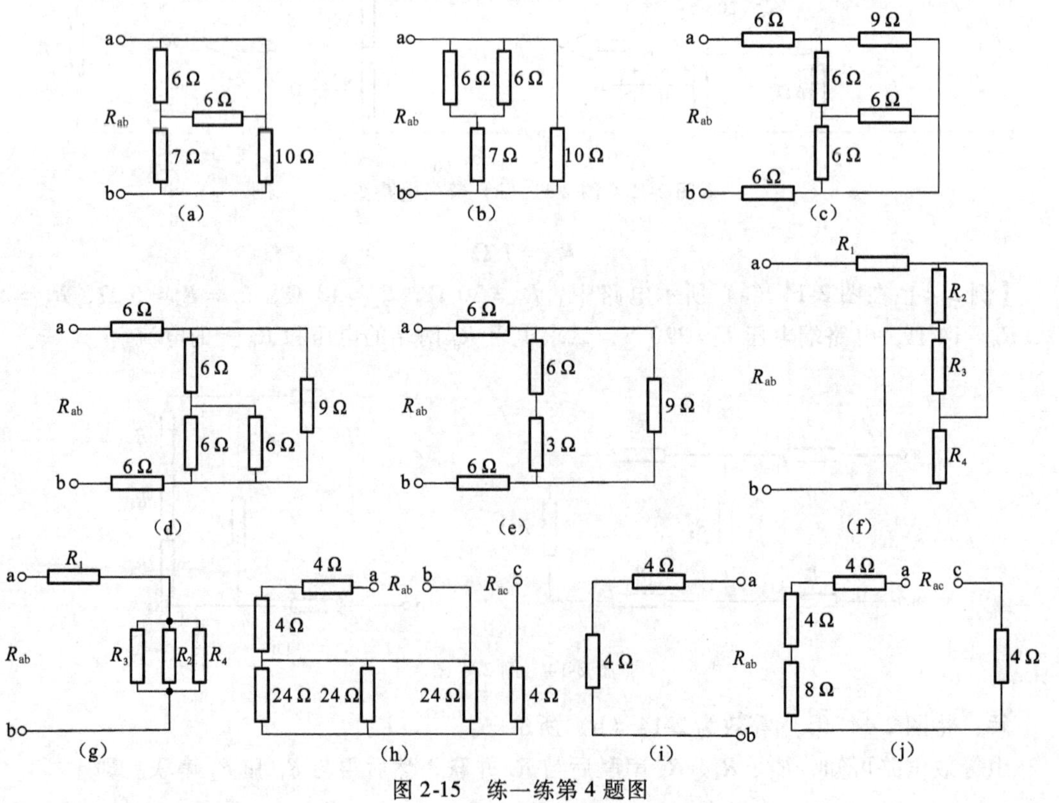

图 2-15　练一练第 4 题图

2.3　复杂电阻网络的等效

同学们在学习文言文时，有时遇到一些古汉语词汇，这些词汇的含义不同于现代汉语，因此文章做了注解，这些注解是便于我们理解文章的。同样我们也可以用这些注解来等效替换原来比较难懂的古汉语词汇。这种方法将难于理解学习的内容变换成简单容易学习的内容，使得学习变得轻松自如。电路理论知识中常常也会遇到比较复杂的电阻网络，需要用另一种简单易懂的网络结构来等效替换，这种网络常称为星形（Y）连接与三角形（△）连接。

2.3.1　星形（Y）网络与三角形（△）网络的等效

前面讨论的电阻串联、并联电路比较容易化简为一个等效电阻，但有些电阻性网络中各电阻之间的连接关系既不是串联关系也不是并联关系，这就需要有一种较好的化简方法。

如图 2-16 所示电路，R_1 与 R_2 以及 R_3 之间既非串联，又非并联，同样 R_3、R_4、R_5 之间也无法分清串联和并联的关系，这类电路进行等效求解就比较麻烦。同时这种电路也有一个特点，即可以把它形象的看成为星形连接与三角形连接，或者称为Y连接与△连接。在星形连接中三个电阻的一端接在一个公共节点上，另一端分别接到其他三个节点上；在三角形连接中三个电阻的两端首尾相接，形成一个回路。

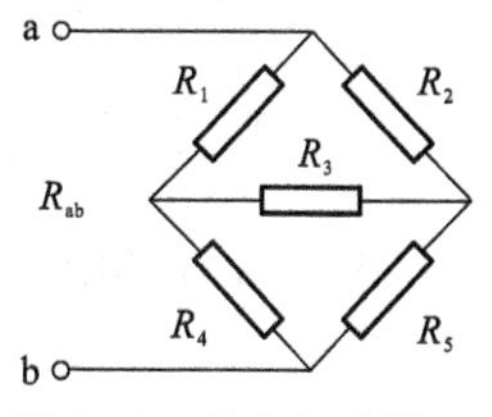

图 2-16　复杂电路图

这类电路的等效可以通过电阻的星形（Y）与三角形（△）网络等效互换来实现。星形（Y）与三角形（△）网络均属于三端子网络或二端口网络。如图 2-17 所示。

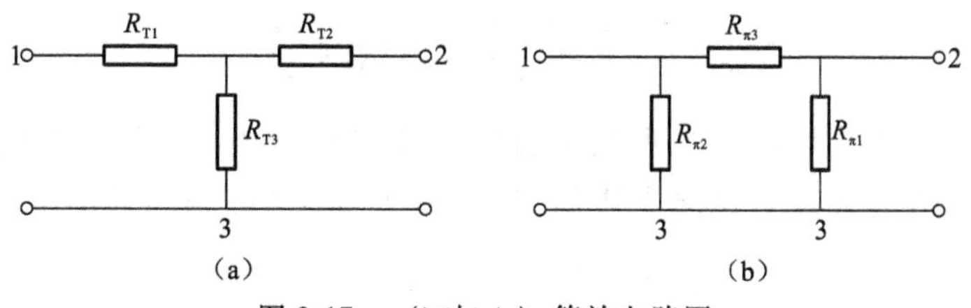

图 2-17　（Y与△）等效电路图

当星形网络和三角形网络互相等效时，应该要求对应的 1—2 端口等效，1—3 端口等效，2—3 端口也等效。两个网络之间的等效互换要求它们的外部性能相同，即要求它们的对应端子电压相同时，其对应端子的电流也相同。或者说对应端钮之间的电阻相等。

2.3.2　星形（Y）网络变换为三角形（△）网络的求解公式

对图 2-18 所示的电路图进行分析：

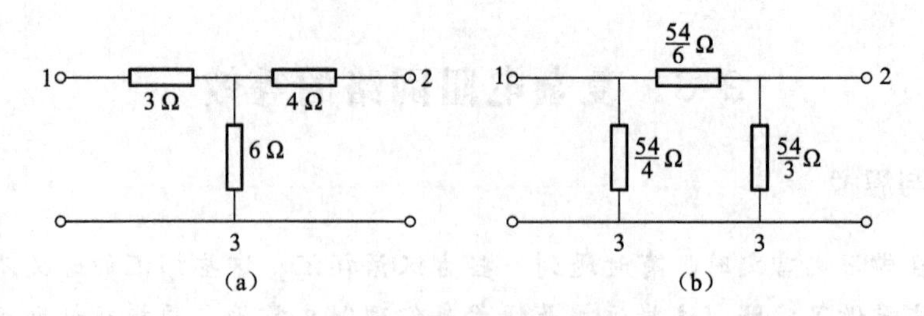

图 2-18　星形（Y）网络变换为三角形（△）网络电路示意图

在（a）图中：

$$R_{13} = (3+6)\ \Omega = 9\ \Omega$$

$$R_{23} = (4+6)\ \Omega = 10\ \Omega$$

$$R_{12} = (3+4)\ \Omega = 7\ \Omega$$

在（b）图中：

$$R_{13} = \frac{54}{4} /\!/ \left(\frac{54}{6} + \frac{54}{3}\right)\Omega = \frac{27/2 \times 27}{27/2 + 27}\ \Omega = 9\ \Omega$$

$$R_{23} = \frac{54}{3} /\!/ \left(\frac{54}{6} + \frac{54}{4}\right)\Omega = \frac{18 \times 45/2}{18 + 45/2}\ \Omega = 10\ \Omega$$

$$R_{12} = \frac{54}{6} /\!/ \left(\frac{54}{4} + \frac{54}{3}\right)\Omega = \frac{9 \times 63/2}{9 + 63/2}\ \Omega = 7\ \Omega$$

T⇨Π：将星形（Y）网络变换为三角形（△）网络的求解公式为

$$R_{\Pi K} = \frac{\text{T 形网络电阻两两乘积之和}}{R_{TK}} \tag{2-2}$$

$$R_{\Pi 2} = \frac{3 \times 4 + 3 \times 6 + 4 \times 6}{4}\Omega = \frac{54}{4}\ \Omega$$

$$R_{\Pi 1} = \frac{3 \times 4 + 3 \times 6 + 4 \times 6}{3}\Omega = \frac{54}{3}\ \Omega$$

$$R_{\Pi 3} = \frac{3 \times 4 + 3 \times 6 + 4 \times 6}{6}\Omega = \frac{54}{6}\ \Omega$$

下标序号的对应规律为：（Y）网络左边的“横”对应（△）网络右边的“竖”，（Y）网络右边的“横”对应（△）网络左边的“竖”，（Y）网络中间的“竖”对应（△）网络中间的“横”。

2.3.3　三角形（△）网络变换为星形（Y）网络的求解公式

对图 2-19 所示的电路图进行分析：

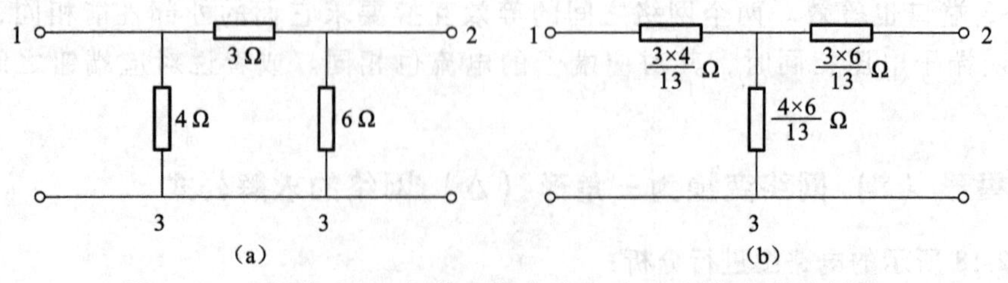

图 2-19　三角形（△）网络变换为星形（Y）网络电路示意图

在（a）图中：

$$R_{13}=\frac{4\times(3+6)}{4+\ (3+6)}\ \Omega=\frac{3\times4+4\times6}{13}\ \Omega$$

$$R_{23}=\frac{6\times(3+4)}{6+\ (3+4)}\ \Omega=\frac{3\times6+4\times6}{13}\ \Omega$$

$$R_{12}=\frac{3\times(4+6)}{3+\ (4+6)}\ \Omega=\frac{3\times4+3\times6}{13}\ \Omega$$

在（b）图中：

$$R_{13}=\frac{3\times4}{13}\Omega+\frac{4\times6}{13}\ \Omega=\frac{3\times4+4\times6}{13}\ \Omega$$

$$R_{23}=\frac{3\times6}{13}\Omega+\frac{4\times6}{13}\ \Omega=\frac{3\times6+4\times6}{13}\ \Omega$$

$$R_{12}=\frac{3\times4}{13}\Omega+\frac{3\times6}{13}\ \Omega=\frac{3\times4+3\times6}{13}\ \Omega$$

Π⇨T：将三角形（△）网络变换为星形（Y）网络的求解公式为

$$R_{\mathrm{TK}}=\frac{\text{接于对应端钮的两电阻之乘积}}{\Pi\text{形网络三电阻之和}}\tag{2-3}$$

$$R_{\mathrm{T1}}=\frac{3\times4}{13}\ \Omega,\ R_{\mathrm{T2}}=\frac{3\times6}{13}\ \Omega,\ R_{\mathrm{T3}}=\frac{4\times6}{13}\ \Omega$$

下标序号的对应规律为：（△）网络左边的“竖”对应（Y）网络右边的“横”，（△）网络右边的“竖”对应（Y）网络左边的“横”，（△）网络中间的“横”对应（Y）网络中间的“竖”。

【例 2.5】 对于图 2-20 所示电路，求等效电阻 R_{12}。

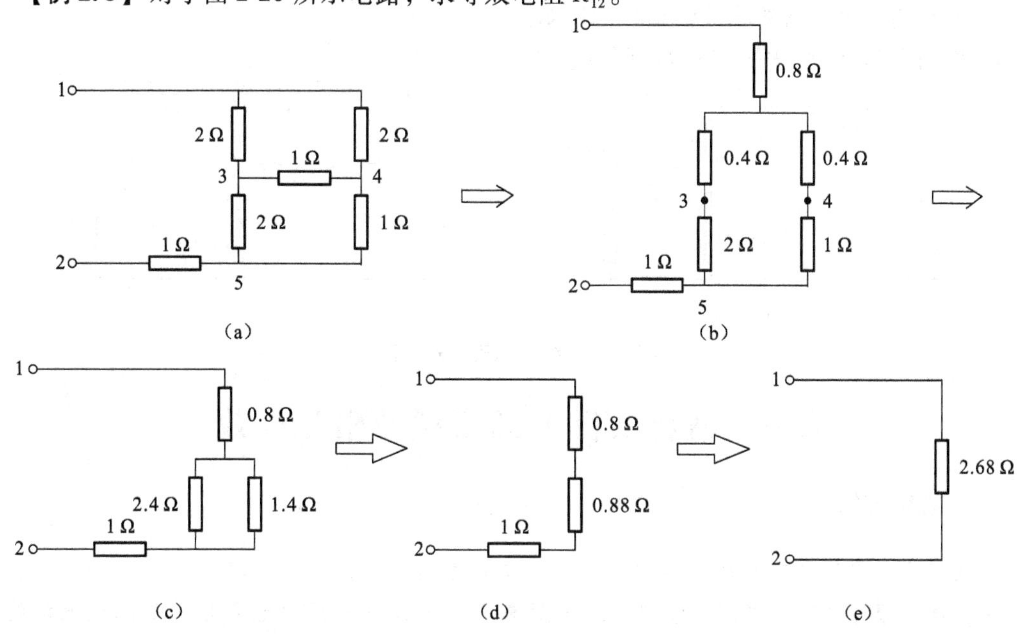

图 2-20　例 2.5 图

解： 将图（a）中接于节点 1、3、4 上的三角形电路用等效星形电路来代替，可得

$$R_1=\frac{2\times2}{2+2+1}\ \Omega=0.8\ \Omega,\ R_2=\frac{2\times1}{2+2+1}\ \Omega=0.4\ \Omega,\ R_3=\frac{2\times1}{2+2+1}\ \Omega=0.4\ \Omega$$

这样可得到图（b）等效电路，进一步利用电阻串、并联等效变换逐步化简成为图（c）、（d）、（e），最终得到等效电阻 $R_{12}=2.68\ \Omega$。

还可以将接于3、4、5上的三角形网络等效替换掉，或者将接于1、5、4之间的星形网络等效替换掉。

【例 2.6】对于图2-21所示电路，求等效电阻 R_{ab}。

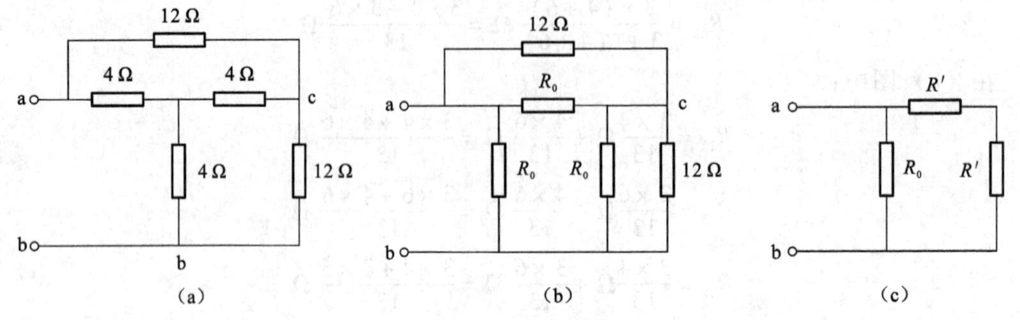

图2-21 例2.6图

解：将图（a）中三个4 Ω电阻组成的星形连接等效为三角形连接，如图（b）所示。

$$R_{\Pi K}=\frac{\text{T形网络电阻两两乘积之和}}{R_{TK}}=\frac{4\times4+4\times4+4\times4}{4}\ \Omega=12\ \Omega$$

然后再进一步等效为 $R'=\frac{12\times12}{12+12}\Omega=6\ \Omega$，故

$$R_{ab}=R_0 /\!/ (R'+R')=[12 /\!/ (6+6)]\ \Omega=6\ \Omega$$

2.3.4 自己动手练一练

1. 什么叫二端网络的等效？试举例说明。
2. 求图2-22所示网络的等效电阻 R_{ab}。

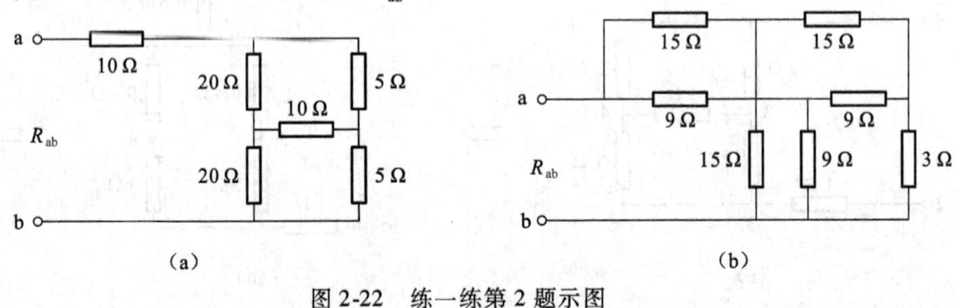

图2-22 练一练第2题示图

2.4 两种实际电源模型的相互等效

观察与思考

生活中常常遇到某种用电器的电源不能支持电路工作，需要更换电源，例如电池没电了，电源损坏了等。当然，能够找到与原来电源一致或相同的电源替代是比较理想的事情，但事实上很难做到。实际生活和生产中我们常常是利用不同形式的电源替代，为什么能够用两种不同的电源替换呢？两种不同的电源在替换时要遵循什么原则呢？

2.4.1　理想电压源模型和理想电流源模型

理想电压源和理想电流源是一种电路模型，实际是不存在的。如果一个电源的输出电压是恒定的，与所连接的负载无关，而且其内部没有任何损耗，电源本身具备无穷的能量，我们就将它定义为理想电压源，同样也可以定义理想电流源。理想电源是从实际电源元件中抽象出来的。

（1）理想电压源简称电压源（又称恒压源），它是一个能够提供恒定电压 U_S 的电源。图 2-23（a）所示为理想电压源与负载的连接，图 2-23（b）所示为其电压、电流关系曲线。

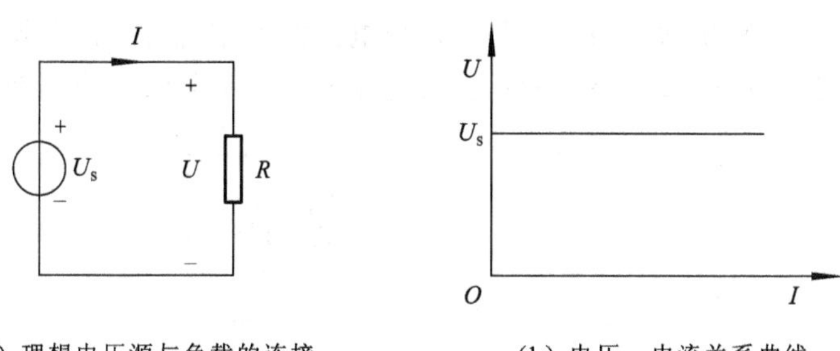

（a）理想电压源与负载的连接　　（b）电压、电流关系曲线

图 2-23　理想电压源电路图与电压、电流关系曲线图

从图 2-23 中可以看出，当外接电阻 R 改变时，流过理想电压源的电流 I 会发生变化，而电压源两端电压 U_S 不变。当然，不能将理想电压源两端短路，否则不符合实际，因为短路后电压源两端电压既要等于 U_S，又要等于零，相互矛盾。从理论上讲，电压源短路，电源将输出无穷大的电流。

对于理想电压源，它应具有以下两个重要特性：其一是端电压在任何时刻都和流过电源的电流大小无关，其二是输出电流大小取决于外电路电阻的大小。

（2）理想电流源简称电流源（也称恒流源），它是一个能够提供恒定电流 I_S 的电源。图 2-24（a）所示为理想电流源与负载的连接，图 2-24（b）所示为其电压、电流关系曲线。

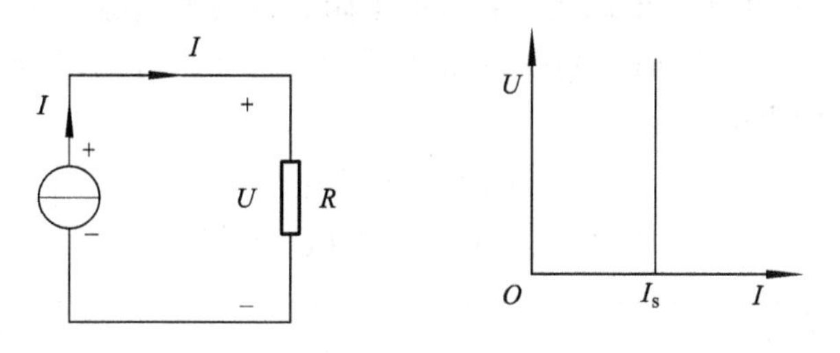

（a）理想电流源与负载的连接　　（b）电压、电流关系曲线

图 2-24　理想电流源电路图与电压、电流关系曲线图

从图 2-24 中可以看出，当外接电阻 R 改变时，理想电流源两端的电压 U 会发生变化，而流过电源的电流 I_S 不变。当然，不能将理想电流源两端断路，否则不符合实际，因为断路后流过电流源的电流既要等于 I_S，又要等于零，相互矛盾。从理论上讲，电流源断路，

电源两端的电压将为无穷大。

对于理想电流源，它应具有以下两个重要特性：其一输出电流在任何时刻都和它的两端电压大小无关；其二它的端电压大小取决于外电路电阻的大小。

2.4.2 实际电压源模型和实际电流源模型

实质上理想电源是不存在的，是虚拟的，而实际电源却很多。一个实际的直流电源在给负载供电时，其端电压随负载电流的增大而下降。实际电源的外特性曲线是一条倾斜的直线。

在电气工程中，不仅元件用模型表示，电源也可以用不同形式的模型表示。常见的实际电源模型有两种，一种是由理想电压源 U_S 和电阻 R_0 串联而成，这种组合称为实际电压源模型。如图 2-25（a）所示。另一种是由理想电流源 I_S 和电阻 R_0 并联而成，这种组合称为实际电流源模型。如图 2-25（a）所示。其电压电流关系曲线如图 2-25（b）所示。

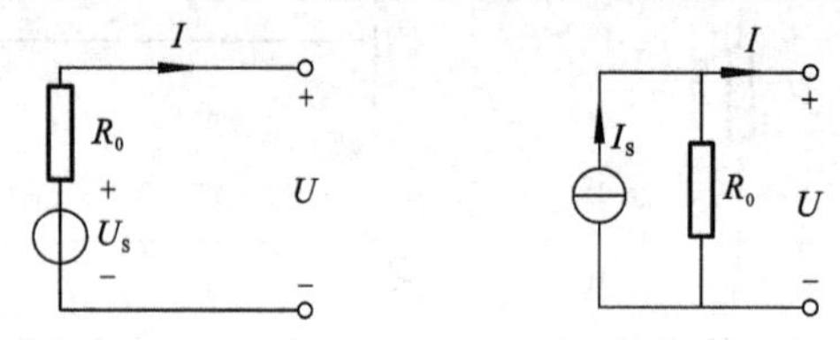

（a）实际电压源、实际电流源模型

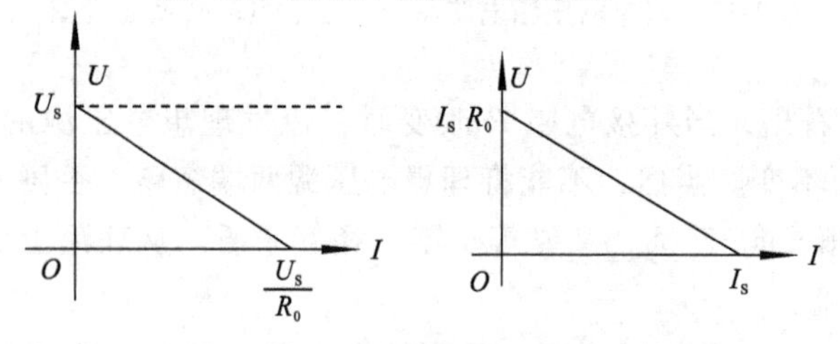

（b）实际电压源、实际电流源外特性曲线

图 2-25 理想电源的模型与特性性曲线

2.4.3 两种实际电源的等效

如图 2-26 所示，两种实际电源接有相同的电阻，这两种电源相互等效的条件是什么呢？

当两个不同的实际电源同时对同一电阻 R 供电，若 $U_1 = U_2$，$I_1 = I_2$，则称两个实际电源相互等效。U_1、U_2 的表达式为

$$U_1 = U_S - R_0 I_1$$

$$U_2 = (I_S - I_2)\ R_0' = R_0' I_S - R_0' I_2$$

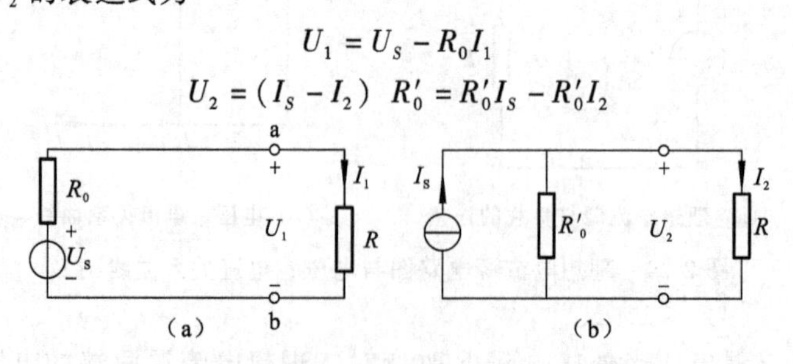

图 2-26 两种实际电源的等效电路图

比较上述两式，可以得出两种实际电源等效的条件是：

$$\begin{cases} U_S = R_0' I_S \\ R_0 = R_0' \end{cases} \quad 或 \quad \begin{cases} I_S = \dfrac{U_S}{R_0} \\ R_0' = R_0 \end{cases} \tag{2-5}$$

可见，实际电压源转换成实际电流源时，已知理想电压源 U_S 和其内阻 R_0，则等效的理想电流源电流 $I_S = \dfrac{U_S}{R_0}$，内阻 R_0 保持不变；实际电流源转换成实际电压源时，已知理想电流源 I_S 和其内阻 R_0，则等效的理想电压源电动势 $U_S = I_S R_0$，内阻 R_0 保持不变；实际电压源和实际电流源之间的相互等效变换如图 2-27 所示。

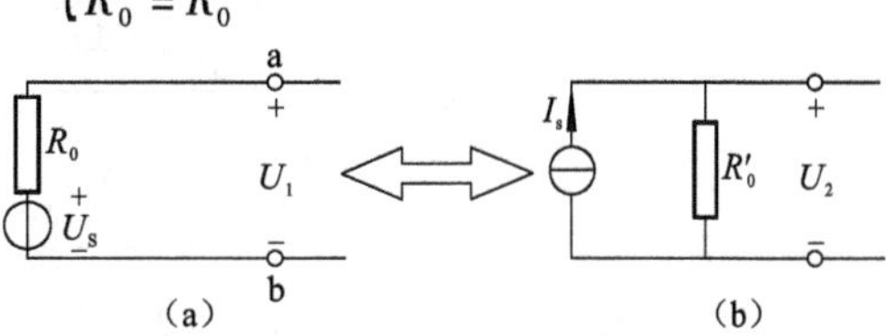

图 2-27　两种实际电源的相互等效

特别注意：电源等效互换时，电压源中电压的正极性端与电流源电流的流出端相对应。理想电压源和理想电流源所串联或并联的电阻也不仅局限于电源内阻。

【例 2.7】将图 2-28 所示的电源模型等效为另一种实际电源模型。

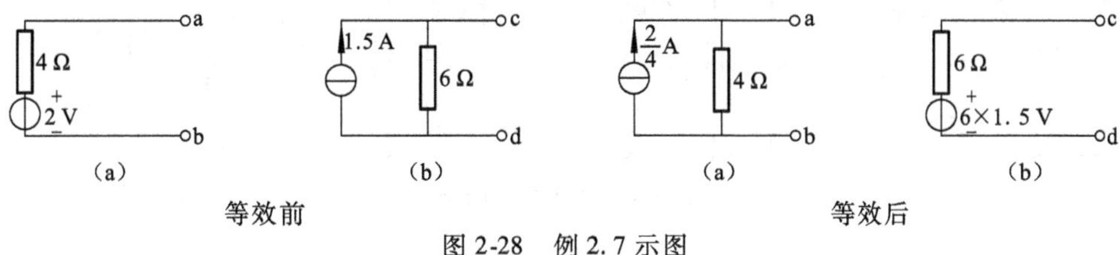

图 2-28　例 2.7 示图

解：根据等效条件的计算公式，图 2-28 所示电路（a）和（b）分别可等效为

$$I_{S1} = \frac{U_{S1}}{R_0} = \frac{2}{4}\ \text{A},\ R_0 = 4\ \Omega;\ U_{S2} = I_{S2} \cdot R_0 = 6 \times 1.5\ \text{V},\ R_0 = 6\ \Omega$$

2.4.4　实际电源等效时的注意事项

（1）两个理想电压源串联时，可叠加为一个理想电压源（见图 2-29）。

（2）两个理想电流源并联时，可叠加为一个理想电流源（见图 2-29）。

（3）理想电压源直接与电阻并联，等效时，电阻可视为开路（见图 2-30（a））。

（4）理想电流源直接与电阻串联，等效时，电阻可视为短路（见图 2-30（b））。

（5）两个不等值的理想电压源禁止并联。

（6）两个不等值的理想电流源禁止串联。

【例 2.8】求图 2-29 中的等效电路。

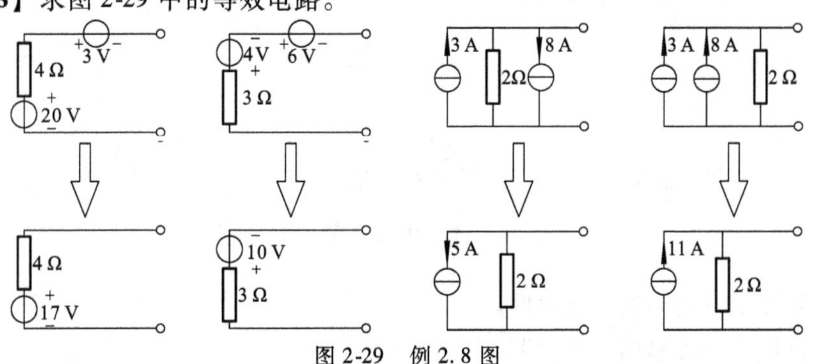

图 2-29　例 2.8 图

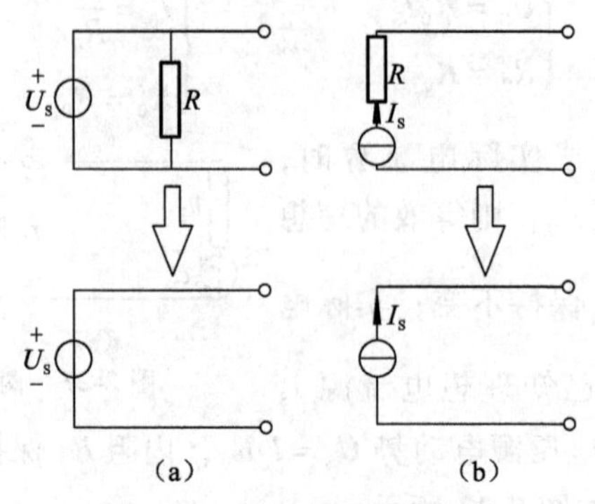

图 2-30 理想电源的等效图

【**例 2.9**】求图 2-31 电路的等效电路。

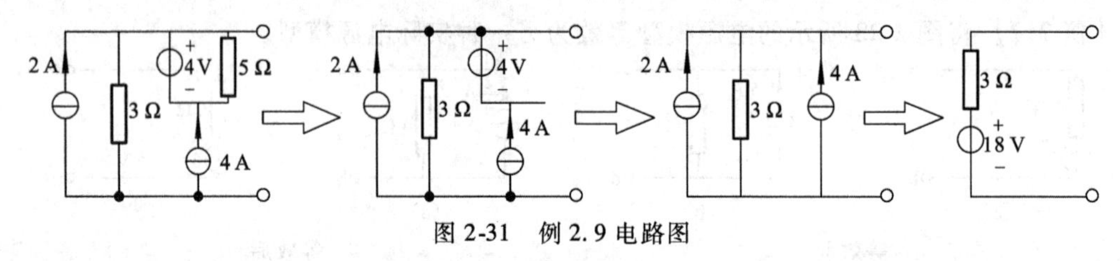

图 2-31 例 2.9 电路图

【**例 2.10**】求图 2-32 电路中的电流 I。

解： 用等效法将电路变换成图 2-33 所示。

$$I=\frac{3}{3+3}\text{A}=0.5\ \text{A}$$

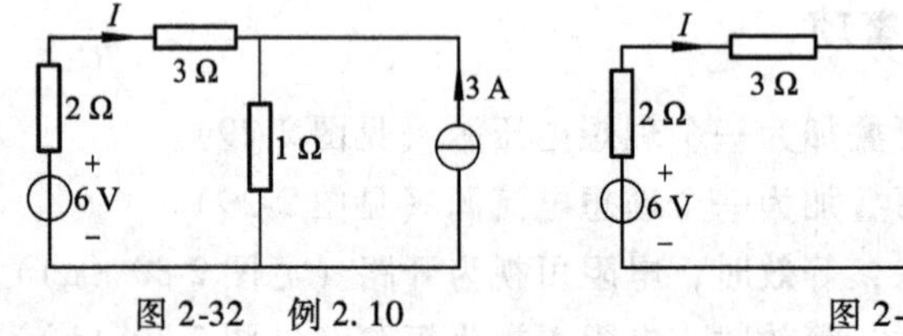

图 2-32 例 2.10　　图 2-33 例 2.10 等效电路

2.4.5 自己动手练一练

1. 求图 2-34 所示电路的等效电路。

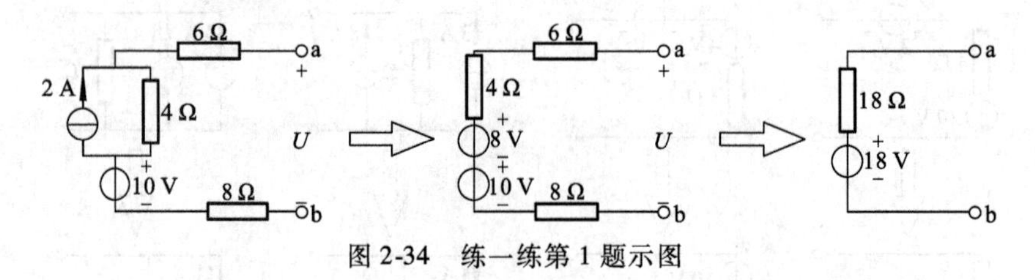

图 2-34 练一练第 1 题示图

2. 求图 2-35 所示电路的等效电路。
3. 求图 2-36 所示电路的等效电路。

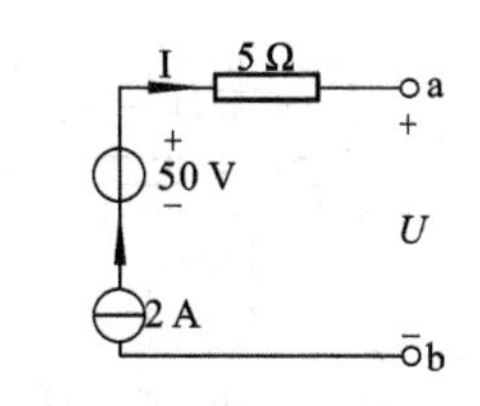

图 2-35　练一练第 2 题图

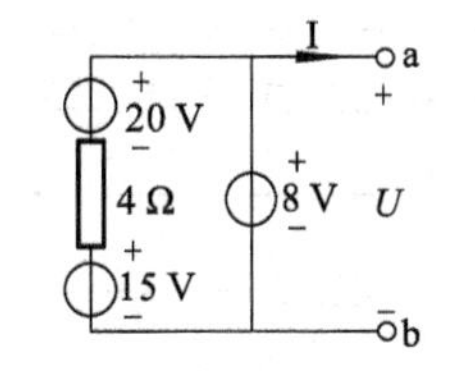

图 2-36　练一练第 3 题图

小　　结

（1）等效电路

端钮电压、电流关系相同的电路称为相互等效的电路。相互等效的电路在由它们组成的电路中可以相互替换，而这个电路端钮以外部分的电压、电流的解答结果不变。

等效是对外电路而言的，对内部并不等效。

利用等效变换可以简化电路的分析、计算。

（2）本章讨论电路的等效化简分析法：

二端网络的等效：
- 电阻的串联、并联等效
- 理想电源的串联、并联等效
- 实际电源模型的等效互换

三端网络的等效：电阻星形（Y）网络与三角形（△）网络的等效互换。

（3）分压定理、分流定理

$$U_1 = \frac{R_1}{R_1 + R_2} \cdot U \qquad U_2 = \frac{R_2}{R_1 + R_2} \cdot U$$

$$I_1 = \frac{R_2}{R_1 + R_2} \cdot I \qquad I_2 = \frac{R_1}{R_1 + R_2} \cdot I$$

习　题　二

1. 求图 2-37 所示的等效电阻 R_{ab}。

2. 求图 2-38 所示电路 ab 两端的等效电阻和 cd 两端的等效电阻。

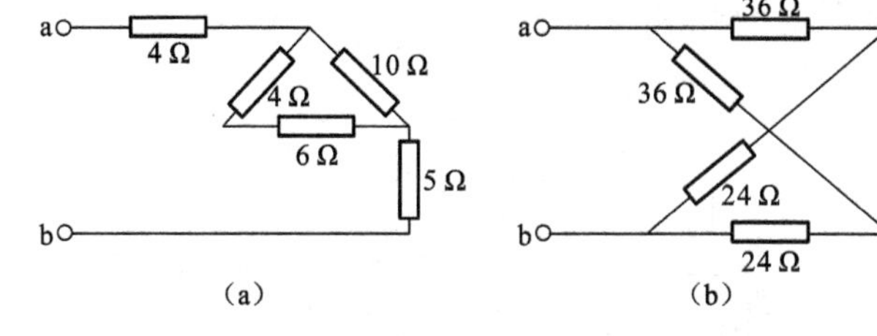

图 2-37　第 1 题示图

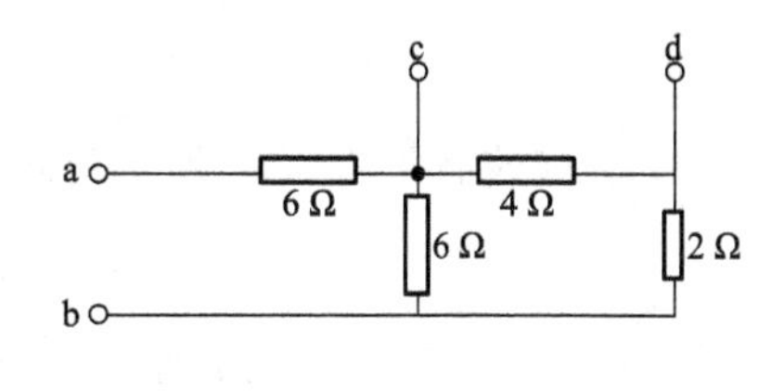

图 2-38　第 2 题示图

3. 图 2-39 中各个电阻均为 6 Ω，求端口 ab 处的等效电阻。

4. 求图 2-40 所示的等效电阻 R_{ab}。

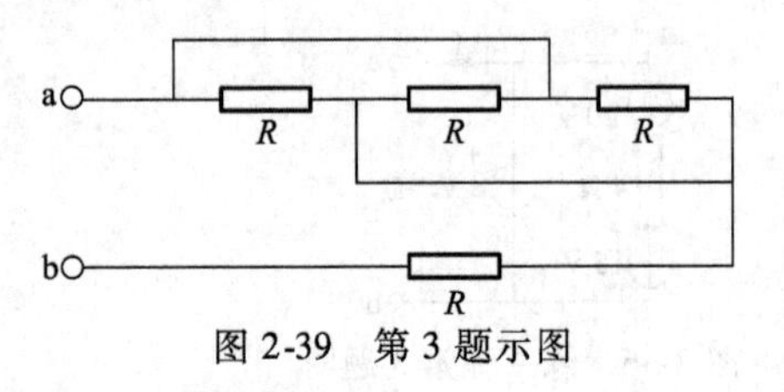

图 2-39　第 3 题示图

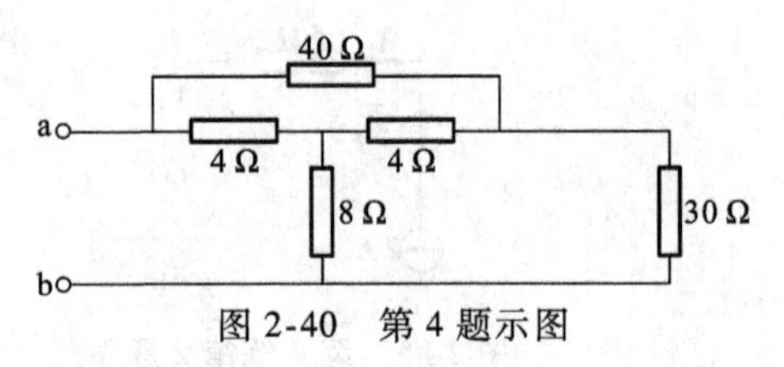

图 2-40　第 4 题示图

5. 电路如图 2-41 所示，已知 $U_1=220$ V，$R_1=100$ Ω，$R_2=400$ Ω，R_1，R_2 的额定电流均为 1.8 A，求：

（1）输出电压 U_2。

（2）若用内阻为 5 kΩ 的电压表去测量输出电压（如图 2-41（b）所示），求电压表的读数。

（3）若误将内阻为 0.1 Ω，量程为 2 A 的电流表当作电压表去测量输出电压（如图 2-41（c）所示），将会产生什么后果？

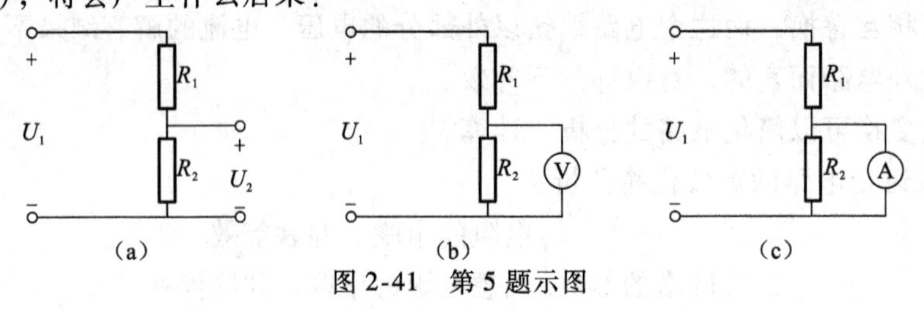

图 2-41　第 5 题示图

6. 试等效简化图 2-42 所示的各网络。

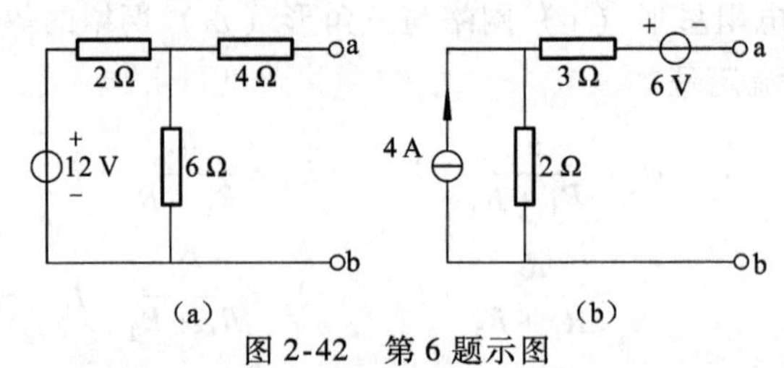

图 2-42　第 6 题示图

7. 试用一个等效电源替代图 2-43 所示各有源二端网络。

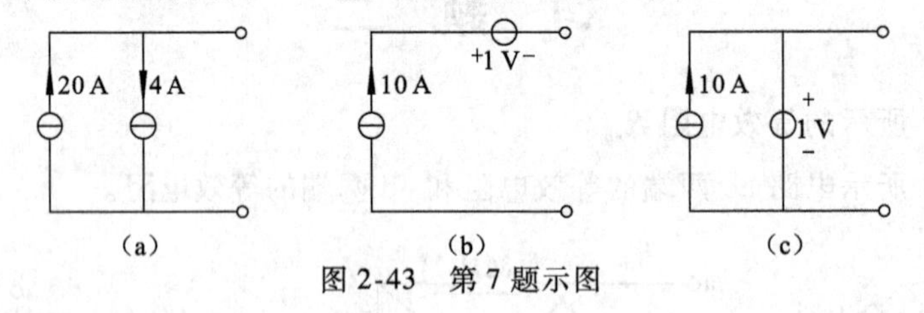

图 2-43　第 7 题示图

8. 试等效简化图 2-44 所示的各网络。

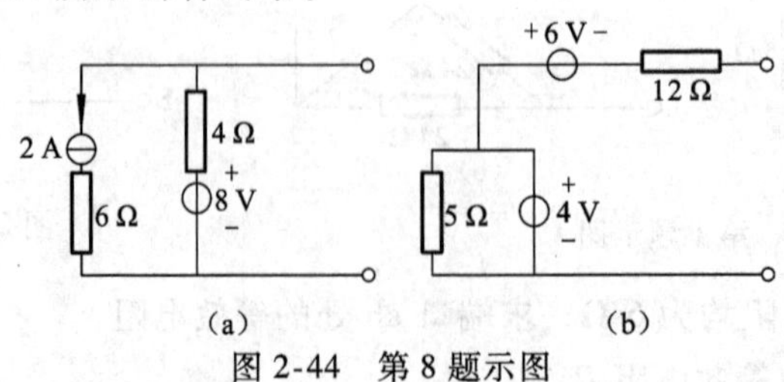

图 2-44　第 8 题示图

第3章 电路的基本分析方法

学习目标

- 解释基尔霍夫定律，并会用基尔霍夫电流和电压定律求解电路参数。
- 掌握基尔霍夫定律的内容，学会利用 KCL、KVL 列写电路的方程并进行计算。
- 解释支路电流法，并会运用支路电流法求解电路参数。
- 掌握网孔法列写电路方程的规则。
- 掌握节点法列写电路方程的规则。
- 能运用叠加定理和两种电源的等效变换分析电路。
- 了解戴维南定理的内容，能利用电压源与电流源的等效变换进行戴维南化简。
- 了解戴维南定理、叠加定理，并会运用定理求解电路参数。
- 描述电阻性负载的最大功率传输定理。解释传输最大功率的意义。

引导提示

电路元件的参量有很多，要从繁复的电路中找到每一个参量具体的数值，除了运用欧姆定律外，还要掌握必要的分析方法，本章将系统地介绍一般电路的分析方法，这类方法以基尔霍夫定律（KCL、KVL）及元件的 VCR 为依据，建立求解电路变量所需要的独立方程组。基于选择的电参量不同，可包括支路电流法、网孔电流法、节点电压法等。此外还有叠加原理、戴维南定理等。

重点：网孔电流法、节点电压法、叠加原理。

难点：戴维南定理。

3.1 基尔霍夫定律

观察与思考

用欧姆定律求解电路参量，只能分析简单电路，而且必须知道电压、电流、电阻三个参量中的两个量才能求解，就像四则运算只能分析简单应用题一样。对于复杂电路的分析可以通过学习基尔霍夫定律，借助于列写电流方程、电压方程来求解，因此寻找含有未知量方程的任务就出现了。基尔霍夫定律可以解决这一问题。

在电路的分析和计算中，有两个重要的基本定律，即欧姆定律和基尔霍夫定律。基尔霍夫定律包含两个方面的内容，一个是电流定律，简称 KCL；另一个是电压定律，简称 KVL。为了学好这两个定律，先来学习几个重要的专业名词。

3.1.1 常用的名词术语

1. 支路

电路中由一个或几个元件按照首尾相连的方式连接，中间没有新的分支的电路称为支路。流过同一支路的电流必然相等，同一支路中元件的连接方式必定是串联的。

2. 节点

电路中由三条以上不同的支路交汇的点称为节点。

3. 回路

电路中由支路组成的闭合路径称为回路。

4. 网孔

在回路平面内不另含有其他支路的回路称为网孔。

5. 网络

电路的总称。通常指复杂的电路。

在应用上述名词术语时，有时还需要提出以下几点注意事项：

1）关于节点

由三条以上支路交汇的点称为独立节点。而两条支路的交汇点则称为广义的节点。包含电路元件的封闭面也称为广义的节点。

2）关于支路

两个独立节点之间的一条完整支路称为独立支路。两个广义节点之间的部分支路称为广义支路。

3）关于回路

网孔是回路的最基本单元，也称为独立回路。回路中任意嵌套回路则称为广义回路。

显然，独立节点是电路中数目最少的节点数。常用 n 表示。

独立支路是电路中数目最少的支路数。常用 b 表示。

独立回路是电路中数目最少的回路数。常用 m 表示。

【例 3.1】 在图 3-1 所示电路中，列出支路、节点、回路的名称。

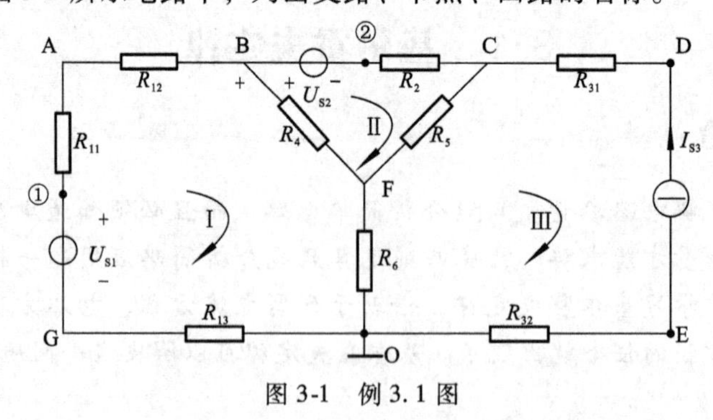

图 3-1 例 3.1 图

解： 独立节点有 B、C、F、O 四个。A、D、E、G、①、②等为广义节点。

独立支路有（U_{S1}，R_{11}，R_{12}，R_{13}）、（U_{S2}，R_2）、（I_{S3}，R_{31}，R_{32}）、（R_4）、（R_5）、（R_6）共六条。

广义支路有：(U_{S1}，R_{11})、(R_{12})、(R_{13})、(I_{S3})、(R_{31})、(R_{32}) 等。

独立回路有Ⅰ、Ⅱ、Ⅲ三个。

广义回路有 A→B→C→F→O→G→A，A→B→C→D→E→O→G→A，B→C→D→E→O→F→B 等。

3.1.2　电路的独立性原则

在电路分析的过程中，常常要设立电参量，而电参量的多少往往与电路的结构有关。

例如，某一电路中有 n 个独立节点（三条以上支路的交点），有 m 个独立回路（网孔），有 b 条独立支路（不包含独立节点的支路）。则，它们三者之间的关系必然满足

$$b = m + (n - 1) \tag{3-1}$$

【例 3.2】 求图 3-2 所示电路中独立支路，独立节点，独立回路的数目。

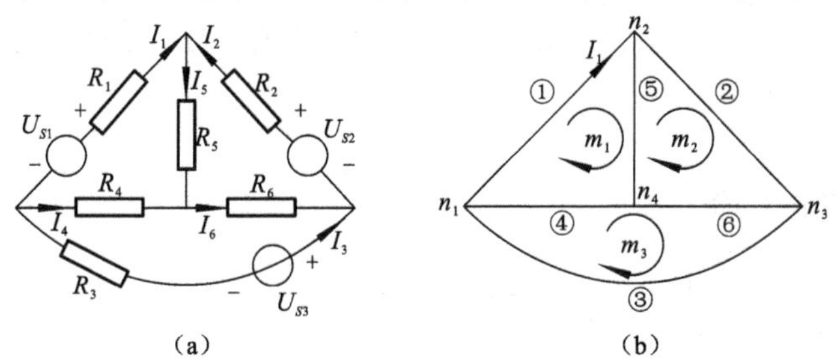

图 3-2　例 3.2 图

从图 3-2 (a) 中可以看出：独立支路数 $b = 6$，独立节点数 $n = 4$，独立回路数 $m = 3$。且 $b = m + (n - 1) = 3 + (4 - 1) = 6$。

可见，若要求解其中各条支路电流，或各支路的电压，则必须依据电路结构设立参数，且参数之间应具有相互独立性。

对于存在 n 个独立节点，可以且仅可以列写 $(n - 1)$ 个独立的基尔霍夫电流方程。

对于存在 m 个独立回路（网孔），可以且仅可以列写 m 个独立的基尔霍夫电压方程。

对于存在 b 条独立支路，可以且仅可以列写 b 个独立的欧姆定律方程。

这就是电路的独立性原则。

3.1.3　基尔霍夫电流定律 (KCL)

定律内容：在电路中，对于任意节点，流入某节点的电流之和，等于流出该节点的电流之和。就好比对于一个车站而言，进站的总人数必然等于出站的总人数。

若规定流出节点的电流为正，流入节点的电流为负，则定律可描述为：流经任意节点的电流代数和为零。

【例 3.3】 对于图 3-3 所示电路，求电流 I。

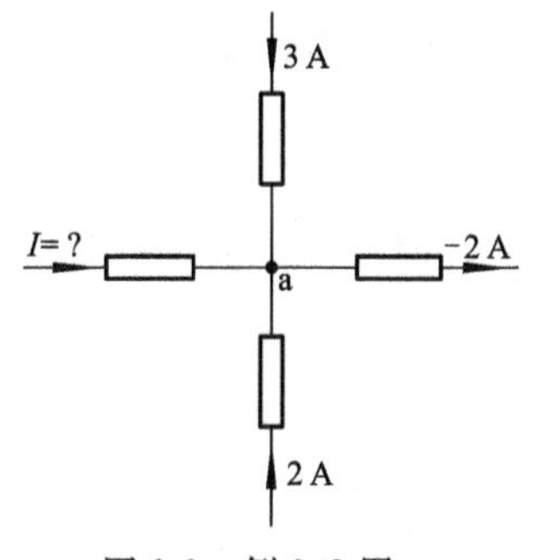

图 3-3　例 3.3 图

解： 根据 KCL 定律：$I + 3\ \text{A} + 2\ \text{A} = -2\text{A}$　所示，$I = -7\ \text{A}$

另，根据 $\sum I = 0$，$I + 3\ \text{A} + 2\ \text{A} - (-2\text{A}) = 0$

所以，$I = -7\ \text{A}$

3.1.4 基尔霍夫电压定律（KVL）

定律内容：在电路中，对于任意回路，回路中各元件的电压降之和等于各元件的电压升之和。这就好比平时的登山运动，攀登的总高度必然等于下降的总高度，否则无法回到起点。

若规定电压降为正，电压升为负，则定律可描述为：回路中各元件的电压代数和为零。

【例 3.4】 对于图 3-4 所示电路，列写 KVL 方程。

解： 设电路的绕行方向为顺时针方向。

规定：电压降落方向与绕行方向一致为正，不一致为负。

则 KVL 方程为：

$$U_2 + U_3 = U_1 + U_4 \quad \text{（电压降之和等于电压升之和）}$$

或 $$U_2 + U_3 + (-U_1) + (-U_4) = 0 \quad \text{（电压代数和为零）}$$

【例 3.5】 电路如图 3-5 所示，已知 $R_1 = R_2 = R_3 = 2\ \Omega$，$R_4 = 6\ \Omega$，$U_{S1} = 6\ \text{V}$，$U_{S2} = 3\ \text{V}$。试求：（1）电路中电流；

（2）电路中电压 U_{ab}；

（3）两个电压源的功率。

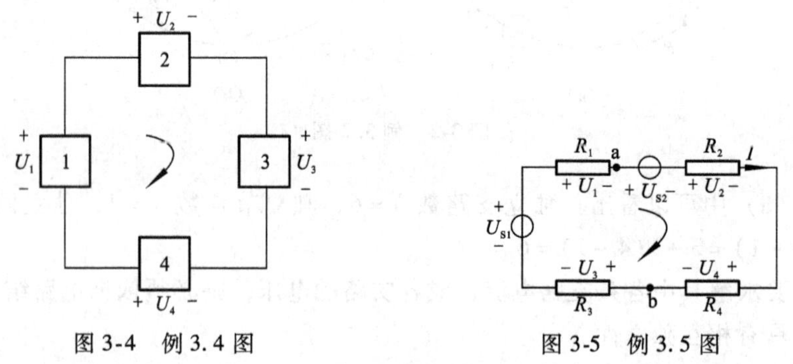

图 3-4　例 3.4 图　　　　图 3-5　例 3.5 图

解： 设回路中电流为 I，并设回路的绕行方向为顺时针方向。

（1）列写 KVL 方程：

$$U_1 + U_{S2} + U_2 + U_4 + U_3 - U_{S1} = 0$$

$$R_1 I_1 + R_2 I_2 + R_3 I_3 + R_4 I_4 = U_{S1} - U_{S2}$$

将参数代入上式得： $$12I = 6\ \text{A} - 3\ \text{A}$$

所以 $$I = \frac{1}{4}\ \text{A}$$

（2）电路中电压 U_{ab}

$$U_{ab} = U_{S2} + U_2 + U_4 = \left(3 + 2 \times \frac{1}{4} + 6 \times \frac{1}{4}\right)\ \text{V} = 5\ \text{V}$$

（3）两个电压源的功率

$$P_{U_{S1}} = -U_{S1} \times I = -6 \times \frac{1}{4} = -\frac{3}{2}\ \text{W}$$

$$P_{U_{S2}} = U_{S2} \times I = 3 \times \frac{1}{4} = \frac{3}{4}\ \text{W}$$

注：U_{S1} 和 I 的参考方向不关联，因此计算时应加“－”号。

3.1.5 2b 方程法

对于一个 b 条支路，n 个节点，m 个回路（网孔）的电路，要解出 b 条支路的支路电压和支路电流，总共有 $2b$ 个未知量。对于每一条支路而言，可根据该支路的元件性质得到一个支路电压与支路电流之间的 VCR 方程。这样由 VCR 得到的方程数等于支路数为 b 个，其余的 b 个方程应由 KCL 方程和 KVL 方程得到。

1. 独立的 KCL 方程

对于图 3-2 所示的电路中，有 4 个独立节点，对于每个节点，可列写 KCL 方程，分别为：

$$\begin{cases} -I_1 - I_3 - I_4 = 0 \\ I_1 + I_2 - I_5 = 0 \\ I_3 + I_6 - I_2 = 0 \\ I_4 + I_5 - I_6 = 0 \end{cases} \tag{3-2}$$

将以上 4 个方程相加，得到一个 0 = 0 的恒等式，说明以上 4 个方程是线性相关的，即彼此不独立。可由其中任意三个方程导出第 4 个方程。因此，这 4 个方程中只有 3 个是彼此独立的。这个结论对于 n 个节点的电路同样适用。

对于 n 个独立节点的电路，可以而且仅可以列写（$n-1$）个彼此独立的 KCL 方程。

2. 独立的 KVL 方程

对于图 3-2 所示的电路中，有 3 个独立的回路，称为网孔。网孔中不会嵌套网孔。可列写 KVL 方程如下（选择顺时针方向为绕行方向，或称正方向）：

$$\begin{cases} U_1 + U_5 - U_4 = 0 \\ -U_2 - U_6 - U_5 = 0 \\ U_4 + U_6 - U_3 = 0 \end{cases} \tag{3-3}$$

式（3-3）中 U 均为支路电压。

或

$$\begin{cases} -U_{S1} + R_1 I_1 + R_5 I_5 - R_4 I_4 = 0 \\ -R_2 I_2 + U_{S2} - R_6 I_6 - R_5 I_5 = 0 \\ R_4 I_4 + R_6 I_6 + U_{S3} - R_3 I_3 = 0 \end{cases} \tag{3-4}$$

由于网孔数是电路中最少的回路数，且每个网孔都含有与其他网孔不重叠的支路，因此，上述三个 KVL 方程彼此独立。

对于 m 个独立回路（网孔），可以而且仅可以列写 m 个彼此独立的 KVL 方程。

3.1.6 自己动手练一练

1. 一个电路具有 8 条支路，4 个节点，可以列写几个独立的 KCL 方程，几个独立的 KVL 方程？

2. 有人说，在节点处各支路电流的参考方向不能全设为流出节点，否则就会只有流出节点的电流，而没有流入节点的电流。你认为呢？

3. 在写 KVL 方程时，任何两点间的电压计算是否与所选路径有关？

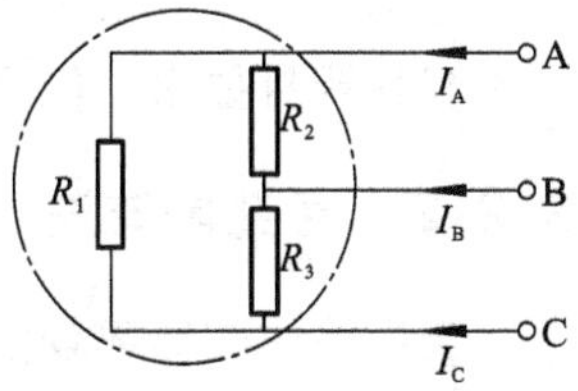

4. 设某电路中的闭合面如图 3-6 所示，根据基尔霍夫电流定律，

图 3-6 练一练第 4 题图

可得，$I_A+I_B+I_C=0$ 有人问，电流都流入闭合面内，那怎么流出来呢？你如何解释这个问题？

3.2 网孔电流法

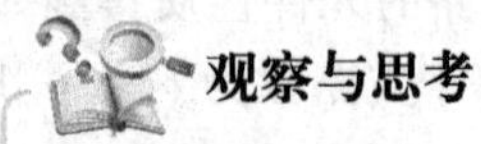

观察与思考

从上一节讨论可知，对于一个具有 b 条支路的电路，可根据 KCL、KVL 和支路的 VCR 列写 $2b$ 个联立方程，求出 b 条支路电流和 b 条支路电压。而在求解方程组时，方程的个数越少，则求解就越简单。因此，如何简化电路方程数是解题的关键所在。

各支路的电流和电压是由相应支路的 VCR 联系的，一旦求出各支路电流，则由相应支路的 VCR 方程可求出各支路电压。因此，求解电路时不妨分为两步进行，即先设法求出各支路电流，然后再利用各支路的 VCR 求得各支路电压。另外，网孔电流法则更加快捷。

3.2.1 支路电流法

将电路中各支路电流设为未知量，通过列写电路的 KCL 和 KVL 方程求解这些未知量的方法，称为支路电流法。

【例 3.6】 电路如图 3-7 所示，求各支路电流及 U_{ab}。

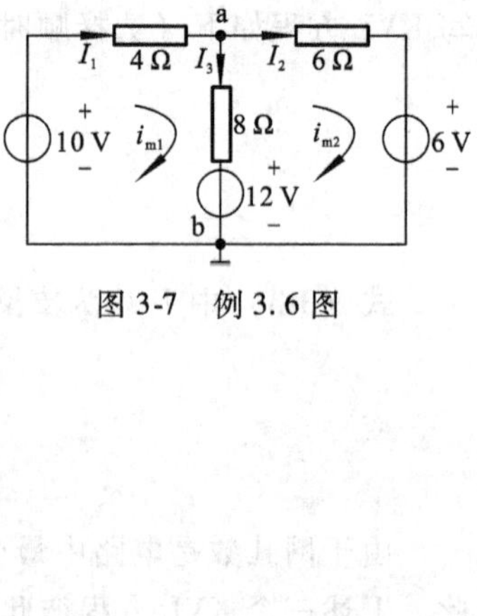

解：设电路中各支路电流如图，列写（$n-1$）个 KCL 方程：$I_1-I_2-I_3=0$

图 3-7　例 3.6 图

列写 m 个 KVL 方程（设绕行方向为顺时针）：

$$\begin{cases}4I_1+8I_3+12-10=0\\6I_2+6-12-8I_3=0\end{cases}$$

解上述方程组得

$$I_1=\frac{5}{26}\text{ A};\ I_2=\frac{14}{26}\text{ A};\ I_3=-\frac{9}{26}\text{ A};$$

$$U_{ab}=8I_3+12=\frac{120}{13}\text{ V}$$

由上例可归纳出支路电流法分析电路的基本步骤：

设定各支路电流，标明参考方向和其他待求量的参考方向；

任取（$n-1$）个节点，根据 KCL 列写独立节点方程；

选取独立回路（网孔），并假定绕行方向，根据 KVL 列写独立回路方程；

求解以上各步骤所得的方程组，得到各支路电流；

根据题目要求，依据元件的 VCR 等计算其余各量。

3.2.2 网孔电流法

当电路中支路数较多时，利用支路电流法求解就显得比较繁琐，因为未知量越多，方程数目就越多。这里介绍一种网孔电流法。可以假设某一电流只在网孔中流过，不流经其他网孔，这样假设的电流数目明显减少，求解变得方便、简洁。

【**例 3.7**】电路如图 3-8 所示，求网孔电流 i_{m1}，i_{m2}，i_{m3}。

解：分别设支路电流为 $I_1 \sim I_6$，分别设网孔电流为 i_{m1}、i_{m2}、i_{m3}。则：

$$I_1 = i_{m1};\ I_2 = i_{m2};\ I_3 = i_{m3} - i_{m1}$$
$$I_4 = -i_{m3};\ I_5 = i_{m1} - i_{m2};\ I_6 = i_{m3} - i_{m2}$$

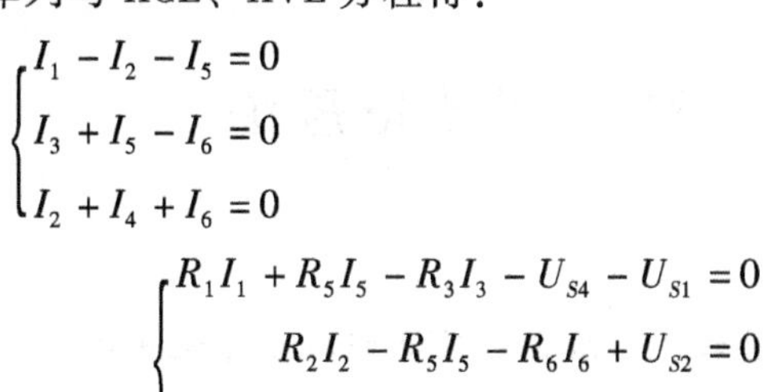

图 3-8　例 3.7 图

利用基尔霍夫定律列写 KCL、KVL 方程得：

$$\begin{cases} I_1 - I_2 - I_5 = 0 \\ I_3 + I_5 - I_6 = 0 \\ I_2 + I_4 + I_6 = 0 \end{cases}$$

$$\begin{cases} R_1I_1 + R_5I_5 - R_3I_3 - U_{S4} - U_{S1} = 0 \\ R_2I_2 - R_5I_5 - R_6I_6 + U_{S2} = 0 \\ R_3I_3 + R_6I_6 - R_4I_4 + U_{S4} - U_{S3} = 0 \end{cases}$$

将上式整理可得：

$$\begin{cases} (R_1 + R_5 + R_3)i_{m1} + (-R_5i_{m2}) + (-R_3i_{m3}) + (-U_{S1} - U_{S4}) = 0 \\ (R_2 + R_6 + R_5)i_{m2} + (-R_5i_{m1}) + (-R_6i_{m3}) + U_{S2} = 0 \\ (R_3 + R_6 + R_4)i_{m3} + (-R_3i_{m1}) + (-R_6i_{m2}) + (U_{S4} - U_{S3}) = 0 \end{cases} \tag{3-5}$$

定义：网孔中所有电阻之和称为自电阻。

相邻网孔的公共电阻称为互电阻。

网孔中理想电压源电压代数和称为净电压源。

规定以绕行方向为正方向，与绕行方向一致的电压、电流均为正，若与绕行方向不一致，则需添加负号。

网孔电流法列写方程的规则为：

自电阻乘以网孔电流，加上互电阻乘以相邻网孔电流，加上网孔的净电压源等于 0。

【**例 3.8**】利用网孔电流法求解图 3-7 所示电路中各支路电流。

解：根据网孔电流法列写方程的规则列写网孔电流方程如下：

$$\begin{cases} (4 + 8)i_{m1} + (-8i_{m2}) + (12 - 10) = 0 \\ (6 + 8)i_{m2} + (-8i_{m1}) + (6 - 12) = 0 \end{cases}$$

解得

$$i_{m1} = \frac{5}{26}\ \text{A};\ i_{m2} = \frac{14}{26}\ \text{A}$$

$$I_1 = i_{m1} = \frac{5}{26}\ \text{A};\ I_2 = i_{m2} = \frac{14}{26}\ \text{A};\ I_3 = i_{m1} - i_{m2} = -\frac{9}{26}\ \text{A}$$

3.2.3　自己动手练一练

1. 电路如图 3-9 所示，试利用支路电流法和网孔电流法分别列写方程，并求解 I_1、I_2。
2. 电路如图 3-10 所示，试用观察法直接列写网孔电流方程。

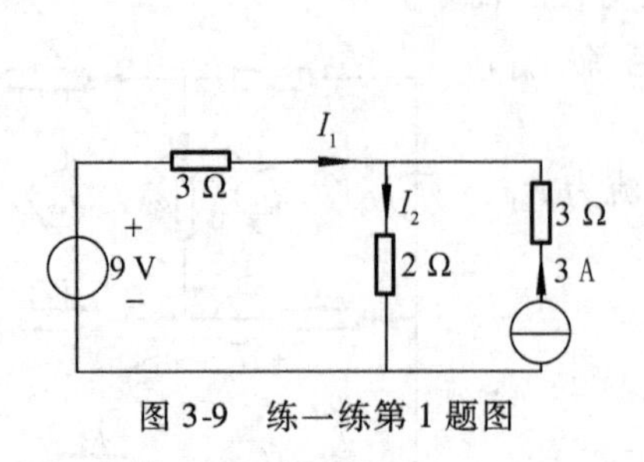

图 3-9　练一练第 1 题图

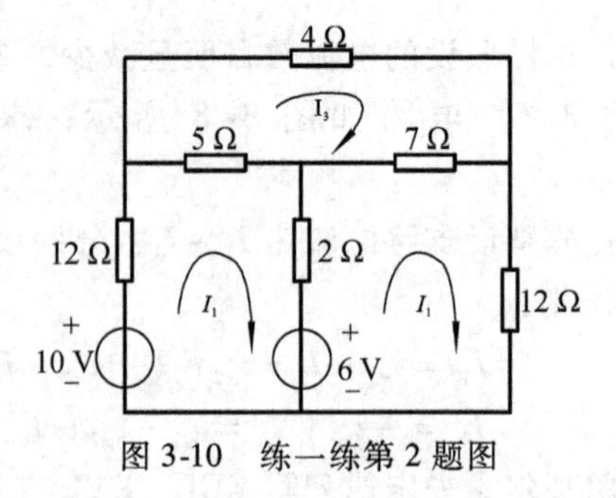

图 3-10　练一练第 2 题图

3.3　节点电压法

观察与思考

网孔电流法求解电路的过程中，我们设法寻找减少方程未知数的数目，并从中总结出有规律的列写方程的方法，得出自电阻，互电阻和净电压源等概念。那么，在学习节点电压法时，是否也可以总结出一定的规律，和自电阻、互电阻、净电压源相对应的概念又叫什么名字呢？什么时候适合用网孔法求解，什么时候适合用节点法求解呢？

当电路中支路数、网孔数都较多时，支路法、网孔法同样显得繁琐，这时如果采用以节点电压为未知量列写方程，可以使方程数目锐减，下面介绍节点电压法。

3.3.1　节点电压法

以节点电压为未知量，通过列写电路的 KCL、KVL 方程求解电路中的待求未知量的方法，称为节点电压法。

【例 3.9】 求图 3-11 所示电路中电流 I。

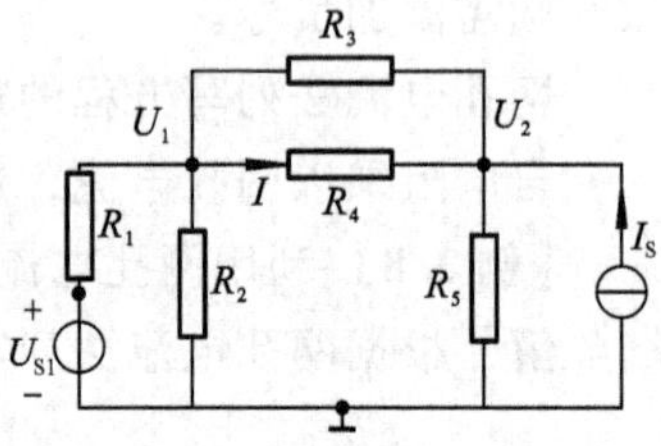

图 3-11　例 3.9 图

解： 该电路中，支路数为 6 条，网孔数为 4 个，均较多。而独立节点只有 3 个，其中一个为参考点。

可设两个独立节点的电压分别为 U_1、U_2。

则对于节点 1 的 KCL 方程为

$$\frac{U_1-U_{S1}}{R_1}+\frac{U_1}{R_2}+\frac{U_1-U_2}{R_3}+\frac{U_1-U_2}{R_4}=0 \qquad (3\text{-}6)$$

对于节点 2 的 KCL 方程为

$$\frac{U_2-U_1}{R_3}+\frac{U_2-U_1}{R_4}+\frac{U_2}{R_5}=I_S \qquad (3\text{-}7)$$

整理后得

$$\begin{cases}\left(\dfrac{1}{R_1}+\dfrac{1}{R_2}+\dfrac{1}{R_3}+\dfrac{1}{R_4}\right)U_1-\left(\dfrac{1}{R_3}+\dfrac{1}{R_4}\right)U_2-\dfrac{1}{R_1}U_{S1}=0\\[2ex]\left(\dfrac{1}{R_3}+\dfrac{1}{R_4}+\dfrac{1}{R_5}\right)U_2-\left(\dfrac{1}{R_3}+\dfrac{1}{R_4}\right)U_1=I_S\end{cases}$$

定义：与节点相连的所有电导之和称为自电导。

相邻两节点之间的电导之和称为互电导。

流入节点的理想电流源电流代数和称为净电流源。则利用节点电压法列写方程的法则为：自电导乘以节点电压，减去互电导乘以相邻节点电压，等于流入该节点的净电流源。

规定：流入节点的净电流源为正，流出节点的净电流源为负。

【例 3.10】 利用节点电压法求图 3-12 所示电路中各支路电流。

解： 设参考点外的节点电压分别为 U_1、U_2。

根据节点电压法的规则列写节点电压方程为

$$\begin{cases}\left(\dfrac{1}{3}+\dfrac{1}{3}\right)U_1-\dfrac{1}{3}\cdot U_2=2\\ -\dfrac{1}{3}U_1+\left(\dfrac{1}{3}+\dfrac{1}{3}+\dfrac{1}{2}\right)U_2-\dfrac{1}{2}\times 6=0\end{cases}$$

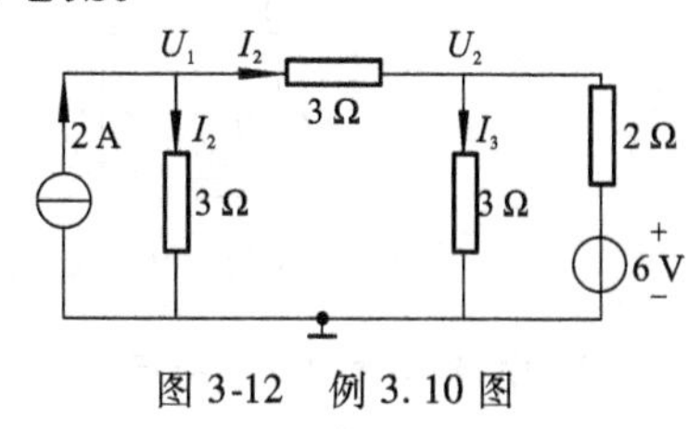

图 3-12　例 3.10 图

解得

$$U_1=5\text{V};\ U_2=4\text{V}$$

所以

$$I_2=\frac{U_1}{3\ \Omega}=\frac{5}{3}\ \text{A}$$

$$I_1=\frac{U_1-U_2}{3}=\frac{5-4}{3}\ \text{A}=\frac{1}{3}\ \text{A};\ I_3=\frac{U_2}{3}=\frac{4}{3}\ \text{A}$$

3.3.2　弥尔曼定理（节点电压法的推广）

在电路中，对于只有一个独立节点的电路（另一节点可作为参考点），可以用节点电压法直接求出独立节点的电压，称为弥尔曼定理。

如图 3-13 所示电路，可直接列写方程如下：

$$U_a\left(\frac{1}{R_1}+\frac{1}{R_2}+\frac{1}{R_3}+\frac{1}{R_4}\right)-U_{S2}\frac{1}{R_2}-(-U_{S3})\frac{1}{R_3}=-I_S$$

所以

$$U_a=\frac{U_{S2}\dfrac{1}{R_2}-U_{S3}\dfrac{1}{R_3}-I_S}{\dfrac{1}{R_1}+\dfrac{1}{R_2}+\dfrac{1}{R_3}+\dfrac{1}{R_4}}\qquad(3\text{-}8)$$

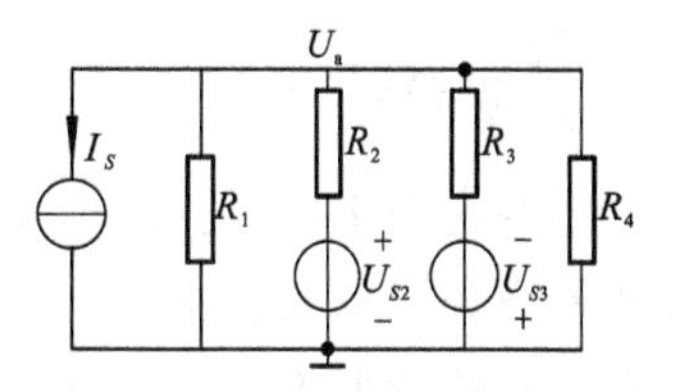

图 3-13　弥尔曼定理电路图

【例 3.11】 应用弥尔曼定理求图 3-14 所示电路中各支路电流。

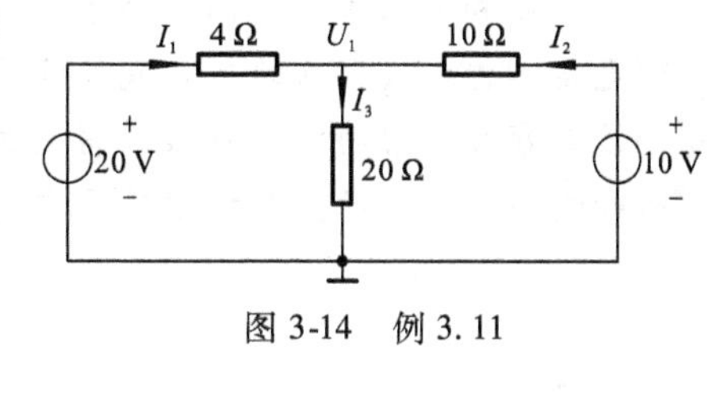

图 3-14　例 3.11

解： 由弥尔曼定理可得：

$$U_1=\frac{20\times\dfrac{1}{4}+10\times\dfrac{1}{10}}{\dfrac{1}{4}+\dfrac{1}{20}+\dfrac{1}{10}}\ \text{V}=15\ \text{V}$$

所以

$$I_1=\frac{20-15}{4}=\frac{5}{4}\ \text{A};\ I_2=\frac{10-15}{10}\ \text{A}=-\frac{1}{2}\ \text{A};\ I_3=\frac{15}{20}\ \text{A}=\frac{3}{4}\ \text{A}$$

3.3.3　自己动手练一练

1. 电路如图 3-15 所示，已知：$R_1=R_2=10\ \Omega$，$R_3=12\ \Omega$，$U_{S1}=18\ \text{V}$，$U_{S2}=9\ \text{V}$，试利

用节点电压法求解电流 I_3。

2. 电路如图 3-16，已知 $R_1=5\ \Omega$，$R_2=10\ \Omega$，$R_3=20\ \Omega$，$U_{S1}=20\ V$，$U_{S2}=10\ V$，试利用弥尔曼定理求解电流 I_3。

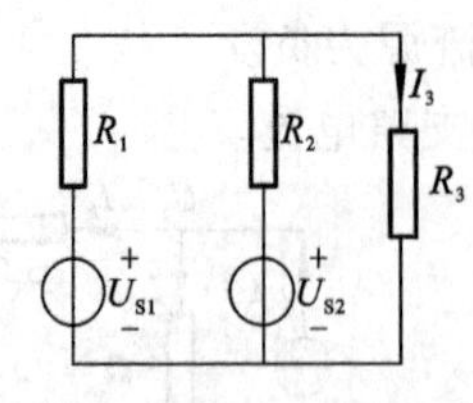

图 3-15　练一练第 1 题图

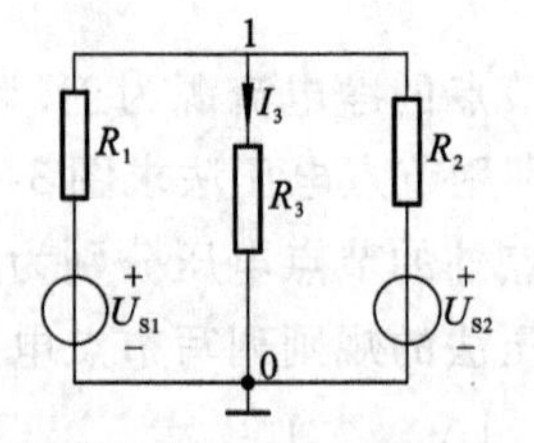

图 3-16　练一练第 2 题图

3. 电路如图 3-17 所示，试用节点电压法求电路中的电压 U。

4. 电路如图 3-18 所示，试用节点电压法求电流 I_1 和 I_2。

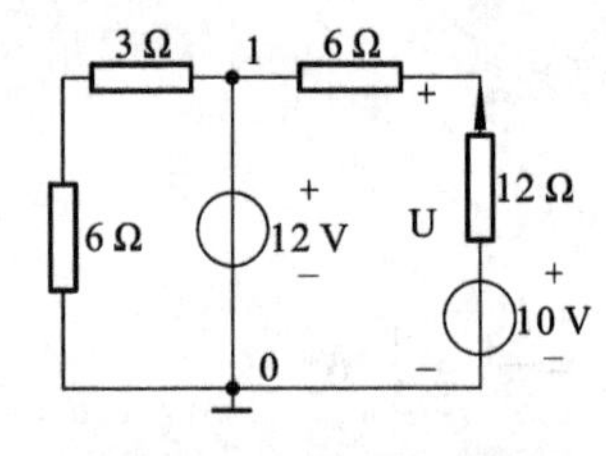

图 3-17　练一练第 3 题图

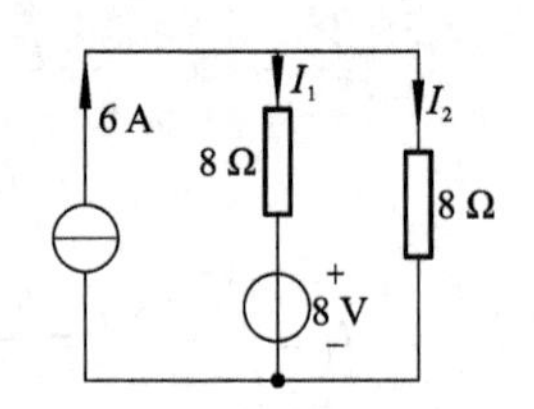

图 3-18　练一练第 4 题图

3.4　叠加原理

观察与思考

物理学中学过，两种机械运动可以相互叠加；教室里老师讲课的声音和同学们讨论的声音可以相互叠加；我们每天学习的课程在大脑中进行有序的叠加；那么，我们能否一边听电工原理课一边背英语单词呢？什么情况下可以进行叠加？电路运用叠加原理有没有适用条件呢？

网孔法和节点法给我们提供了一种通过列写电路方程来求解电路的方法，然而解方程也是一件比较繁琐的工作或任务，能否不通过列写方程，来达到求解电路的目的？叠加性是线性电路的重要特性。当线性电路中有多个信号源激励时，叠加原理为研究电路的响应与激励的关系提供了重要的理论依据。

3.4.1　叠加原理

叠加原理可陈述为：在线性电路中，若同时存在多个电源作用，则任何一个支路的响应（电压或电流）可以看成每个电源单独作用响应的和。

【**例 3.12**】求图 3-19 中电流 I。

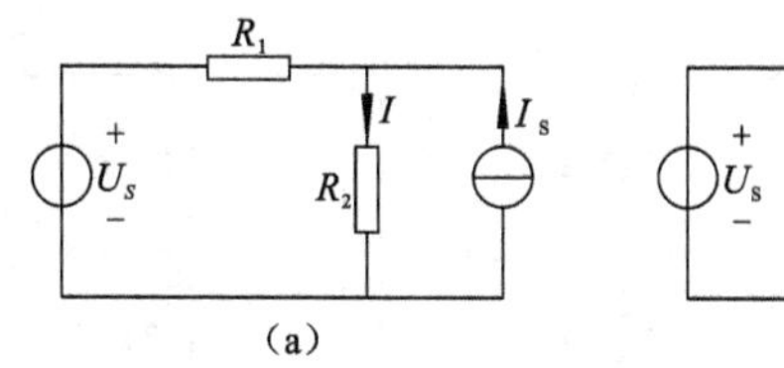

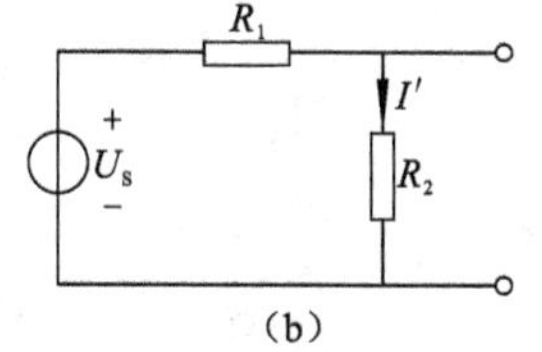

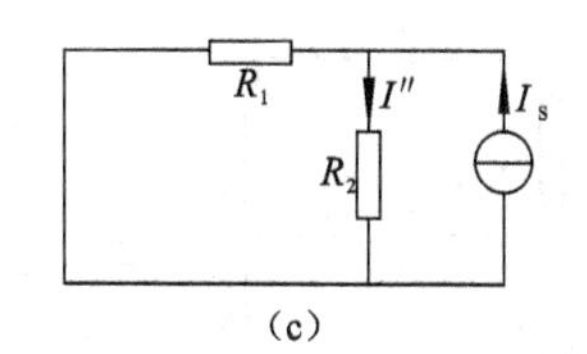

图 3-19　例 3.12 图

解： 电路中含有两个电源，令 $I_S=0$，U_S 单独作用，则电路可等效为图 3-19（b），得

$$I'=\frac{U_S}{R_1+R_2}$$

再令 $U_S=0$，I_S 单独作用，电路可等效为图 3-19（c），得

$$I''=\frac{R_1}{R_1+R_2}I_S$$

当 U_S 与 I_S 同时作用时

$$I=I'+I''=\frac{U_S+R_1I_S}{R_1+R_2} \tag{3-9}$$

应用叠加原理时应注意以下几点：

叠加原理仅适用于线性电路，求解电压和电流的响应，而不能用来计算功率。

在进行叠加时，要注意电参量的参考方向的一致性，不能随意更改。

当一独立电源作用时，其他独立电源都应等于零（即理想电压源短路，理想电流源开路）。

3.4.2　齐次定理

齐次定理又称为比例性或均匀性定理。

当（线性电路）中全部激励源同时增大 K 倍，则其电路中任意处的响应亦增大 K 倍，如图 3-20 所示。

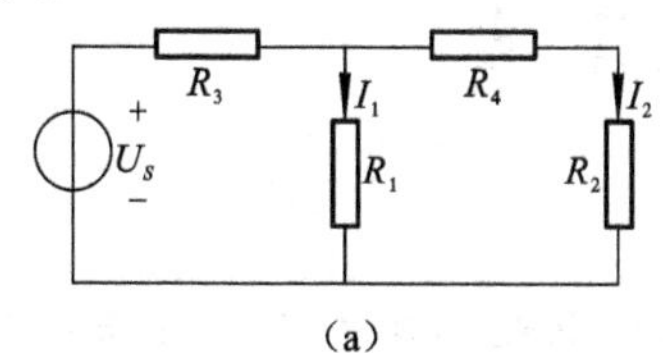

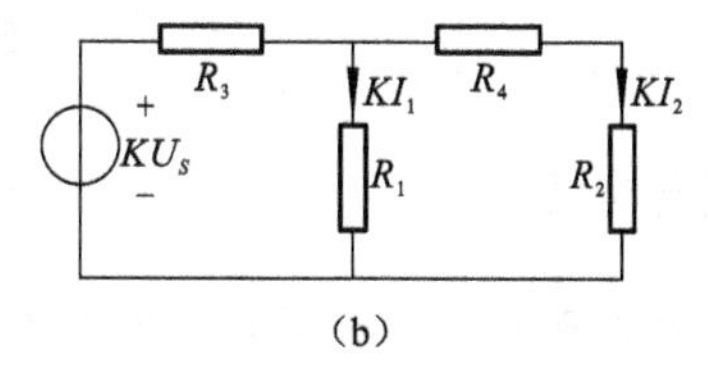

图 3-20　齐次定理电路示意图

【例 3.13】 求图 3-21（a）所示电路中电流 I 的值。

已知：$R_1=R_3=R_4=2\ \Omega$，$R_2=3\ \Omega$，$U_S=12\ \text{V}$，$I_S=6\ \text{A}$。

解： 图 3-21（a）可等效为图 3-21（b）与图 3-21（c）的叠加。

$$I'=\frac{12}{2+2}\ \text{A}=3\ \text{A}\qquad I''=-\frac{2}{2+2}\times 6\ \text{A}=-3\ \text{A}$$

所以

$$I=I'+I''=0$$

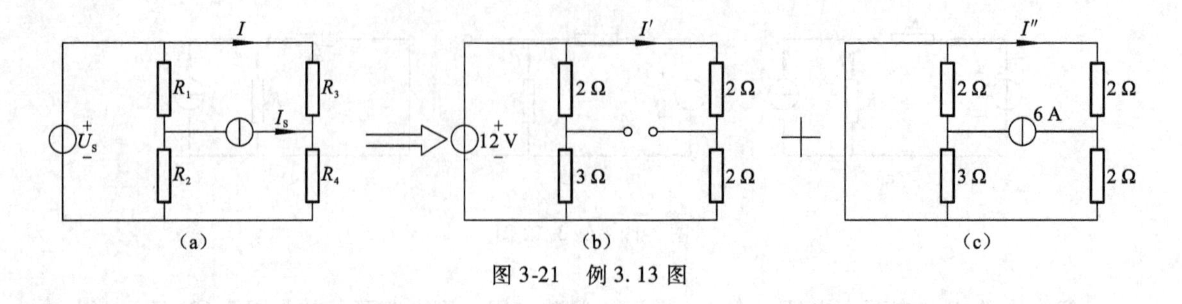

图 3-21　例 3.13 图

3.4.3　自己动手练一练

1. 下列说法是否正确，为什么？

叠加原理只适用于线性电路，它可以用来求线性电路中任何电量，包括电流、电压、功率。

叠加原理只能用来求电流、电压，不能用来求功率。不管是线性电路还是非线性电路，只要是求电流、电压均可用叠加原理。

线性电路一定具有叠加性，具有叠加性的电路一定是线性电路。

2. 电路如图 3-22 所示，已知 $I_S=4$ A，$R_1=3$ Ω，$R_2=5$ Ω，$U_S=4$ V，试用叠加原理求电压 U_1 和 U_2。

3. 用叠加原理求图 3-23 所示电路的电流 I_1、I_2 和 I_3。

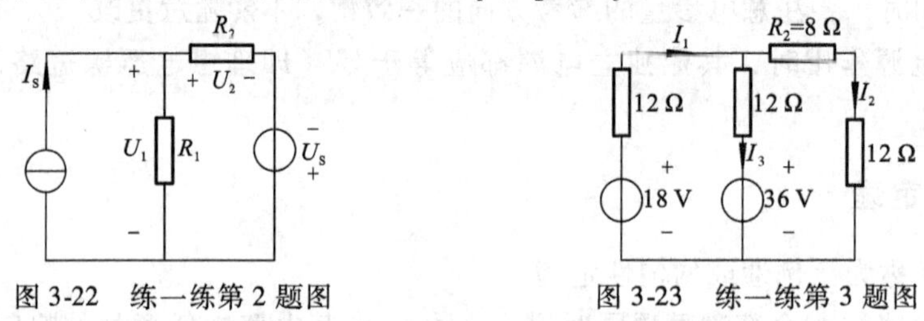

图 3-22　练一练第 2 题图　　　　图 3-23　练一练第 3 题图

3.5　戴维南定理

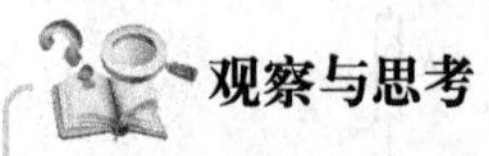

观察与思考

两种实际电源可以相互等效，那么含有电源的电阻网络能否等效为一种电压源模型呢？如果可以实现，其等效的方法怎样求解呢？

运用戴维南定理来求解复杂电路的某支路电流及流过某个负载电阻的电流，有时是比较方便的，甚至比使用其他几种方法还能较快地得到答案。

3.5.1　戴维南等效

利用两种实际电源等效的原则，可以将任何一个含源的二端网络等效为一个实际电压源的模型，即由一个理想电压源与一个电阻串联构成，这种等效称为戴维南等效，如图 3-24所示。

【例 3.14】将图 3-25 等效为戴维南模型。很显然，本例是利用两种电源模型相互等效转换而求得的，变换等效十分烦琐，能否找到一种更为简便的方法，求其等效电路呢？戴维南定理给出了简便的方法和答案。

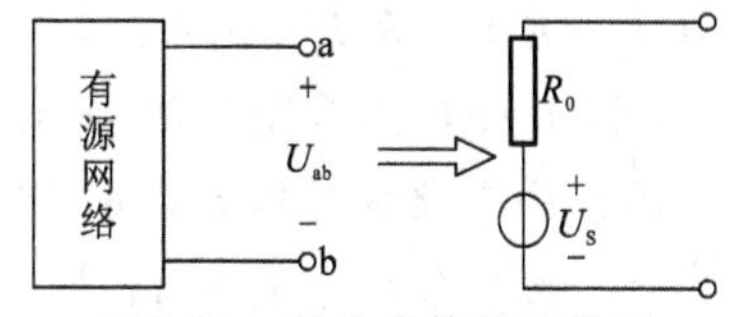

图 3-24　戴维南等效示意图

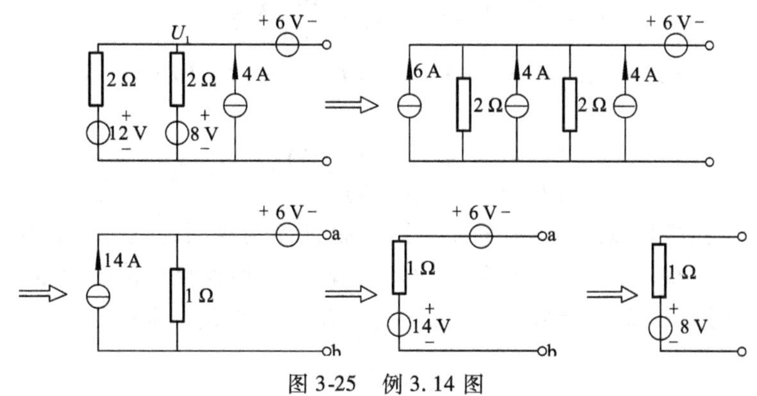

图 3-25　例 3.14 图

3.5.2　戴维南定理

在进行戴维南等效时，等效模型中的 U_S 即为有源二端网络的开路电压 U_{ab}（即 $U_S = U_{ab}$）。等效模型中的 R_0 即为将有源二端网络转换为无源二端网络的等效电阻 R_{ab}（即 $R_{ab} = R_0$）。

【例 3.15】求图 3-25 电路的戴维南模型。

解： 利用节点电压法求图 3-25 中的 U_1

$$U_1\left(\frac{1}{2}+\frac{1}{2}\right)-12\times\frac{1}{2}-8\times\frac{1}{2}=4$$

$$U_1 = 14\ \text{V}$$

所以
$$U_{ab} = -6\ \text{V} + U_1 = (-6+14)\ \text{V} = 8\ \text{V}$$

将图 3-25 变换为无源二端网络如图 3-26（a）（电压源短路，电流源开路）。

$$R_{ab} = \frac{2\times 2}{2+2}\ \Omega = 1\ \Omega$$

故其等效模型为图 3-26（b）所示。

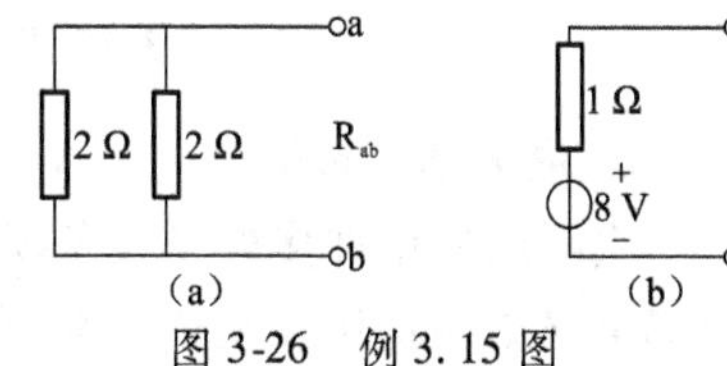

图 3-26　例 3.15 图

3.5.3　戴维南定理应用

1. 惠斯通电桥

如图 3-27 所示，由电阻 R_1，R_2，R_3 及 R_4 构成的四边形电路，在 a，b 两端施加电压 U_{ab}，在 c，d 两端接上所设定的电路，这种电路称为电桥。这种电路分析起来比较复杂，但有一种特殊情况可使分析电路变得简便灵活，即当 $U_{ac} = U_{ad}$ 或 $U_{cb} = U_{db}$ 时，电路中开关 S 无论断开还是关闭，电流表中电流均等于零。将这种状态称为电桥平衡，此时，$I_1 = I_3$，$I_2 = I_4$。或者

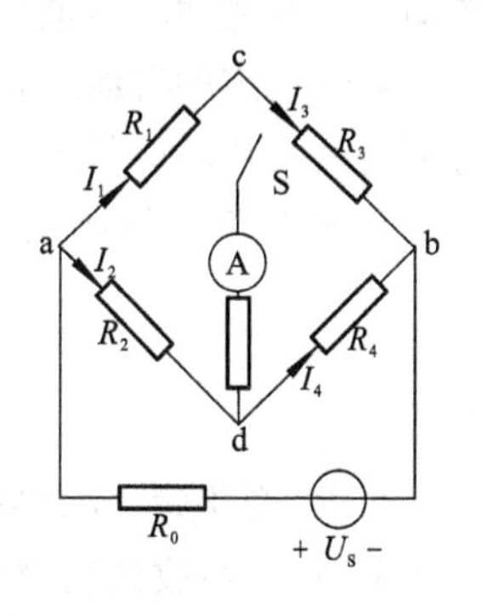

图 3-27　惠斯通电桥电路

说 $R_1I_1=R_2I_2$，$R_3I_3=R_4I_4$，两式作商可得：$R_1/R_3=R_2/R_4$ 或 $R_1R_4=R_2R_3$。

【**例 3.16**】试求图 3-28 所示电路各支路电流和等效电阻。

解：由电路参数可知，$R_1/R_3=R_2/R_4$，即电桥处于平衡状态，此时，c、d 两点间电位差为 0，电流 $I_5=0$，$I_1=I_3$，$I_2=I_4$。则 c，d 两点之间可以看成开路或者短路。

$$I_1=\frac{10}{2+3}\ \text{A}=2\ \text{A},\ I_2=\frac{10}{4+6}\ \text{A}=1\ \text{A},$$

$$I_1=I_3=2\ \text{A},\ I_2=I_4=1\ \text{A},\ I=I_1+I_2=(2+1)\text{A}=3\ \text{A}。$$

等效电阻

$$R_0=\frac{(2+3)\times(4+6)}{(2+3)\ +\ (4+6)}=\frac{50}{15}\ \Omega=\frac{10}{3}\ \Omega。$$

利用电桥平衡条件可以测量未知电阻。图 3-29 所示为惠斯通电桥，该电桥适合测量中等阻值的电阻。图中检流计用以检测微弱电流，调整 R_S 使检流计读数为零（即 c、d 间电位差为零，c、d 间无电流），电桥处于平衡状态，$R_AR_S=R_BR_x$，则：

$$R_x=\frac{R_A}{R_B}R_S$$

R_A、R_B、R_S 的值为已知时，R_x 可通过计算求得。

在惠斯通电桥应用中，$\frac{R_A}{R_B}$的值通常定为 1、10、100 等值，由 R_S 能够方便地求解 R_x 的值。

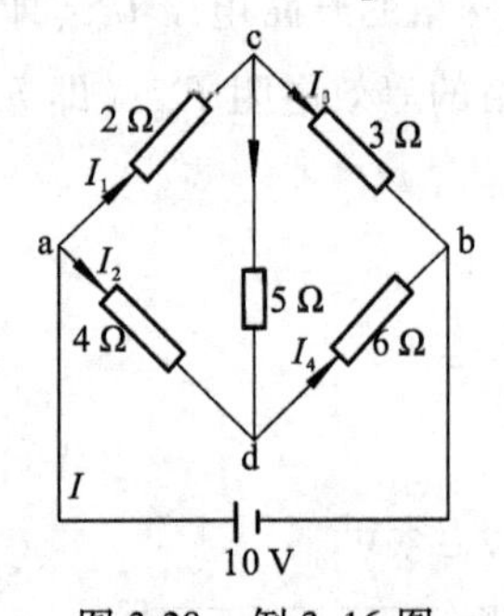

图 3-28　例 3.16 图

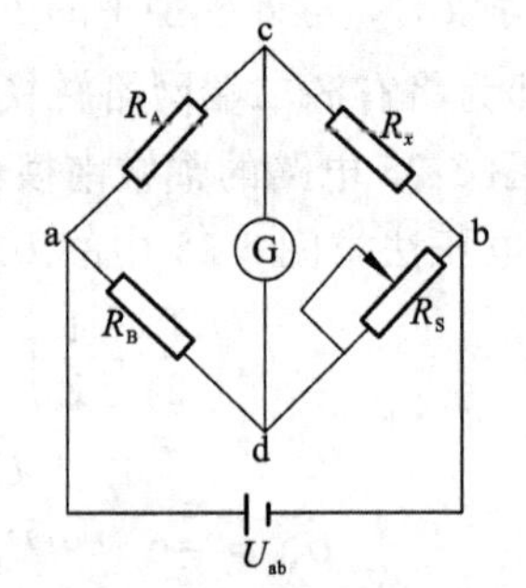

图 3-29　惠斯通电桥应用电路

2. 最大功率传输

实际应用中许多电子设备所用的电源，无论是直流稳压电源，还是其他各种电源，其内部电路结构均比较复杂，都可看成是一个有源二端网络。当所接负载不同时，二端网络传输给负载的功率也就不同。

对于给定的有源二端网络，当负载为何值时，网络传输给负载的功率最大？负载所能得到的最大功率又是多少呢？下面我们来加以讨论。

在图 3-30 所示的电路中

$$I=\frac{U_S}{R_0+R_L}$$

$$U=U_S-R_0I$$

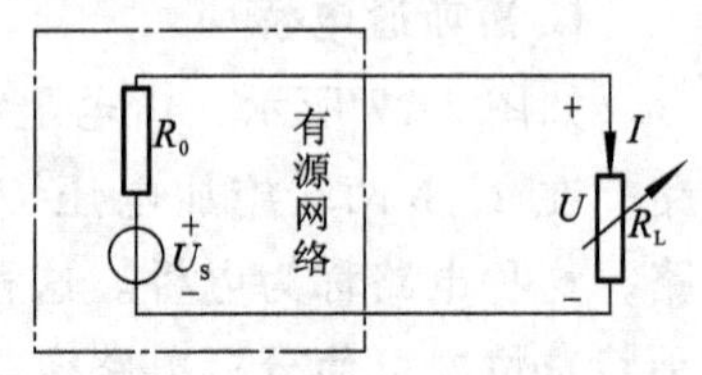

图 3-30　例 3.17 图

当 R_L 变化时，I 也随之发生变化。

负载 R_L 吸收的功率为：

$$\begin{aligned} P_{\mathrm{L}} &= UI = (U_{\mathrm{S}} - R_0 I)\ I = U_{\mathrm{S}} I - R_0 I_2^2 \\ &= \frac{U_{\mathrm{S}}^2}{R_0 + R_{\mathrm{L}}} - R_0 \frac{U_{\mathrm{S}}^2}{(R_0 + R_{\mathrm{L}})^2} \\ &= \frac{R_0 U_{\mathrm{S}}^2 + R_{\mathrm{L}} U_{\mathrm{S}}^2 - R_0 U_{\mathrm{S}}^2}{(R_0 + R_{\mathrm{L}})^2} \\ &= \frac{R_{\mathrm{L}} U_{\mathrm{S}}^2}{(R_0 - R_{\mathrm{L}})^2 + 4R_0 R_{\mathrm{L}}} \end{aligned}$$

当 $R_L = R_0$ 时，P_{L} 为最大，

$$P_{\mathrm{Lm}} = \frac{U_{\mathrm{S}}^2}{4R_0}$$

通常将 $R_{\mathrm{L}} = R_0$ 称为最大功率匹配条件。

当满足匹配条件时，负载可以从电源上获得最大功率，电源向外提供的功率也最大。俗语中所说的不要用小马拉大车，也不要用大马拉小车即是指相互匹配。

【例 3.17】 电路如图 3-30 所示，已知 $U_{\mathrm{S}} = 12\ \mathrm{V}$，$R_0 = 4\ \Omega$，外接负载为 R_L。

问：(1) R_L 为何值时，负载获得最大功率，并求最大功率；

(2) 此时电源输出功率的效率是多少。

解：(1) 根据最大功率传输定理，

当 $R_{\mathrm{L}} = R_0 = 4\ \Omega$ 时，负载可获得最大功率。

$$P_{\mathrm{Lm}} = \frac{U_{\mathrm{S}}^2}{4R_0} = \frac{12^2}{4 \times 4}\ \mathrm{W} = 9\ \mathrm{W}$$

(2) 电源提供的功率为：

$$P_{U_{\mathrm{S}}} = -U_{\mathrm{S}} \cdot I = \left(-12 \times \frac{12}{4+4}\right)\mathrm{W} = -18\ \mathrm{W}$$

电源输出功率的效率为：

$$\eta = \frac{P_{\mathrm{Lm}}}{P_{U_{\mathrm{S}}}} = \frac{9}{18} \times 100\% = 50\%$$

3.5.4 自己动手练一练

1. 一个无源二端网络的戴维南等效电路是什么？
2. 如何求有源二端网络的戴维南等效电路？

小　　结

(1) 独立的 KCL 和 KVL 方程

支路数 b，节点数 n，网孔数 m，三者之间的关系为：$b = (n-1) + m$。

n 个独立节点，可以且仅可以列写 $(n-1)$ 个 KCL 方程。

m 个网孔，可以且仅可以列写 m 个 KVL 方程。

(2) 支路电流法，网孔电流法

以支路电流为未知数列写 KCL、KVL 及 VCR 方程求解。

以网孔电流为未知数列写网孔方程的法则为：

自电阻乘以网孔电流，加上互电阻乘以相邻网孔电流，加上网孔的净电压源等于0。

规定以绕行方向为正方向，若与绕行方向不一致，则需添加负号。

（3）节点电压法

以节点电压为未知数，列写节点电压方程的法则为：

自电导乘以节点电压，减去互电导乘以相邻节点电压，等于流入该节点的净电流源。

规定：流入节点的净电流源为正，流出节点的净电流源为负。

（4）叠加原理

在线性电路中，多个电源共同作用的某一响应，可以看成是每个电源单独作用响应的叠加。

（5）戴维南等效

任何有源二端网络都可等效为一个理想电压源与一电阻串联的模型，其中 U_S 为二端网络的开路电压，R_0 为二端网络的等效电阻。

（6）最大功率传输定理

当 $R_L = R_0$ 时，负载可以从电源中获得最大功率。即

$$P_{\mathrm{Lm}} = \frac{U_{\mathrm{S}}^2}{4R_0}$$

习 题 三

1. 试用 $2b$ 方程法，列写图3-31中各支路电流、电压的方程。
2. 用支路电流法求图3-32所示电路的各支路电流。

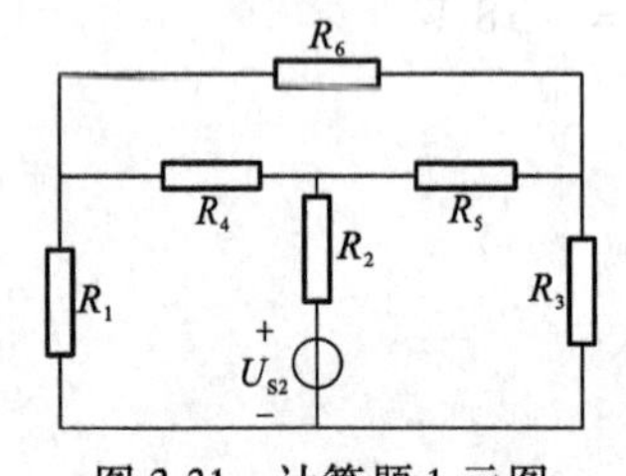

图3-31 计算题1示图

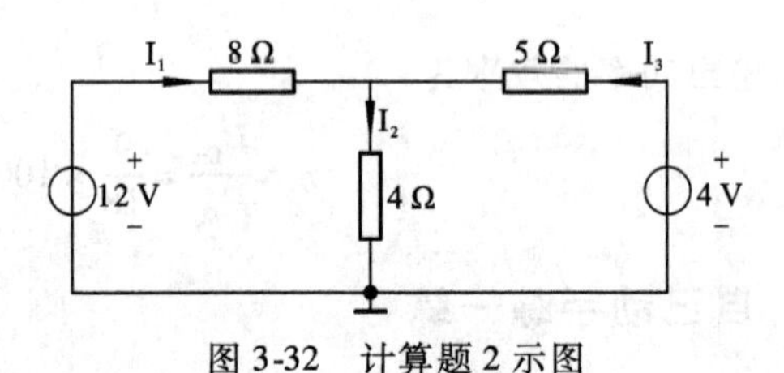

图3-32 计算题2示图

3. 求图3-33中的电流 I。
4. 用网孔法求图3-34中的电流 I。

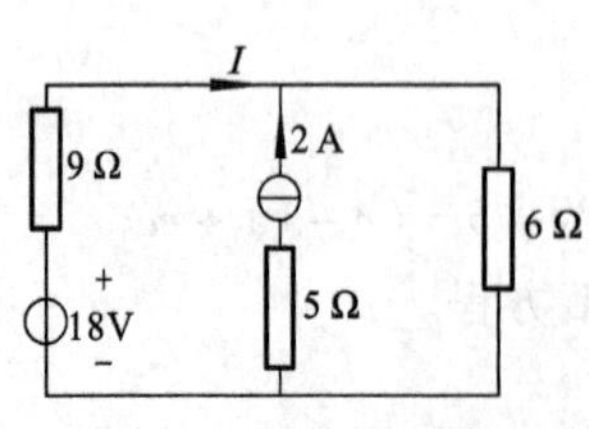

图3-33 计算题3示图

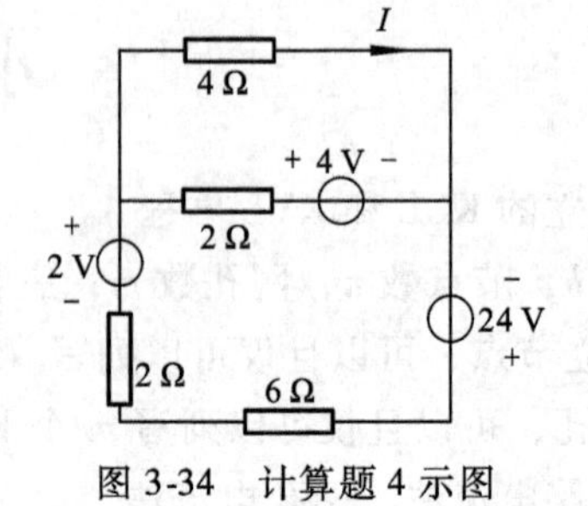

图3-34 计算题4示图

5. 用节点电压法求图3-35中的电流 I。

6. 电路如图 3-36，求 U_A 和 I_1、I_2。

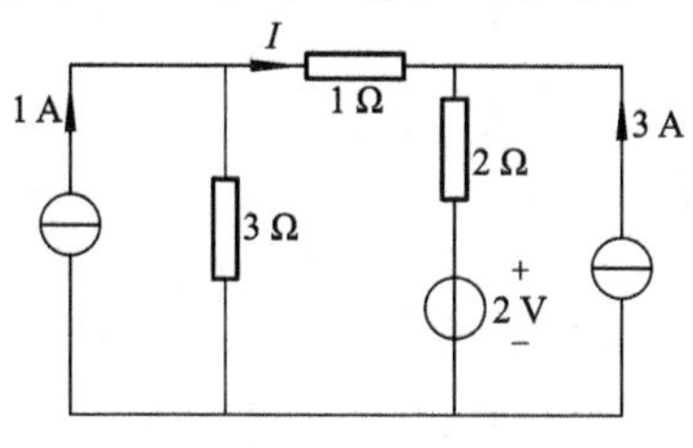

图 3-35　计算题 5 示图

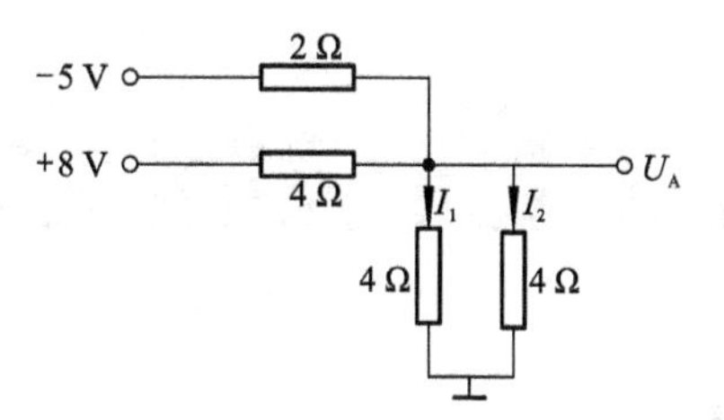

图 3-36　计算题 6 示图

7. 用弥尔曼定理列写图 3-37 所示电路的独立节点电压方程。

8. 试用叠加原理求图 3-38 中的电流 I。

9. 用叠加原理求图 3-39 中的电流 I，欲使 $I=0$，问 U_S 应取何值。

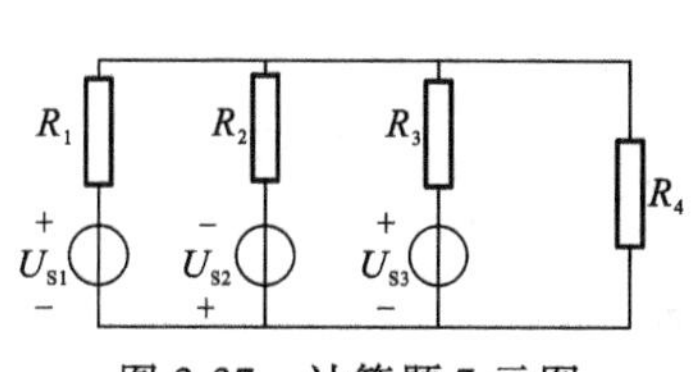

图 3-37　计算题 7 示图

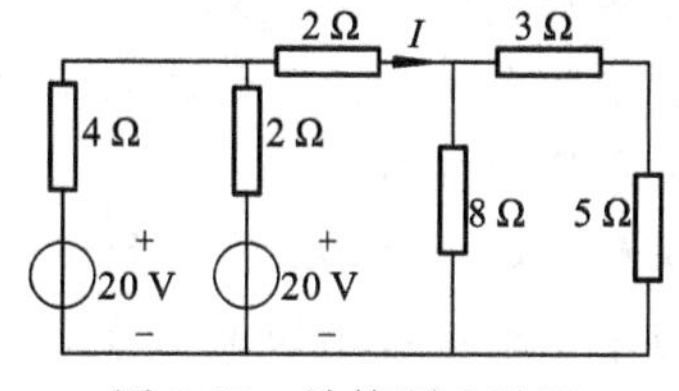

图 3-38　计算题 8 示图

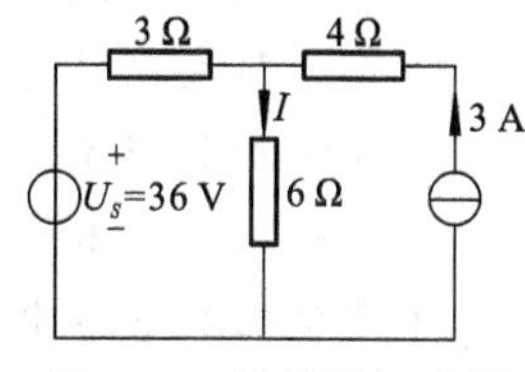

图 3-39　计算题 9 示图

10. 图 3-40 中各电阻均为 2 Ω，试用齐次定理求各支路电流。

11. 试求图 3-41 所示的戴维南等效电路。

12. 利用戴维南定理，求图 3-38 中电流 I。

13. 已知一二端网络的外特性如图 3-42 所示，试画出其电路模型。

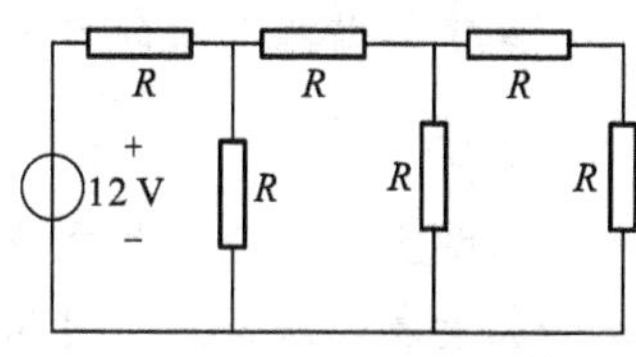

图 3-40　计算题 10 示图

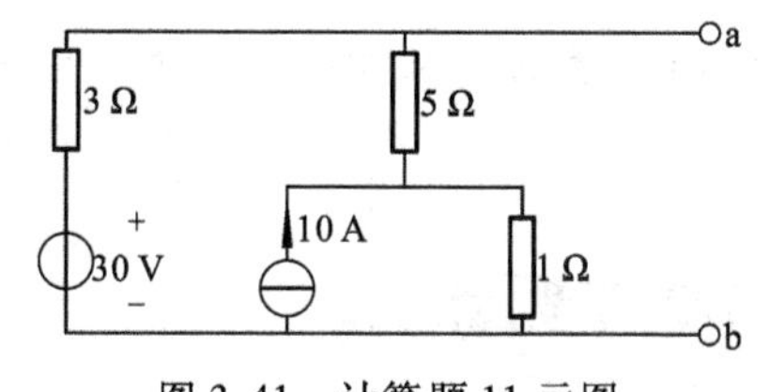

图 3-41　计算题 11 示图

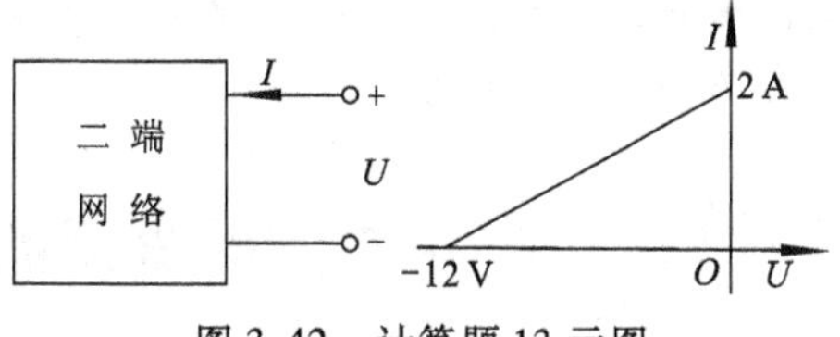

图 3-42　计算题 13 示图

14. 利用戴维南定理求图 3-43 电路中的电流 I，当负载电阻 R 为何值时，可从电路获得最大功率？并求此最大功率。

15. 求图 3-44 所示电路中负载获得最大功率时 R_L 的值及最大功率 P_{max}。

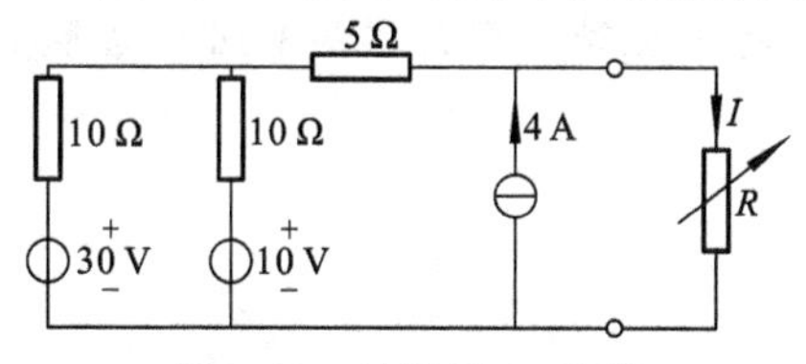

图 3-43　计算题 14 示图

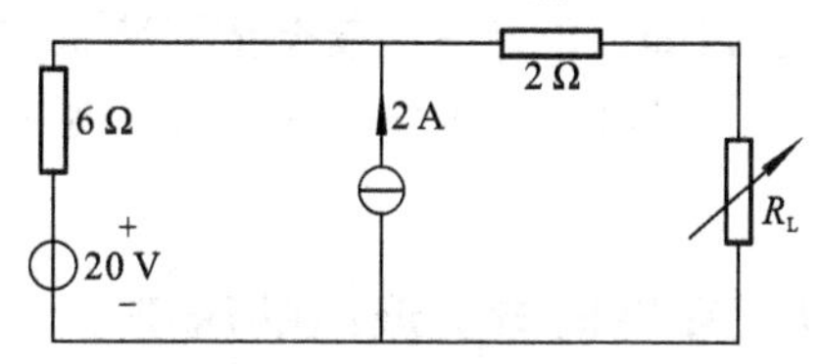

图 3-44　计算题 15 示图

第4章 正弦交流电路

学习目标

- 了解直流电和交流电的区别和联系。
- 掌握正弦交流电三要素的概念，相位超前、滞后的关系。
- 掌握用相量法表示正弦交流电，能运用相量进行交流电参数的运算。
- 掌握三种常用元件的相量形式欧姆定律公式。
- 了解阻抗电路的性质、阻抗角的含义、电流电压的相位关系。
- 了解相量形式基尔霍夫定律的概念。
- 了解阻抗的串联、并联和混联的运算及电路特点。
- 掌握阻抗电路中有功功率、无功功率和视在功率之间的关系。
- 掌握功率因数的概念，提高功率因数的意义。
- 了解谐振电路的特点，如何利用谐振和有效避免谐振的发生。

引导提示

本章主要学习单相交流电的基本概念和基本分析方法。首先介绍正弦交流电的基本特征和相量表示法，然后讨论电阻、电感、电容等单一参数电路中，电压与电流的相量关系，以及相量形式的欧姆定律和基尔霍夫定律。阻抗的串、并联运算，电路的有功功率、无功功率、视在功率及电路的功率因数。

重点、难点：正弦交流电的三要素，正弦交流电的相量表示及相量的运算。电压三角形、功率三角形、功率因数。

4.1 正弦交流电的基本概念

观察与思考

在股票交易活动中，通常有开盘价、收盘价、最高价、成交价等不同说法，这些价格的含义不尽相同；在下面介绍的正弦交流电路的电参量中，也经常会用到类似的名称，例如：瞬时值、最大值（峰值）、平均值、有效值等，那么这些不同的电参量各自的含义是什么？本节将逐渐解开谜团。

4.1.1 直流电与交流电的区别

我们学习过理想电压源与理想电流源，它们都是恒定直流电源，其电压或电流是不随时间的变化而变化的。其实当电路中的电压或电流的方向保持不变时，这样的电参量就称为直流电量，常认为是广义的直流电量。图4-1所示为常见的直流信号。

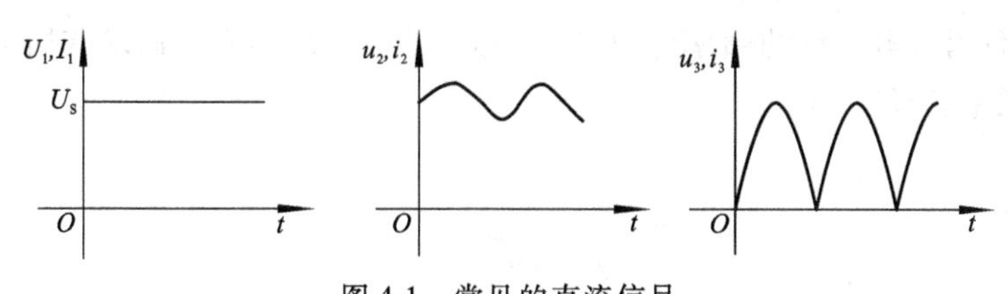

图 4-1　常见的直流信号

如果电路中的电压和电流大小和方向（极性）都随时间而变化，则称之为交流电量。图 4-2 所示为常见的交流信号。

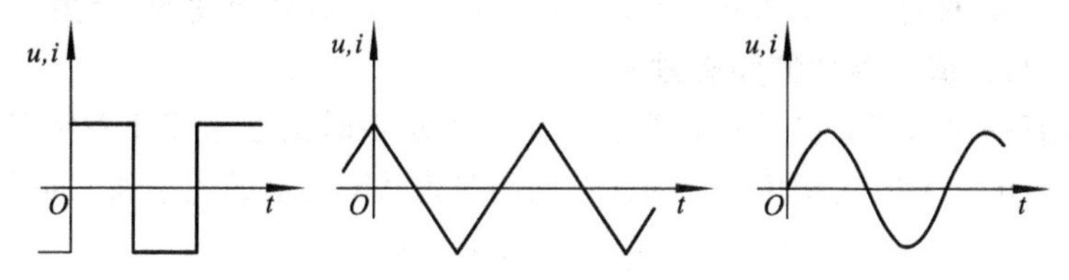

图 4-2　常见的交流信号

交流电的种类较多，其中电压和电流的大小和方向随时间呈正弦规律变化，称这样的电压或电流为正弦交流电压或正弦交流电流。中学课本曾经介绍过矩形线圈在匀强磁场中匀速转动，电流计的指针随着线圈的转动而左右摆动，并且线圈每转动一周，指针左右摆动一次，表明电流的大小和方向都随时间做周期性变化，这样产生的电流就是正弦交流电流。

4.1.2　正弦量的三要素

大小和方向随时间做周期性变化，按照正弦规律变化，在一个周期内平均值为零，这样的电压、电流或电动势统称为正弦交流电。为了区别直流电和交流电，常用大写字母 U、I、E 表示直流电量，用小写字母 u、i、e 表示交流电量。

正弦交流电是生产和生活中使用最广泛的电能，即使是需要直流电的场合，通常也是将交流电转换成直流电使用的。为了进一步理解和准确描述正弦交流电，引入三要素的概念。

1. 周期与频率

所谓周期，就是指信号每隔一定的时间，电流或电压的波形重复出现一次，或者说每隔一定的时间，电压或电流循环一次。周期用字母 T 表示，单位秒，用 s 表示。

周期信号在单位时间内重复出现的次数称为频率，用 f 表示，单位：赫兹，用 Hz 表示。

频率与周期互为倒数，即

$$f=\frac{1}{T} \quad 或 \quad T=\frac{1}{f} \tag{4-1}$$

在我国工业用电的标准频率为 50 Hz，（有些国家和地区如美国、日本等采用 60 Hz），这种频率在工业上广泛应用，习惯上称为工频。实验室用的音频信号源的频率为 20 Hz ~ 20 kHz。无线电广播信号的频率高达几百千赫，甚至更高。

在电工技术中经常用角频率 ω 来表示信号变化的快慢，即单位时间内经历的弧度数。

$$\omega=\frac{2\pi}{T}=2\pi f \tag{4-2}$$

其单位为弧度/秒，用 rad/s 表示。

【例 4.1】我国供电电源的频率为 50 Hz，称为工业标准频率，试求其周期和角频率。

解： 由于频率 $f = 50$ Hz

则周期为

$$T = \frac{1}{f} = \frac{1}{50}\text{s} = 0.02\ \text{s}$$

角频率为

$$\omega = \frac{2\pi}{T} = 2\pi f = 2 \times 3.14 \times 50\ \text{rad/s} = 314\ \text{rad/s}$$

即工频为 50 Hz 的交流电，每 0.02 s 变化一个循环，每秒变化 50 个循环。

2. 瞬时值、最大值、平均值和有效值

正弦交流电任一瞬时所对应的值称为瞬时值，表示瞬时值通常用小写字母表示，如：u、i、e 等。由于交流电是随时间变化的，因此不同的时刻其瞬时值的大小和方向可能都不同。

$$i = I_m \sin(\omega t + \theta_0)$$

式中，i 表示电流瞬时值。

$$u = U_m \sin(\omega t + \theta_0)$$

式中，u 表示电压瞬时值。

交流电在一个周期内数值达到最大的或最小的值称为峰值，峰值的绝对值称为最大值，也叫振幅值。最大值用大写字母加下标 m 表示，如上式中的 I_m、U_m 等。

另外，在电工技术中，还常用到有效值和平均值来描述正弦参量。

正弦量的有效值是根据交流电流和直流电流对同一电阻元件热效应相等的原则来确定的。设一交流电流 i 和一直流电流 I 通过阻值相同的电阻 R，在相同的时间 T 内产生的热量相等，那么就规定这个交流电流 i 的有效值在数值上等于这个直流电流 I 的大小。

由焦耳定律可得 $\int_0^T Ri^2 \text{d}t = RI^2 T$ （可以令 $R = 1\ \Omega$）

所以

$$I = \sqrt{\frac{1}{T}\int_0^T I_m^2 \sin^2 \omega t \text{d}t} = \frac{1}{\sqrt{2}} I_m = 0.707 I_m \tag{4-3}$$

同理

$$U = \frac{1}{\sqrt{2}} U_m = 0.707 U_m \tag{4-4}$$

一般情况下，我们所说的交流电流和交流电压的大小均指有效值，如交流电气设备铭牌上所标定的额定值以及交流电表所指示的电流和电压值都是指有效值。

在电工技术中，有时也会遇到求平均值的情况。但由于正弦交流电在一个周期内的平均值为零，因此这里所指的平均值是指半个周期内的平均值。

平均值是根据等面积效应求得的。用$\overline{I}$或$\overline{U}$表示。

$$\overline{I} = \frac{1}{T}\int_0^T |i| \text{d}t = \frac{2}{\pi} I_m \approx 0.637\ I_m \tag{4-5}$$

【例 4.2】已知正弦交流电压 $u = 311\sin 314t$ V，求交流电压的最大值 U_m、有效值 U 和半周期内的平均值$\overline{U}$。

解： 由上面推导的公式可求：最大值为 $U_m = 311$ V，

有效值为

$$U = \frac{1}{\sqrt{2}} U_m = \frac{1}{\sqrt{2}} \times 311\ \text{V} \approx 220\ \text{V}$$

平均值 $$\overline{U}=\frac{2}{\pi}U_m=\frac{2}{\pi}\times 311\ \text{V}\approx 198\ \text{V}$$

3. 相位与初相位、相位差

图 4-3 所示为某一正弦电压的波形，$\omega t+\theta_0$ 是该正弦交流电压在 t 时刻所对应的角度，称为相位角，简称相位。其中 θ_0 称为初相位，简称初相，即在 $t=0$ 时的相位角。对应的波形函数解析式可表达为

$$u=U_m\sin(\omega t+\theta_0) \tag{4-6}$$

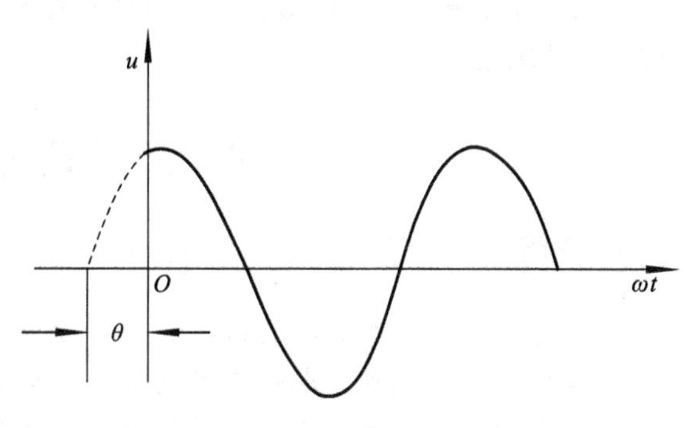

图 4-3 正弦电压的波形

假设波形图中曲线从负值向正值过渡时所经过的零值点称为零点。如果零点位于坐标原点左侧时，则初相角（位）大于零。如果零点位于坐标原点右侧时，则初相角（位）小于零。

在一个正弦交流电路中，电压和电流的频率是相同的，它们的初相位有可能不同，两者初相位之差称为相位差，用 $\Delta\theta$ 表示。

设

$$u=U_m\sin(\omega t+\theta_1),\ i=I_m\sin(\omega t+\theta_2)$$

则两者的相位差为

$$\Delta\theta=\theta_1-\theta_2 \tag{4-7}$$

相位、初相位、相位差都采用同一单位：弧度用 rad 表示。

当 $0<\Delta\theta<\pi$ 时，称 u 超前于 i；

当 $-\pi<\Delta\theta<0$ 时，称 u 滞后于 i；

当 $\Delta\theta=0$ 或 2π 时，称 u 与 i 同相；

当 $\Delta\theta=\pm\pi$ 时，称 u 与 i 反相。

图 4-4 分别反映了超前（滞后）、同相、反相的关系。

图 4-4（a）中，u 超前 i（或 i 滞后 u）。

图 4-4（b）中，i_1 与 i_2 同相。i_1、i_2 与 i_3 反相。

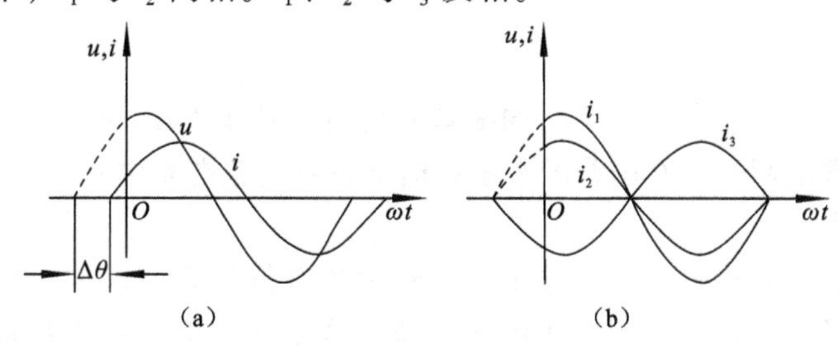

图 4-4 超前（滞后）、同相、反相的关系

习惯上，将上述最大值（有效值），角频率和初相位统称为正弦交流电的三要素。

4.1.3 自己动手练一练

1. 两个频率不相同的正弦交流电量，能否比较相位差？

2. 如让电流为 4 A 的直流电和最大值为 5 A 的正弦交流电分别通过阻值相等的电阻，

问：在相同时间内，哪个电阻发热量多？为什么？

3. 某正弦电压的有效值 $U=220$ V，初相位 $\varphi_u=45°$；电流有效值 $I=10$ A，初相位 $\varphi_i=-30°$，交流电的频率 $f=50$ Hz，试分别写出电压、电流的瞬时值表达式，电压电流的最大值及两者之间的相位差。

4.2 正弦信号的相量表示

观察与思考

对于交流电若能够描述出振幅（有效值），频率（周期），初相位等三要素，就可以知道它的变化规律。表示正弦交流电的方式较多，有三要素法，瞬时值表达式，或者用波形图。另一种方法是用相量表示，这种方法在解决实际问题时往往更加方便简洁。那么，如何用相量来表示正弦交流电呢？

4.2.1 正弦信号的表示方法

正弦交流电可以有多种表示形式，就其特征而言，只要正确地描述出最大值、角频率和初相位就可以了。解析式表示正弦交流电的特点是：简单、准确，但三角函数的运算比较麻烦；波形图表示的特点是：直观、明了，但做图比较麻烦；在工程计算中通常采用复数来表示正弦量，将正弦量的各种运算转化为复数运算或代数运算，从而大大简化了正弦交流电路的分析计算，称这种表示方法为正弦交流电的相量法。

正弦交流信号的四种表示方法：

（1）瞬时值表达式，也称解析式，如

$$u=U_m\sin(\omega t+\theta_0) \tag{4-8}$$

（2）三要素表示法，如 U_m，ω，θ_0。

（3）波形图表示法。

（4）正弦信号的相量表示法。

4.2.2 相量

在数学中有向量的概念，即一个有向线段；物理学中有矢量的概念，既有大小，又有方向的物理量，通常也用一个有向线段表示；电学正弦交流电路中常常引入“相量”一词，也用一个有向线段表示。

在同一个正弦交流电路中，如果作用在电路中的电信号频率固定，那么它们各电参量的频率是相同的，只是各正弦量的幅度和初相位可能不同。由于各正弦量的频率相同，若只考虑正弦量的幅度和初相位，而不去考虑其角频率，则正弦量完全可以用只有大小和方向的“相量”来描述。为了详细叙述相量这一概念，这里引入数学中复数的知识。

相量的数学基础是复数。下面先介绍复数的有关知识。

1. 复数

在数学中常用 $A=a+\mathrm{i}b$ 表示复数，其中 a 为实部，b 为虚部系数，$\mathrm{i}=\sqrt{-1}$，称为虚数单位。在电工技术中，为了区别于电流的符号 i，虚数单位常用 j 表示，如图 4-5 所示。

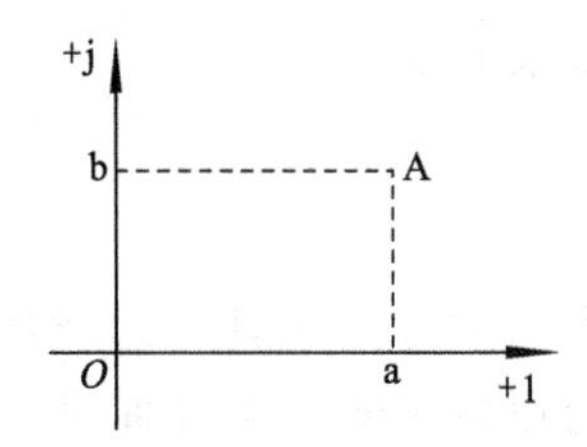

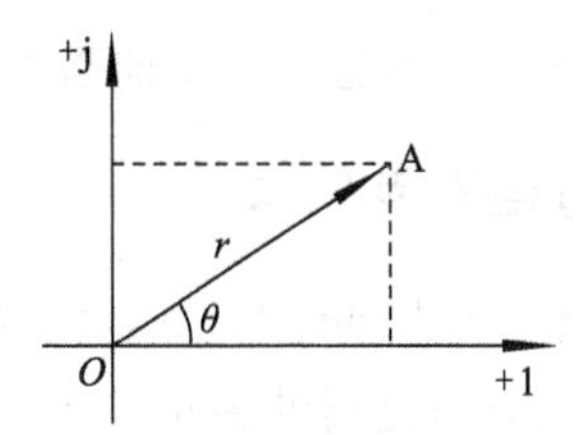

图 4-5　复数的图示

建立一个复平面，如图 4-5 所示。在平面内，$A=a+\mathrm{j}b$ 与 $\overrightarrow{OA}=a+\mathrm{j}b$ 都可以表示复数。称 $\overrightarrow{OA}$ 为复矢量，$r=|OA|=\sqrt{a^2+b^2}$ 称为复矢量的模，$\theta=\arctan\dfrac{b}{a}$ 称为复矢量的幅角。

(1) 复数的四种表示形式

代数式：

$$A=a+\mathrm{j}b$$

三角式：

$$A=\sqrt{a^2+b^2}\left(\frac{a}{\sqrt{a^2+b^2}}+\mathrm{j}\frac{b}{\sqrt{a^2+b^2}}\right)=r(\cos\theta+\mathrm{j}\sin\theta)$$

指数形式：

$$A=r\mathrm{e}^{\mathrm{j}\theta}$$

极坐标形式：

$$A=r\angle\theta$$

(2) 复数的运算

复数的加减运算：通常是将实部与实部相加减，虚部与虚部相加减。

若是用有向线段来表示复数，也可用矢量合成法进行复数相加减，即“平行四边形法则”进行两个复数相加；“三角形法则”进行两个复数相减。

【例 4.3】 如图 4-6 所示。设 $A_1=a_1+\mathrm{j}b_1=r_1\angle\theta_1$，$A_2=a_2+\mathrm{j}b_2=r_2\angle\theta_2$

求：A_1+A_2 及 A_1-A_2。

解：(1) $A_1+A_2=(a_1+a_2)+\mathrm{j}(b_1+b_2)$

$A_1-A_2=(a_1-a_2)+\mathrm{j}(b_1-b_2)$

(2) 利用作图法求 A_1+A_2 及 A_1-A_2。

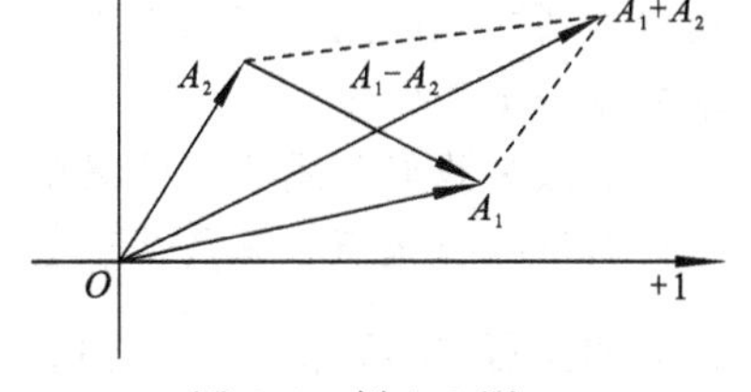

图 4-6　例 4.3 图

复数的乘除运算：复数的代数式相乘或相除计算较烦琐，若利用指数式或极坐标式进行乘除运算，则比较方便。其方法是：两个复数相乘，模和模相乘，幅角和幅角相加；两个复数相除，模和模相除，幅角和幅角相减。

【例 4.4】 已知复数 $A_1=10\angle 37°$，$A_2=10\angle -53°$

求 $A_1\cdot A_2$，A_1/A_2。

解：$A_1\cdot A_2=10\angle 37°\times 10\angle -53°=100\angle -16°$

$$\frac{A_1}{A_2}=\frac{10\angle 37°}{10\angle -53°}=1\angle 90°$$

2. 正弦量可用复数表示

正弦量可用有向线段表示，而有向线段又可用复数表示，所以正弦量也可用复数来表示。用复数表示正弦量即称为正弦交流量的相量表示形式。

4.2.3 正弦量的相量表示法

给出一个正弦量 $u=U_{m}\sin(\omega t+\theta)$，在复平面上作一矢量。矢量的长度等于振幅值 U_{m}，矢量与横轴的正方向之间的夹角等于 θ，矢量以角速度 ω 绕坐标原点逆时针方向旋转。如图 4-7 所示，此时，该旋转矢量在纵轴上的投影恰好为正弦交流电量的表达式。由此可见，上述旋转矢量既能反映正弦量的三要素，又能通过它在纵轴上的投影确定正弦量的瞬时值，所以复平面上一个旋转矢量可以完整地表示一个正弦量。

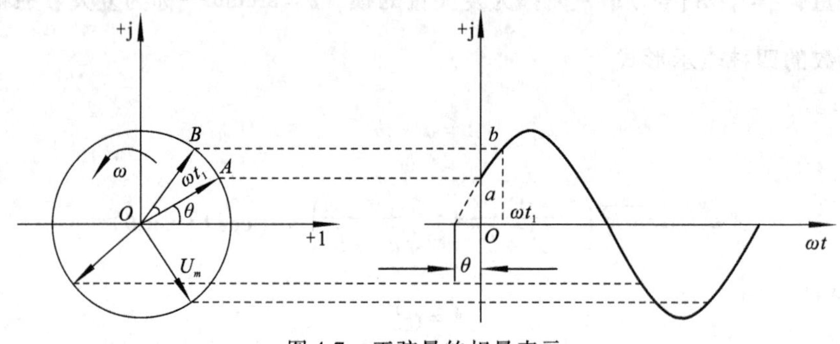

图 4-7 正弦量的相量表示

复平面上的矢量与复数是一一对应的，用复数 $U_{m}e^{j\theta}$来表示复数的起始位置，再乘以旋转因子 $e^{j\omega t}$便为上述旋转矢量，即

$$U_{m}e^{j\theta}\cdot e^{j\omega t}=U_{m}e^{j(\omega t+\theta)}=U_{m}\cos(\omega t+\theta)+jU_{m}\sin(\omega t+\theta)$$

该矢量的虚部即为正弦量的解析式，由于复数本身并不是正弦函数，因此用复数对应地表示一个正弦量并不意味着两者相等。

在正弦交流电路中，由于角频率 ω 常为一定值，各电压和电流都是同频率的正弦量，这样，便可用起始位置的矢量来表示正弦量，即把旋转因子 $e^{j\omega t}$ 省去，而用复数 $U_{m}e^{j\theta}$ 对应地表示一个正弦量。

又因为我们常用到正弦量的有效值，所以我们也常用 $Ue^{j\theta}$来表示一个正弦量。把模等于正弦量的有效值，幅角等于正弦量的初相角的复数称为该正弦量的有效值相量。常用正弦量的大写符号顶上加一个圆点“·”来表示，即以 $\dot{U}$ 、$\dot{I}$ 等表示。如

$$\dot{U}=U\angle\theta \tag{4-9}$$

正弦量的相量和复数一样，可以在复平面上用矢量表示。画在复平面上表示相量的图形称为相量图。显然，只有同频率的多个正弦量对应的相量画在同一复平面上才有意义。也只有同频率的正弦量才能相互运算，运算方法按复数的运算规则进行。

把用相量表示正弦量进行正弦交流电路运算的方法称为相量法。

【例 4.5】 正弦交流 $i_{1}=30\sin\omega t$A，$i_{2}=10\sin(\omega t+30°)$ A，写出它们的相量表达式。

解：两者的相量为：

$$\dot{I}_{1m}=30\angle0°\ \text{A}=30\ \text{A} \quad 或 \quad \dot{I}_{1}=\frac{30}{\sqrt{2}}\angle0°\text{A}$$

$$\dot{I}_{2m}=10\angle30°\ \text{A}=(5\sqrt{3}+j5)\ \text{A} \quad 或 \quad \dot{I}_{2}=\frac{10}{\sqrt{2}}\angle30°\text{A}$$

【例 4.6】已知 $\dot{I}=5\angle45°$ A，$\dot{U}=380\angle240°$ V，两交流电量的频率均为 50 Hz，试写出其瞬时表达式。

解：由题意可知：$\omega=2\pi f=2\pi\times50\text{rad/s}=100\pi\ \text{rad/s}$

$$I_m=\sqrt{2}I=5\sqrt{2}\ \text{A},\ U_m=\sqrt{2}U=380\sqrt{2}\ \text{V}$$

所以

$$i=5\sqrt{2}\sin\ (314t+45°)\ \text{A}$$

$$u=380\sqrt{2}\sin\ (314t+240°)\ \text{V}$$

4.2.4　相量图

相量是用复数表示的，具有两个参量：模和幅角，它们在复平面上的图形称为相量图。

例如：作出 $\dot{U}=10\angle\frac{\pi}{3}$ V，$\dot{I}=2\angle-\frac{\pi}{4}$ A 的相量图，如图 4-8所示。

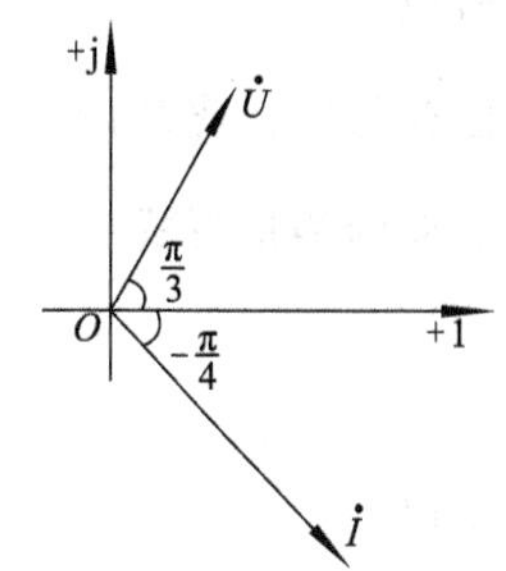

图 4-8　电压电流向量图

复数在复平面上可以做加减运算，相量在相量图上也可以做加减运算，且运算方法相同。需要指出的是，只有相同频率的正弦量才能画在同一相量图中。同样，只有同频率的正弦相量之间才能进行加减乘除运算。

4.2.5　自己动手练一练

1. 简述正弦交流电的几种表达方法及其物理意义。

2. 已知：$i=60\sin\ (314t+30°)$ A，$i_2=80\sin\ (314t-60°)$ A。

试用相量图求 i_1+i_2 的表达式。

4.3　交流电路中元件的电压电流相量关系

观察与思考

在直流电路分析中，电阻元件的欧姆定律形式是 $U=RI$，在交流电路分析中，电阻元件的欧姆定律形式是 $u=Ri$。我们称这种关系为电压与电流的约束关系。那么电感、电容元件上的电压与电流的约束关系形式如何？是代数形式还是其他形式？本节将从数学基础出发，通过一定的诱导公式推导出电感电容的相量形式欧姆定律公式。

电阻元件、电感元件及电容元件是交流电路的基本元件，大多数交流电路都是由这三种元件组合起来的。为了便于分析交流电路，我们先来分析单个元件上电压与电流的约束关系。

4.3.1　电阻元件上电压与电流的约束关系

如图 4-9 所示，当线性电阻 R 两端加上正弦电压 u_R 时，电阻中便有正弦电流 i_R 通过。

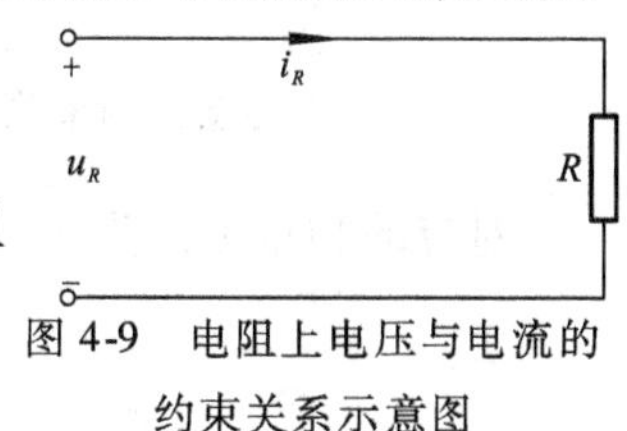

图 4-9　电阻上电压与电流的约束关系示意图

在任一瞬时，电压 u_R 和电流 i_R 都满足欧姆定律，即

$$i_R = \frac{u_R}{R}$$

设

$$u_R = U_{Rm} \cdot \sin\ (\omega t + \theta)$$

则

$$i_R = \frac{U_{Rm}}{R} \cdot \sin\ (\omega t + \theta)\ = I_{Rm} \sin\ (\omega t + \theta)$$

所以 $$I_{Rm} = \frac{U_{Rm}}{R} \quad \text{或} \quad I_R = \frac{U_R}{R}$$

由此可以得出结论：电阻上交流电压与交流电流既同频又同相。

对应的相量形式： $$\dot{U}_R = U_R \angle \theta = RI_R \angle \theta$$

$$\dot{I}_R = I_R \angle \theta = \frac{U_R}{R} \angle \theta$$

所以 $$\dot{U}_R = R \cdot \dot{I}_R \quad \text{或} \quad \dot{I}_R = \frac{\dot{U}_R}{R} \tag{4-10}$$

4.3.2 电感元件上电压和电流的约束关系

在电感元件的两端加上正弦交流电压，电感上流过正弦交流电流，如图 4-10 所示。

设 $i_L = I_{Lm} \sin\ (\omega t + \theta)$

则 $$u_L = L\frac{\mathrm{d}i_L}{\mathrm{d}t} = L\frac{\mathrm{d}[I_{Lm}\sin\ (\omega t + \theta)]}{\mathrm{d}t} = \omega L I_{Lm} \cos\ (\omega t + \theta)$$

$$= \omega L I_{Lm} \sin\left(\omega t + \theta + \frac{\pi}{2}\right) = U_{Lm} \sin\left(\omega t + \theta + \frac{\pi}{2}\right)$$

由此表明：$U_{\mathrm{Lm}} = \omega L \cdot I_{\mathrm{Lm}}$

令 $X_L = \omega L$ 称为感抗，则

$$U_{Lm} = X_L I_{Lm}$$

定义一个新概念称为感抗。感抗是用来描述电感线圈对交流电流阻碍的一个物理量。交流电的频率越高，感抗越大。频率越低，感抗越小。感抗的单位为欧姆，用 Ω 表示。

电感元件上电压与电流的相量图如图 4-11 所示。

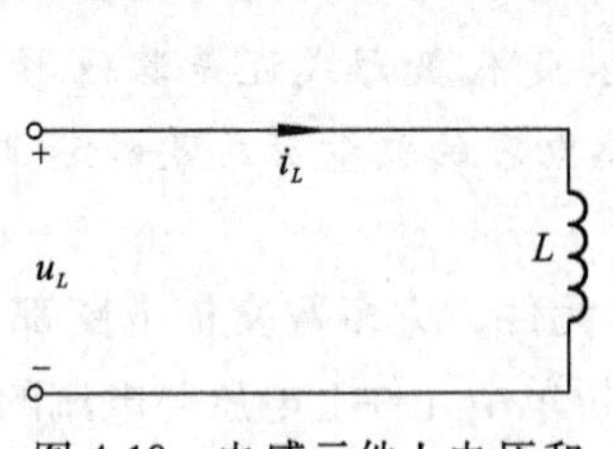

图 4-10　电感元件上电压和电流的约束关系示意图

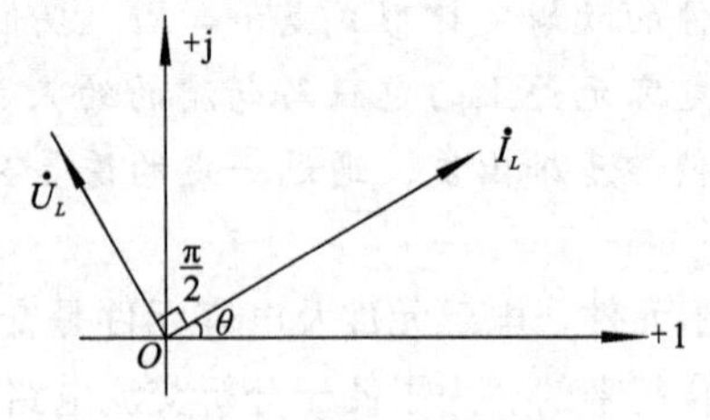

图 4-11　电感元件上电压与电流的相量图

对应的相量形式为

$$\dot{I}_L = I_L \angle \theta$$

$$\dot{U}_L = \omega L I_L \angle\left(\theta + \frac{\pi}{2}\right) = \left(\omega L \angle \frac{\pi}{2}\right) \cdot (I_L \angle \theta) = \mathrm{j}\omega L \cdot \dot{I}_L \tag{4-11}$$

所以　$U_L=\omega LI_L \qquad \dot{U}_L=\mathrm{j}\omega L\dot{I}_L$　(4-12)

结论：(1) 电感上交流电压与交流电流同频，但相位不同。

(2) 电感上交流电压超前交流电流 90°（或$\frac{\pi}{2}$）。

(3) 电感元件对交流电流存在感抗，其值为 $X_L=\omega L$。

(4) 交流电路中电感元件上应用欧姆定律时有两种形式：

$$U_L=\omega LI_L \qquad \dot{U}_L=\mathrm{j}\omega L\dot{I}_L$$

(5) 通常认为电感元件具有通直流、阻交流，通低频、阻高频的特性。

4.3.3　电容元件上电压与电流的约束关系

在电容元件的两端加上正弦交流电压，电容上流过正弦交流电流，如图 4-12 所示。

设

$$u_C=U_{C\mathrm{m}}\sin(\omega t+\theta)$$

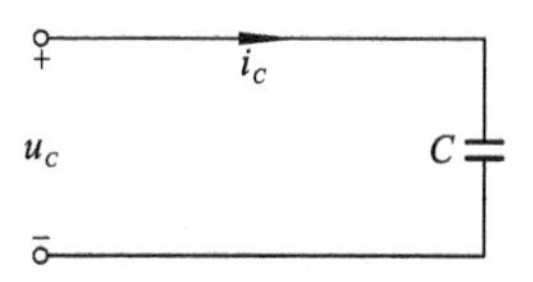

图 4-12　电容元件上电压与电流的约束关系示意图

则

$$\begin{aligned}i_C&=C\frac{\mathrm{d}u_C}{\mathrm{d}t}=C\cdot\frac{\mathrm{d}[U_{C\mathrm{m}}\sin(\omega t+\theta)]}{\mathrm{d}t}\\&=\omega C\cdot U_{C\mathrm{m}}\cos(\omega t+\theta)\\&=\omega C\cdot U_{C\mathrm{m}}\sin\left(\omega t+\theta+\frac{\pi}{2}\right)=I_{C\mathrm{m}}\sin\left(\omega t+\theta+\frac{\pi}{2}\right)\end{aligned}$$

由此表明

$$I_{C\mathrm{m}}=\omega C\cdot U_{C\mathrm{m}} \qquad 或 \qquad U_{C\mathrm{m}}=\frac{1}{\omega C}\cdot I_{C\mathrm{m}}$$

令 $X_C=\frac{1}{\omega C}$（称为容抗）

则

$$U_{C\mathrm{m}}=X_C\cdot I_{C\mathrm{m}}$$

定义容抗：容抗是用来描述电容对交流电流阻碍作用的物理量。交流电的频率越高，容抗越小，频率越低，容抗越大。容抗的单位为欧姆，用 Ω 表示。

对应的相量形式为：　$\dot{U}_C=U_C\angle\theta$

$$\dot{I}_C=I_C\angle\left(\theta+\frac{\pi}{2}\right)=\omega C\cdot U_C\angle\left(\theta+\frac{\pi}{2}\right)=\left(\omega C\angle\frac{\pi}{2}\right)\cdot(U_C\angle\theta)=\mathrm{j}\omega C\cdot\dot{U}_C \quad (4\text{-}13)$$

所以　$U_C=\frac{1}{\omega C}I_C \qquad \dot{U}_C=\frac{1}{\mathrm{j}\omega C}\dot{I}_C$　(4-14)

电容元件上电压与电流的相量图如图 4-13 所示。

结论：(1) 电容上交流电压与交流电流同频，但相位不同。

(2) 电容上交流电流超前交流电压 90°（或$\frac{\pi}{2}$）。

(3) 电容元件对交流电流存在容抗，其值为 $X_C=\frac{1}{\omega C}$。

(4) 交流电路中电容元件上应用欧姆定律时有两种形式：

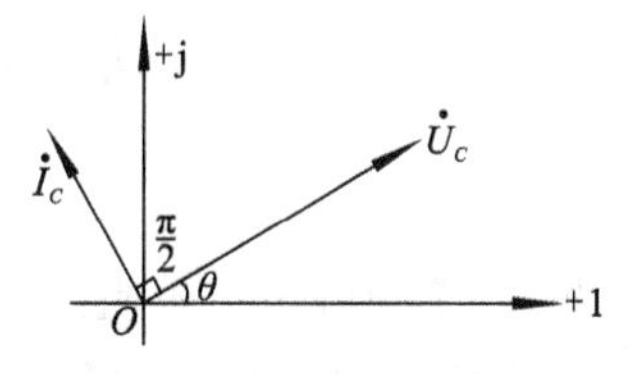

图 4-13　电容元件上电压与电流的相量图

$$U_C = \frac{1}{\omega C} I_C \qquad \dot{U}_C = \frac{1}{\mathrm{j}\omega C} \cdot \dot{I}_C$$

（5）通常认为电容元件具有通交流、阻直流，通高频、阻低频的特性。

4.3.4 自己动手练一练

1. 如图 4-14 所示电路当交流电压 u 的有效值不变，交流电压频率 ω 增大时，电阻元件、电感元件、电容元件上的电流将如何变化？

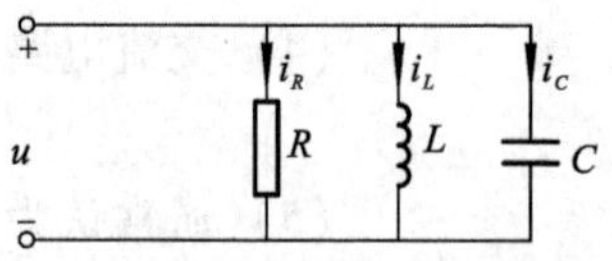

图 4-14 练一练第 1 题图

2. 解答上题的根据是否是在正弦交流电路中？是否是频率越高，感抗越大，容抗越小，而电阻不变？

3. 指出下列各表达式正确与否？

（1）$R = \frac{U}{i}$ （2）$X_L = \frac{u}{\omega L}$ （3）$\mathrm{j}X_C = \frac{\dot{U}_C}{\dot{I}_C}$

（4）$-\mathrm{j}X_C = \frac{\dot{U}_C}{\dot{I}_C}$ （5）$X_C = \frac{U_C}{I_C}$ （6）$\dot{I}_L = \frac{\dot{U}_L}{\mathrm{j}X_L}$

（7）$\dot{I}_L = \frac{\dot{U}_L}{-\mathrm{j}X_L}$ （8）$\dot{I}_C = \frac{\dot{U}_C}{\mathrm{j}X_C}$ （9）$\dot{U}_L = \mathrm{j}X_L \cdot \dot{I}_L$

4.4 交流电路中元件的功率

观察与思考

电阻元件是一种消耗电能的元件，因此它将电能转化成其他形式的能量，称电阻上的功率为有功功率；电感元件和电容元件在交流电路中不消耗电能，只是将电能暂时储存起来，并很快又释放出来，在元件和电源之间进行能量的转换与储存，这种功率称为无功功率。电路端口的电压与电流的乘积称为电路的视在功率。

4.4.1 电阻元件的功率

在交流电路中，任一瞬间，电阻元件上电压的瞬时值与电流的瞬时值乘积叫做电阻元件的瞬时功率，用小写字母 p 表示，即 $p = ui$

$$\begin{aligned} p_R &= u_R i_R = U_{Rm}\sin\omega t I_{Rm}\sin\omega t \\ &= U_{Rm} I_{Rm} \sin^2\omega t = \frac{U_{Rm} I_{Rm}}{2}(1-\cos 2\omega t) = U_R I_R (1-\cos 2\omega t) \end{aligned}$$

图 4-15 中画出了电阻元件上瞬时功率随时间变化的曲线。

在电压和电流的关联参考方向下，任一瞬间电压与电流同频同相，所以瞬时功率恒大于零，即 $p_R \geqslant 0$，这表明电阻元件是一个耗能元件。

电阻的平均功率是指瞬时功率的平均值（通常指一个周期内的平均值），即

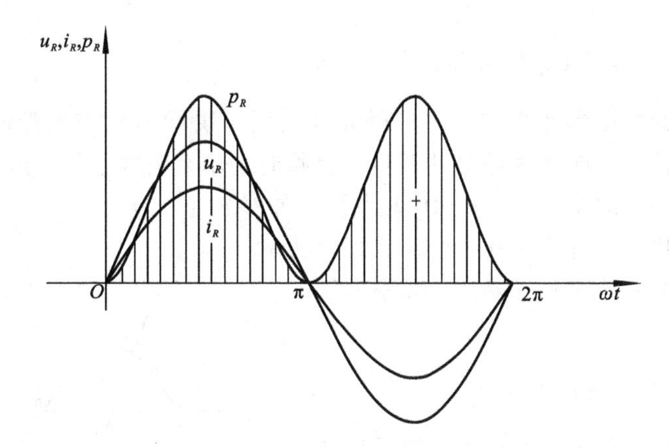

图 4-15　电阻元件上瞬时功率随时间变化的曲线

$$P_R = \frac{1}{T}\int_0^T p\mathrm{d}t = \frac{1}{T}\int_0^T U_R I_R(1 - \cos 2\omega t)\mathrm{d}t$$

$$= \frac{1}{T}\cdot U_R \cdot I_R\left[\int_0^T 1\cdot \mathrm{d}t - \int_0^T \cos 2\omega t\mathrm{d}t\right] = \frac{1}{T}U_R I_R(T-0) = U_R I_R$$

由于　$I_R = \dfrac{U_R}{R}$　或　$U_R = I_R \cdot R$

所以
$$P_R = U_R I_R = I_R^2 R = \frac{U_R^2}{R} \tag{4-15}$$

功率的单位为瓦［特］，用字母 W 表示，有时也用千瓦 kW 表示。

【例 4.7】一电阻 $R=100\ \Omega$，接到 $u=220\sqrt{2}\sin(\omega t+30°)$ V 的电压上，求：

（1）电阻上电流的大小；

（2）电阻上的平均功率；

（3）作出 $\dot{U}_R$、$\dot{I}_R$的相量图。

解：（1）$i_R = \dfrac{u_R}{R} = \dfrac{220\sqrt{2}}{100}\sin(\omega t+30°) = 2.2\sqrt{2}\sin(\omega t+30°)$ A

（2）$U_R = 220$ V，$I_R = 2.2$ A，

$$P_R = U_R I_R = 200 \times 2.2 = 484 \text{ W}$$

（3）$\dot{U}_R = 220\angle 30°$ V　　$\dot{I}_R = 2.2\angle 30°$ A

$\dot{U}_R$，$\dot{I}_R$的相量图如图 4-16 所示。

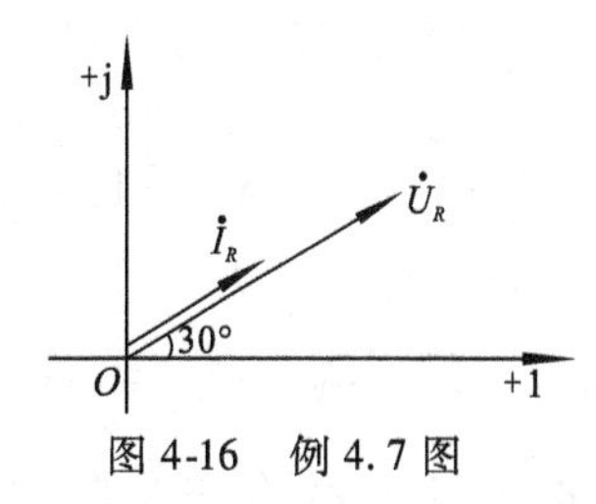

图 4-16　例 4.7 图

4.4.2　电感元件的功率

在交流电路中，任一瞬间，电感元件上电压的瞬时值与电流的瞬时值乘积叫做电感元件的瞬时功率，用小写字母 p_L 表示，即 $p_L = u_L i_L$。

瞬时功率的计算：

设 $i_L = I_{Lm}\sin\omega t$，则 $u_L = U_{Lm}\sin\left(\omega t + \dfrac{\pi}{2}\right)$

$$p_L = u_L i_L = U_{Lm} I_{Lm}\sin\left(\omega t + \frac{\pi}{2}\right)\sin\omega t = U_{Lm} I_{Lm}\sin\omega t\cos\omega t$$

$$=\frac{1}{2}U_{Lm}I_{Lm}\sin2\omega t=U_LI_L\sin2\omega t$$

在电压和电流的关联参考方向下，电感元件上任一瞬间电压与电流同频，不同相。功率也为一正弦变化量，其频率为原来的两倍。且瞬时功率有时大于零，$p_L>0$ 时电感元件吸收电功率；瞬时功率有时小于零，$p_L<0$ 时电感元件释放电功率。

图 4-17 所示为电感元件上电压、电流、瞬时功率的波形图。瞬时功率 p_L 也是正弦函数，频率为 2ω。

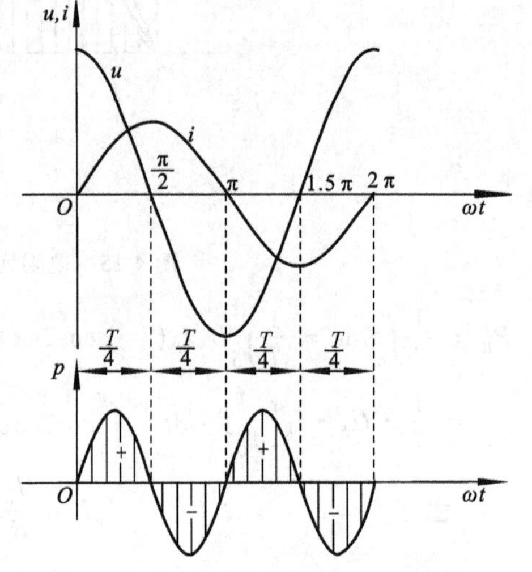

图 4-17　电感元件上电压、电流，瞬时功率的波形图

平均功率

$$P_L=\frac{1}{T}\int_0^T p\mathrm{d}t=\frac{1}{T}\int_0^T U_LI_L\sin2\omega t\mathrm{d}t=0$$

上式表明，电感元件在一个周期内的平均功率为0，因此电感元件不消耗电能，电感是一种储能元件。

无功功率：将电感元件上电压的有效值与电流的有效值的乘积定义为电感元件的无功功率。用 Q_L 表示。无功功率的单位为“乏”（var），工程上也常用“千乏”（kvar）。

$$Q_L=U_LI_L=I_L^2X_L=\frac{U_L^2}{X_L}\tag{4-16}$$

通常认为，$Q_L>0$ 称电感元件吸收无功功率，$Q_L<0$ 称电感元件释放无功功率。

【例 4.8】 已知电感 $L=320$ mH，接在 $u_L=220\sqrt{2}\sin(314t-60°)$ V 的电源上，试求：

（1）电感的感抗 X_L；

（2）流过电感的电流 i_L；

（3）电感元件上的无功功率 Q_L。

解：

（1）电感的感抗 $X_L=\omega L=314\times320\times10^{-3}\ \Omega\approx100\ \Omega$

（2）$\dot{I}=\dfrac{\dot{U}}{\mathrm{j}X_L}=\dfrac{220}{100}\dfrac{\angle-60°}{\angle90°}\ \mathrm{A}=2.2\angle-150°\ \mathrm{A}$

所以 $$i_L=2.2\sqrt{2}\sin(314t-150°)\ \mathrm{A}$$

（3）$Q_L=U_LI_L=220\times2.2\ \mathrm{var}=484\ \mathrm{var}$

4.4.3　电容元件的功率

在交流电路中，任一瞬间，电容元件上电压的瞬时值与电流的瞬时值乘积叫做电容元件的瞬时功率，用小写字母 p_c 表示，即 $p_c=u_ci_c$。

瞬时功率的计算：

设 $u_C=U_{Cm}\sin\omega t$，则 $i_C=I_{Cm}\sin\left(\omega t+\dfrac{\pi}{2}\right)$

$$p_C=u_Ci_C=U_{Cm}I_{Cm}\sin\omega t\sin\left(\omega t+\frac{\pi}{2}\right)=U_{Cm}I_{Cm}\sin\omega t\cos\omega t$$

$$=\frac{1}{2}U_{Cm}I_{Cm}\sin 2\omega t = U_C I_C \sin 2\omega t$$

在电压和电流的关联参考方向下，电容元件上任一瞬间电压与电流同频，不同相。电容元件上功率也为一正弦变化量，其频率为原来的两倍。且瞬时功率有时大于零，$p_C>0$ 时电容元件吸收电功率，瞬时功率有时小于零，$p_C<0$ 时电容元件释放电功率。

图 4-18 所示为电容元件上电压、电流，瞬时功率的波形图，瞬时功率 p_C 是一正弦函数，频率为 2ω。

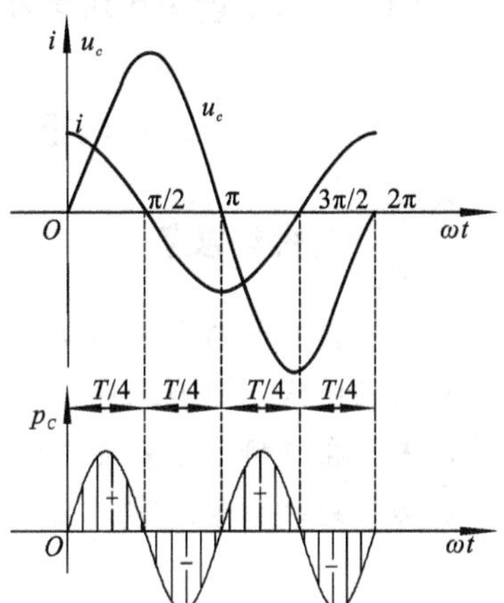

图 4-18　电容元件上电压、电流，瞬时功率的波形图

平均功率：

$$P_C = \frac{1}{T}\int_0^T p\mathrm{d}t = \frac{1}{T}\int_0^T U_C I_C \sin 2\omega t\mathrm{d}t = 0$$

表明：电容元件在一个周期内的平均功率为 0，电容元件不消耗电能。因此电容也是一种储能元件。

无功功率：电容元件上电压的有效值与电流有效值乘积的负值，称为电容的无功功率，用 Q_C 表示。电容无功功率的单位是乏（var）或千乏（kvar）。

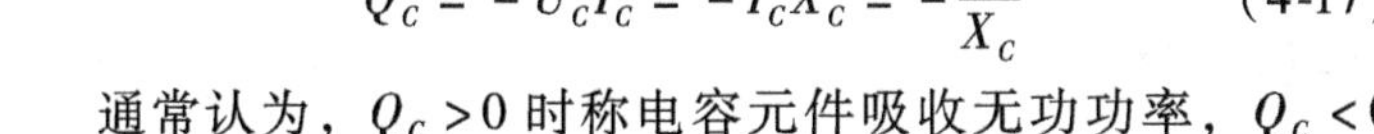

$$Q_C = -U_C I_C = -I_C^2 X_C = -\frac{U_C^2}{X_C} \qquad (4\text{-}17)$$

通常认为，$Q_C>0$ 时称电容元件吸收无功功率，$Q_C<0$ 时称电容元件释放无功功率。

【例 4.9】 已知：电容 $C=63.7\ \mu\mathrm{F}$ 接到 $u_C=220\sqrt{2}\sin(314t-60°)$ V 的电源上。

试求：

（1）电容的容抗 X_C，（2）流过电容的电流 i_C，（3）电容上的无功功率 Q_C。

解：

（1）容抗：$X_C=\frac{1}{\omega C}=\frac{1}{314\times 63.7\times 10^{-6}}\ \Omega=50\ \Omega$

（2）$\dot{I}_C=\mathrm{j}\omega C\cdot\dot{U}_C=\mathrm{j}\frac{1}{50}\times 220\angle-60°=\frac{220\angle(90°-60°)}{50}=4.4\angle 30°$ A

所以　$i_C=4.4\sqrt{2}\sin(314t+30°)$ A

（3）$Q_C=-U_C I_C=-220\times 4.4$ var $=-968$（var）

4.4.4　自己动手练一练

1. 已知 $R=50\ \Omega$ 的电阻，接到交流电流 $i=10\sqrt{2}\sin(\omega t+30°)$ A 的交流电路中，试求：

（1）电阻两端的电压；

（2）电阻上的平均功率；

（3）作出 $\dot{U}_R$，$\dot{I}_R$ 的相量图。

2. 已知正弦交流电的频率为 50 Hz，电感的感抗为 50 Ω，接在正弦交流电路中，电感两端的电压为 $u_L=220\sqrt{2}\sin(314t-60°)$ V。

试求：

（1）电感的感抗 X_L；

（2）流过电感的电流 i_L；

（3）电感上的无功功率 Q_L。

3. 已知：电容 $C=63.7\ \mu F$ 接到 $u_C=100\sqrt{2}\sin(314t-60°)$ V 的电源上，试求：

（1）电容的容抗 X_C；

（2）流过电容的电流 i_C；

（3）电容上的无功功率 Q_C。

4.5 相量形式的基尔霍夫定律

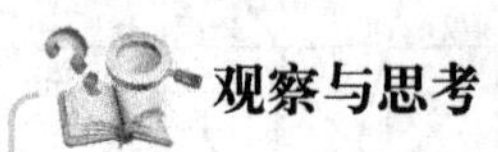

观察与思考

在直流电路中基尔霍夫定律表明，对于任意节点流过节点的电流代数和为零，对于任意回路，所有元件的电压代数和为零。那么在交流电路中，如何利用基尔霍夫定律呢？在应用基尔霍夫定律时应注意些什么？怎样将交流电路的运算简化为代数运算，前面介绍的相量法有何现实意义，这里将一一展开它神秘的面纱。

4.5.1 相量形式的基尔霍夫电流定律

基尔霍夫电流定律的实质是电流的连续性原理。在交流电路中。任一瞬间电流总是连续的，因此，基尔霍夫定律也适用于交流电路的任一瞬间，使电路某一节点的电流代数和等于零，即

$$\sum i=0$$

正弦交流电路中各电流都是同频率的正弦量，把这些同频率的正弦量用相量表示得

$$\sum \dot{I}=0 \tag{4-18}$$

4.5.2 相量形式的基尔霍夫电压定律

根据能量守恒定律，基尔霍夫电压定律也同样适用于交流电路的任一瞬间。即同一瞬间，电路的任一个回路中各段电压瞬时值的代数和等于零，即

$$\sum u=0$$

正弦交流电路中各电压都是同频率的正弦量，把这些同频率的正弦量用相量表示得

$$\sum \dot{U}=0 \tag{4-19}$$

4.5.3 相量形式的基尔霍夫定律示例

【例 4.10】 如图 4-19 所示，电流表 A_1、A_2、A_3 的读数都是 10 A，求电路中电流表 A 的读数。

解：（1）设 $\dot{U}=U\angle 0°$ V，由于元件是并联的，所以电压相同。

则 $\dot{I}_1=10\angle 0°$A（与电压同相）

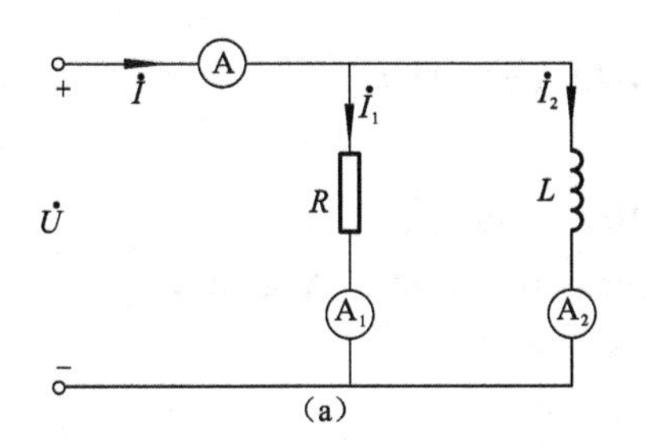

(a)

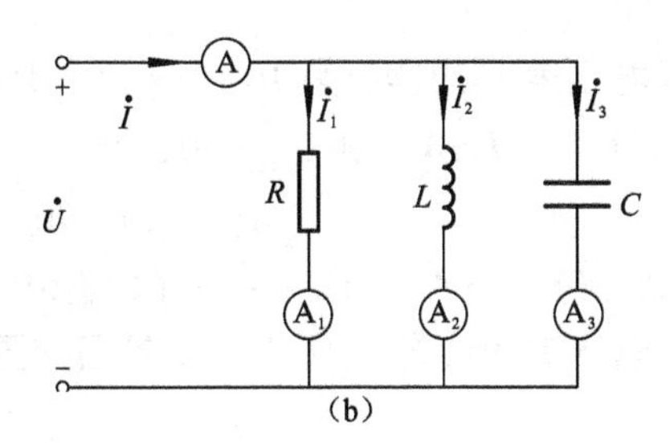

(b)

图 4-19　例 4.10 图

$$\dot{I}_2 = 10\angle -90°\text{A}\ （电压超前电流\ 90°）$$

由 KCL 得

$$\dot{I} = \dot{I}_1 + \dot{I}_2 = (10\angle 0° + 10\angle -90°)\text{A} = 10\sqrt{2}\angle -45°\ \text{A}$$

所以，电流表 A 的读数为 $10\sqrt{2}$ A，相量图如图 4-20（a）所示。

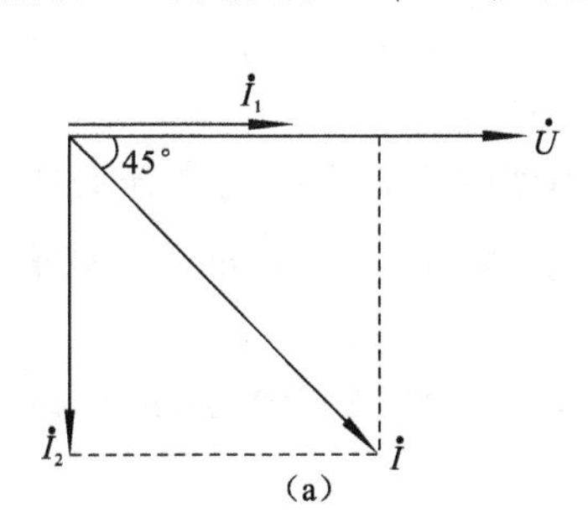

(a)

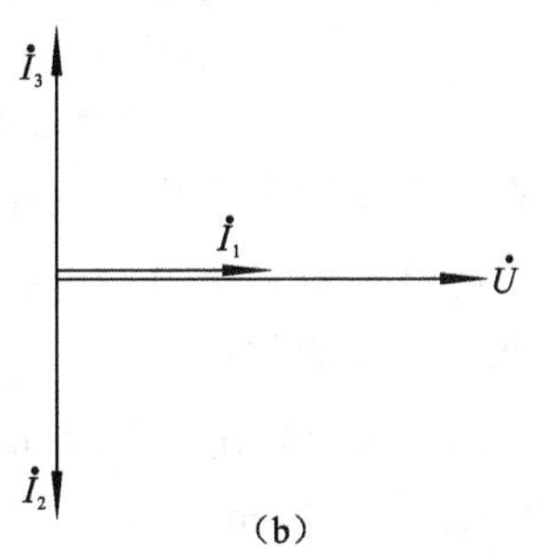

(b)

图 4-20　例 4.10 相量图

（2）设 $\dot{U} = U\angle 0°$ V，则 $\dot{I}_1 = 10\angle 0°$A

$$\dot{I}_2 = 10\angle -90°\ \text{A},\ \dot{I}_3 = 10\angle 90°\ \text{A}$$

由 KCL 得

$$\begin{aligned}\dot{I} &= \dot{I}_1 + \dot{I}_2 + \dot{I}_3 = (10 + 10\angle -90° + 10\angle 90°)\text{A}\\ &= (10 - \text{j}10 + \text{j}10)\text{A} = 10\angle 0°\ \text{A}\end{aligned}$$

所以电流表 A 的读数为 10 A，相量图如图 4-20（b）所示。

【例 4.11】 如图 4-21 所示，电压表 V_1、V_2、V_3 的读数都是 10 V，求总电压表 V 的读数。

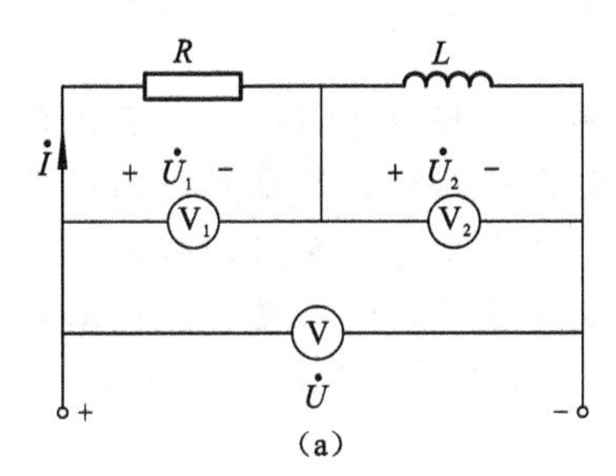

(a)

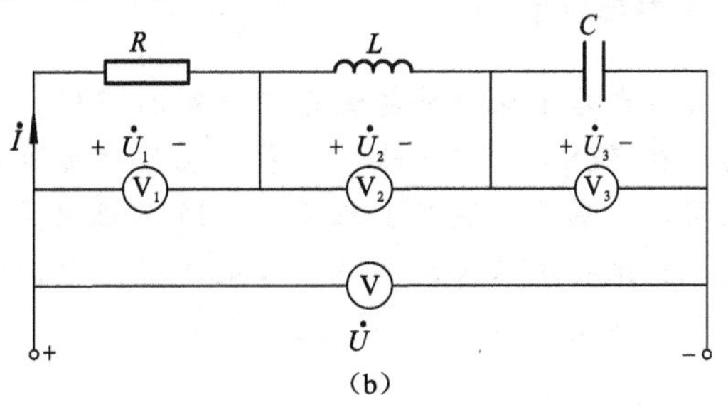

(b)

图 4-21　例 4.11 图

解：（1）由于电路中元件是以串联方式连接，因此电流相等。

设 $\dot{I} = I\angle 0$，则 $\dot{U}_1 = 10\angle 0$ V，$\dot{U}_2 = 10\angle 90°$ V

由 KVL 得

$$\dot{U} = \dot{U}_1 + \dot{U}_2 = (10\angle 0° + 10\angle 90°)\ \text{V} = 10\sqrt{2}\angle 45°\ \text{V}$$

所以电压表 V 的读数为 $10\sqrt{2}$ V，相量图如图 4-22（a）所示。

（2）设 $\dot{I}=I\angle 0$，则 $\dot{U}_1=10\angle 0°$

$$\dot{U}_2=10\angle 90°，\dot{U}_3=10\angle -90°。$$

由 KVL 得 $\dot{U}=\dot{U}_1+\dot{U}_2+\dot{U}_3=(10\angle 0°+10\angle 90°+10\angle -90°)\ \text{V}=10\ \text{V}$

所以电压表的读数为 10 V，相量图如图 4-22（b）所示。

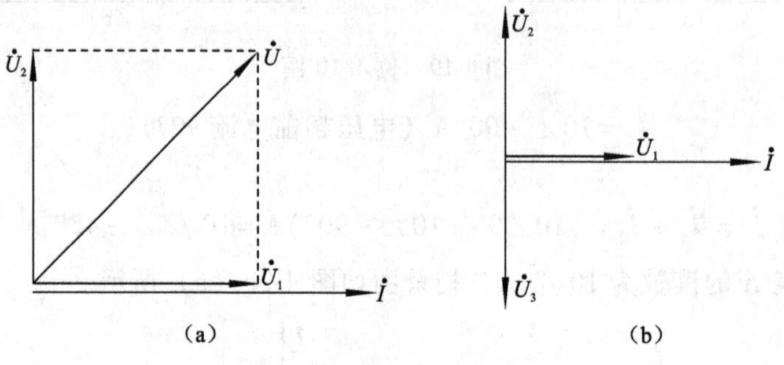

图 4-22　例 4.11 向量图

【例 4.12】 在正弦交流电路中，与某一节点相连的三条支路电流分别是 i_1、i_2、i_3，已知 i_1、i_2 流入，i_3 流出，若 $i_1=10\sqrt{2}\cos(\omega t+60°)$ A，$i_2=5\sqrt{2}\sin\omega t$ A，试求 i_3。

解： 首先求出 i_1、i_2 的相量

$i_1=10\sqrt{2}\cos(\omega t+60°)\ \text{A}=10\sqrt{2}\sin(\omega t+60°+90°)\ \text{A}=10\sqrt{2}\sin(\omega t+150°)\ \text{A}$

$\dot{I}_1=10\angle 150°\ \text{A}=(-8.66+\text{j}5)\ \text{A}$

$\dot{I}_2=5\angle 0°\ \text{A}=(5+\text{j}0)\ \text{A}$

根据基尔霍夫电流定律可知

$$\dot{I}_1+\dot{I}_2-\dot{I}_3=0$$

所以　$\dot{I}_3=\dot{I}_1+\dot{I}_2=(-8.66+\text{j}5+5+\text{j}0)\ \text{A}=(-3.66+\text{j}5)\ \text{A}=6.2\angle 126.2°\ \text{A}$

$$i_3=6.2\sqrt{2}\sin(\omega t+126.2°)\ \text{A}$$

4.6　RLC 串联电路的性质及功率

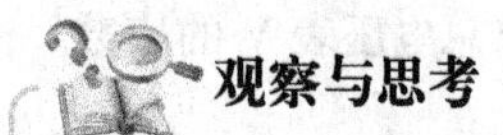

在直流电路中电阻对电流存在一定的阻碍，电感元件相当于短路，电容元件相当于断路。在交流电路中电阻、电感、电容对交流电都存在阻碍，而且不同的频率阻碍也不相同。电感元件通直流阻交流，通低频阻高频，电容元件通交流阻直流，通高频阻低频。如果将这三种元件串联起来使用，它们到底是呈现何种性质呢？电路对于不同的频率其阻抗性质会不会变化，又是怎样变化的呢？本节着重解决这一问题。

4.6.1　电压与电流的关系

电阻、电感和电容的串联电路如图 4-23 所示，常称为 *RLC* 串联电路。电路中流过的电流为正弦交流电，设 $i=I_m\sin\omega t$，则其相量为：$\dot{I}=I\angle 0°$。由于串联电路电流相等，所以可以将电流作为参考相量。

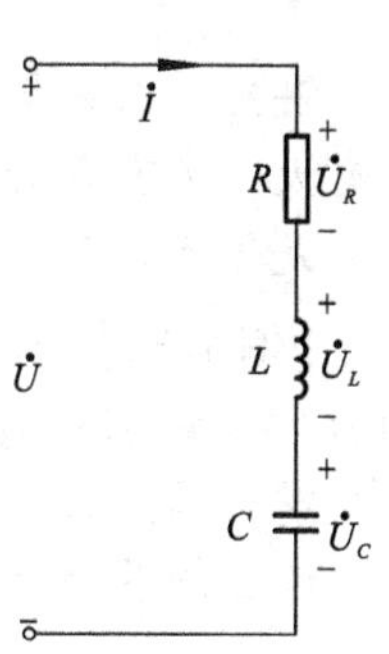

则 $\dot{U}_R = R\dot{I}$

$$\dot{U}_L = jX_L\dot{I} = X_L I\angle 90°$$

$$\dot{U}_C = -jX_C\dot{I} = X_C I\angle -90°$$

由 *KVL* 可得

$$\dot{U} = \dot{U}_R + \dot{U}_L + \dot{U}_C$$

$$= R\dot{I} + jX_L\dot{I} - jX_C\dot{I}$$

$$= [R + jX_L - jX_C]\dot{I}$$

图 4-23　电阻、电感和电容的串联电路

设 $\dot{U} = Z\dot{I}$

则
$$Z = R + j(X_L - X_C) = R + jX \tag{4-20}$$

称 Z 为串联电路的阻抗。其中 R 为电阻，X 为电抗，单位均为欧姆。

4.6.2　*RLC* 串联电路的性质

当电路中电抗 X 随着角频率 ω 的变化而改变时，电路的性质将发生改变，大体可以分为三种情况。

1. 电感性电路：$X_L > X_C$

当电路中电感的感抗大于容抗时，即 $X>0$，$X_L > X_C$，则阻抗角 $\varphi = \arctan\dfrac{X}{R} > 0$。

以电流 $\dot{I}$ 为参考方向，$\dot{U}_R$和电流 $\dot{I}$ 同相，$\dot{U}_L$超前于 $\dot{I}$ 90°，$\dot{U}_C$滞后于 $\dot{I}$ 90°，将各相量相加，得总电压 $\dot{U}$。相量图如图 4-24（a）所示。

从相量图中可以看出，电感性电路中电压超前于电流 φ 角。

2. 容性电路：$X_L < X_C$

当电路中电感的感抗小于容抗时，即 $X<0$，$X_L < X_C$，则阻抗角 $\varphi < 0$。相量图如图 4-24（b）所示。

从相量图中可以看出，电容性电路中电压滞后于电流 φ 角。

3. 电阻性电路：$X_L = X_C$

当电路中电感的感抗等于容抗时，即 $X=0$，$X_L = X_C$，则阻抗角 $\varphi = 0$。相量图如图 4-24（c）所示。

从相量图可以看出，电阻性电路中电压与电流同相，既不超前也不滞后。此时电路的状态也称为谐振状态。

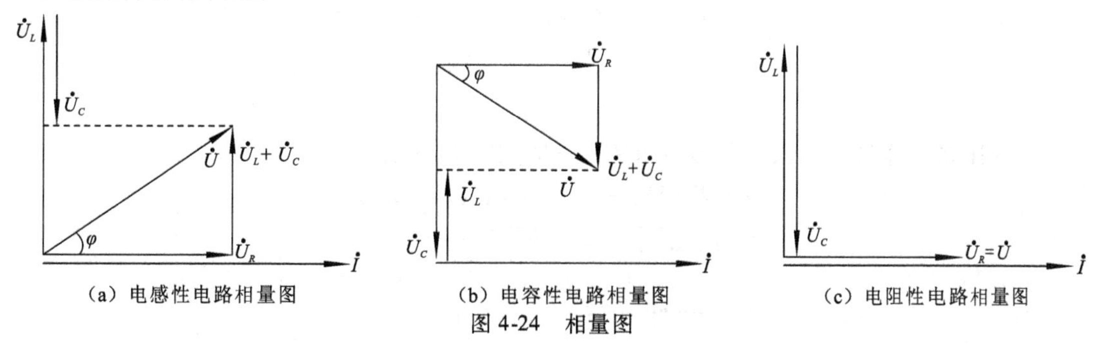

（a）电感性电路相量图　（b）电容性电路相量图　（c）电阻性电路相量图

图 4-24　相量图

注意： 在分析与计算交流电路时，必须时刻具备交流的概念，每一个参量都是复数，既有大小又有方向——模和幅角。在串联电路中，电源电压等于各元件上的电压相量之和，而不是等于各元件的电压有效值之和。

【例 4.13】 RLC 串联电路中，已知 $R=40\ \Omega$，$X_L=70\ \Omega$，$X_C=40\ \Omega$，$i=2\sqrt{2}\sin(\omega t+30°)$ A，试求：u_R、u_L、u_C 和电路的总电压 u 的解析式。

解： 因为 $X_L=70\ \Omega$，$X_C=40\ \Omega$，即 $X_L>X_C$，电路呈现为感性电路。

电路的总阻抗为

$$|Z|=\sqrt{R^2+(X_L-X_C)^2}=\left(\sqrt{40^2+(70-40)^2}\right)\Omega=50\ \Omega$$

阻抗角为

$$\varphi=\arctan\frac{X}{R}=\arctan\frac{70-40}{50}=\arctan 0.6$$

所以 $$\varphi=37°$$

总阻抗

$$Z=R+\mathrm{j}(X_L-X_C)=[40+\mathrm{j}(70-40)]\ \Omega=(40+\mathrm{j}30)\Omega=50\angle 37°\ \Omega$$

电流相量

$$\dot{I}=2\angle 30°\ \mathrm{A},$$

电压相量

$$\dot{U}=Z\dot{I}=(40+\mathrm{j}30)\times 2\angle 30°\ \mathrm{V}=100\angle 67°\ \mathrm{V}$$

$$\dot{U}_R=R\dot{I}=40\times 2\angle 30°\ \mathrm{V}=80\angle 30°\ \mathrm{V}$$

$$\dot{U}_L=\mathrm{j}X_L\dot{I}=70\angle 90°\times 2\angle 30°\ \mathrm{V}=140\angle 120°\ \mathrm{V}$$

$$\dot{U}_C=-\mathrm{j}X_C\dot{I}=40\angle -90°\times 2\angle 30°\ \mathrm{V}=80\angle -60°\ \mathrm{V}$$

所以 u_R、u_L、u_C 以及电路的总电压 u 的解析式分别为

$$u_R=80\sqrt{2}\sin(\omega t+30°)\ \mathrm{V}$$

$$u_L=140\sqrt{2}\sin(\omega t+120°)\ \mathrm{V}$$

$$u_C=80\sqrt{2}\sin(\omega t-60°)\ \mathrm{V}$$

$$u=100\sqrt{2}\sin(\omega t+67°)\ \mathrm{V}$$

4.6.3 *RLC* 串联电路元件的功率关系

由于电阻、电感和电容元件是串联的，电流处处相等，各元件的电压之和等于端口电压，各元件的阻抗之和等于端口总阻抗。

$$\dot{U}=\dot{U}_R+\dot{U}_L+\dot{U}_C=Z\cdot\dot{I}$$

$$Z_R=R,\ Z_L=\mathrm{j}X_L,\ Z_C=-\mathrm{j}X_C$$

所以 $$Z=\frac{\dot{U}}{\dot{I}}=\frac{\dot{U}_R}{\dot{I}}+\frac{\dot{U}_L}{\dot{I}}+\frac{\dot{U}_C}{\dot{I}}=Z_R+Z_L+Z_C$$

构建阻抗三角形、电压三角形和功率三角形如图 4-25 所示。

$$Z=R+\mathrm{j}X_L-\mathrm{j}X_C=R+\mathrm{j}(X_L-X_C)$$

$$|Z|=\sqrt{R^2+(X_L-X_C)^2}$$

$$\varphi=\arctan\frac{X_L-X_C}{R}$$

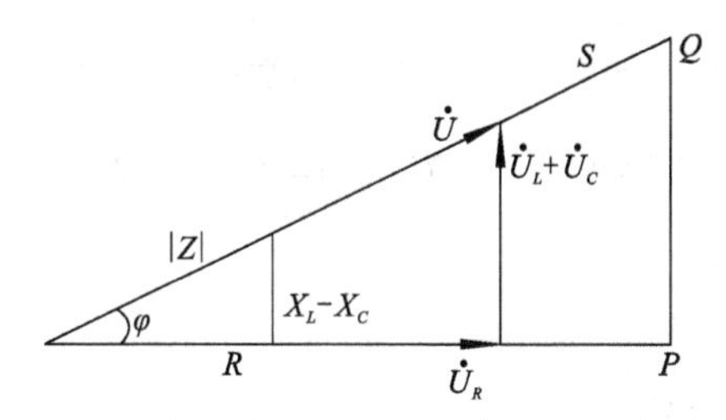

图 4-25　阻抗三角形、电压三角形、功率三角形

可以证明，阻抗三角形与电压三角形完全相似，但电压三角形为矢量三角形，且每边均为阻抗三角形的边乘以相量 $\dot{I}$ 所得。若将电压三角形的每边再乘以电流 $\dot{I}$ 的有效值，则得到完全相似的功率三角形。其中 P 称为有功功率，Q 称为无功功率，S 称为视在功率。视在功率的单位是 V·A（伏·安）或 kV·A（千伏·安）。

有功功率

$$P = U_R I = UI\cos\varphi \tag{4-21}$$

无功功率

$$Q = U_L I - U_C I = UI\sin\varphi \tag{4-22}$$

视在功率

$$S = UI = P + \mathrm{j}Q \tag{4-23}$$

且

$$|S| = \sqrt{P^2 + Q^2} \tag{4-24}$$

功率因数

$$\cos\varphi = \frac{P}{|S|} \tag{4-25}$$

φ 称为阻抗角，$\cos\varphi$ 称为功率因数，描述了有功功率占视在功率的份额。

【例 4.14】 电路如图 4-23，已知：电源电压 $u = 311 \cdot \sin(314t + 30°)$ V，$R = 20\ \Omega$，$L = 207$ mH，$C = 63.7\ \mu$F，求：

（1）电流的瞬时值 i 及有效值；

（2）求各部分电压的瞬时值及有效值；

（3）求 P 和 Q。

解：（1）$X_L = \omega L = 314 \times 207 \times 10^{-3}\ \Omega \approx 65\ \Omega$

$$X_C = \frac{1}{\omega C} = \frac{1}{314 \times 63.7 \times 10^{-6}}\ \Omega = 50\ \Omega$$

$$Z = R + \mathrm{j}(X_L - X_C) = [20 + \mathrm{j}(65 - 50)]\ \Omega = (20 + \mathrm{j}15)\Omega$$

$$Z = |Z|\angle\varphi = 25\angle\arctan\frac{3}{4}\ \Omega$$

$$|Z| = 25,\ \varphi = 37°$$

所以

$$\dot{I} = \frac{\dot{U}}{Z} = \frac{220\angle 30°}{25\angle 37°}\ \mathrm{A} = 8.8\angle -7°\ \mathrm{A}$$

$i = 8.8\sqrt{2}\sin(314t - 7°)$ A

$I = 8.8$ A

（2）$\dot{U}_R = R\dot{I} = 20 \times 8.8\angle -7°\ \mathrm{V} = 176\angle -7°\ \mathrm{V}$

$\dot{U}_L = jX_L\dot{I} = (j65 \times 8.8\angle -7°)\ V = [572\angle (90° - 7°)]\ V = 572\angle 83°\ V$

$\dot{U}_C = -jX_C \cdot \dot{I} = 50\angle -90° \times 8.8\angle -7°\ V = 440\angle -97° V$

$u_R = 176\sqrt{2}\sin(314t - 7°) V$

$u_L = 572\sqrt{2}\sin(314t + 83°) V$

$u_C = 440\sqrt{2}\sin(314t - 97°) V$

(3) $P = UI\cos\varphi = 220 \times 8.8\cos 37°\ W = 1\ 548.8\ W$

$Q = UI\sin\varphi = 220 \times 8.8 \times \sin 37°\ var = 1\ 161.6\ var$

4.6.4 自己动手练一练

判断下列表达式是否正确（对于 RLC 串联电路）。

(1) $U = U_R + U_L + U_C$；

(2) $U = \sqrt{U_R^2 + (U_L - U_C)^2}$；

(3) $\dot{U} = \dot{U}_R + \dot{U}_L + \dot{U}_C$；

(4) $Z = R + X_L - X_C$；

(5) $Z = R + jX_L - jX_C$。

4.7 阻抗的串联与并联

在交流电路中，阻抗不是一个相量，而仅仅是一个复数形式的数学表达式。

其表达式为

$$Z = R + jX = |Z|\angle\varphi \tag{4-26}$$

阻抗的实部为“电阻”，虚部为“电抗”，它表达了电路中的电压与电流之间的关系。阻抗的幅角 φ 表示了电压与电流的相位差。

$|Z|$称为阻抗模，它为电路中电压与电流的有效值之比。

4.7.1 阻抗的串联

图 4-26 所示为两个阻抗元件的串联电路。

由 KVL 可得

$$\dot{U} = \dot{U}_1 + \dot{U}_2 = Z_1\dot{I} + Z_2\dot{I} = (Z_1 + Z_2)\dot{I}$$

故两个阻抗串联可用一个等效阻抗来代替，即

$$Z = Z_1 + Z_2 \tag{4-27}$$

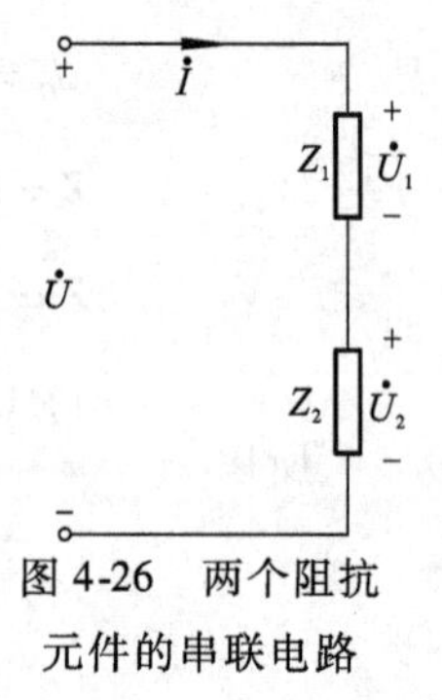

图 4-26　两个阻抗元件的串联电路

通常情况下，交流电路中，$U_1 + U_2 \neq U$，应使用相量式 $\dot{U}_1 + \dot{U}_2 = \dot{U}$。同样地，$|Z| \neq |Z_1| + |Z_2|$，应使用复数运算式 $\mathbf{Z} = \mathbf{Z}_1 + \mathbf{Z}_2$。

可见，在阻抗串联电路中，等效阻抗是电路中所有元件阻抗之和，即

$$Z = \sum Z_k = \sum R_k + j\sum X_k$$

而阻抗模之和不等于等效阻抗的模。

$$|Z| \neq \sum |Z_k|$$

上式 X_k 中的 X_L 为正值，X_C 为负值。

4.7.2 阻抗的并联

如图 4-27 所示，为两个阻抗元件的并联电路。由 KCL 可得

$$\dot{I} = \dot{I}_1 + \dot{I}_2 = \frac{\dot{U}}{Z_1} + \frac{\dot{U}}{Z_2} = \dot{U}\left(\frac{1}{Z_1} + \frac{1}{Z_2}\right)$$

故两个阻抗并联可用一个等效阻抗来代替，即

$$\frac{1}{Z} = \frac{1}{Z_1} + \frac{1}{Z_2} \quad 或 \quad Z = \frac{Z_1 \cdot Z_2}{Z_1 + Z_2} \qquad (4\text{-}28)$$

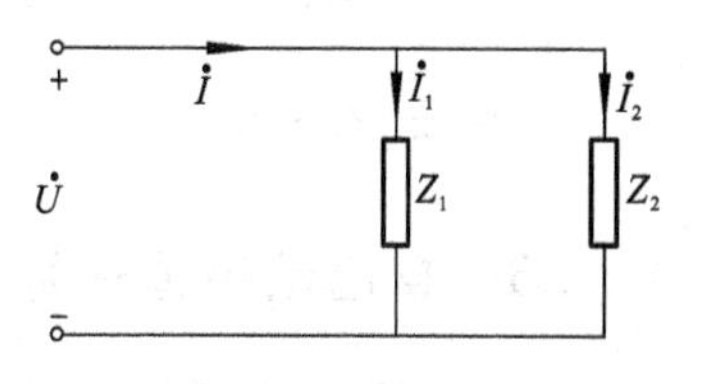

图 4-27　两个阻抗元件的并联电路

通常情况下，正弦交流电路中，$I \neq I_1 + I_2$，应使用相量式 $\dot{I} = \dot{I}_1 + \dot{I}_2$。

因此
$$\frac{U}{|Z|} \neq \frac{U}{|Z_1|} + \frac{U}{|Z_2|}$$

同样
$$\frac{1}{|Z|} \neq \frac{1}{|Z_1|} + \frac{1}{|Z_2|}$$

可见，在阻抗并联电路中，只有等效阻抗的倒数才等于各个阻抗的倒数之和。即

$$\frac{1}{Z} = \sum \frac{1}{Z_k}$$

从上面的推导可知，阻抗的串并联等效，其换算方法与纯电阻的串并联等效的换算方法是相近似的。不同的是阻抗是一种复数运算，而纯电阻是一种实数运算。

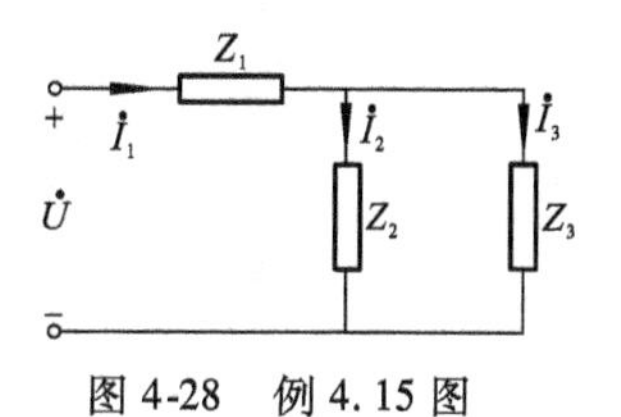

图 4-28　例 4.15 图

【例 4.15】 电路如图 4-28 所示，已知：$\dot{U} = 100\angle 0°$ V，$Z_1 = \left(\frac{3}{14} + \mathrm{j}\frac{3}{14}\right)\Omega$，$Z_2 = (3 + \mathrm{j}4)\Omega$，$Z_3 = (4 + \mathrm{j}3)\Omega$。试求等效阻抗 Z 和各支路电流。

解：（1）$Z_1 = \left(\frac{3}{14} + \mathrm{j}\frac{3}{14}\right)\Omega = \frac{3}{14}\sqrt{2}\angle 45°\ \Omega$

$$Z_2 = (3 + \mathrm{j}4)\Omega = 5\angle 53°\ \Omega$$

$$Z_3 = (4 + \mathrm{j}3)\Omega = 5\angle 37°\ \Omega$$

$$\begin{aligned}
Z &= Z_1 + \frac{Z_2 Z_3}{Z_2 + Z_3} = \left(\frac{3}{14} + \mathrm{j}\frac{3}{14} + \frac{5\angle 53° \times 5\angle 37°}{3 + \mathrm{j}4 + 4 + \mathrm{j}3}\right)\Omega \\
&= \left(\frac{3}{14} + \mathrm{j}\frac{3}{14} + \frac{25\angle 90°}{7\sqrt{2}\angle 45°}\right)\Omega \\
&= \left(\frac{3}{14} + \mathrm{j}\frac{3}{14} + \frac{25}{14}\sqrt{2}\angle 45°\right)\Omega \\
&= \left(\frac{3}{14} + \mathrm{j}\frac{3}{14} + \frac{25}{14} + \mathrm{j}\frac{25}{14}\right)\Omega \\
&= (2 + \mathrm{j}2)\Omega \\
&= 2\sqrt{2}\angle 45°\ \Omega
\end{aligned}$$

（2） $\dot{I}_1=\dfrac{\dot{U}}{Z}=\dfrac{100\angle 0°}{2\sqrt{2}\angle 45°}\text{ A}=25\sqrt{2}\angle -45°\text{ A}$

$$\dot{I}_2=\frac{Z_3}{Z_2+Z_3}\dot{I}=\frac{5\angle 37°}{7\sqrt{2}\angle 45°}\times 25\sqrt{2}\angle -45°\text{ A}$$

$$=\frac{125}{7}\angle -53°\text{ A}$$

4.7.3 自己动手练一练

1. 计算图 4-29 所示两电路的等效阻抗。

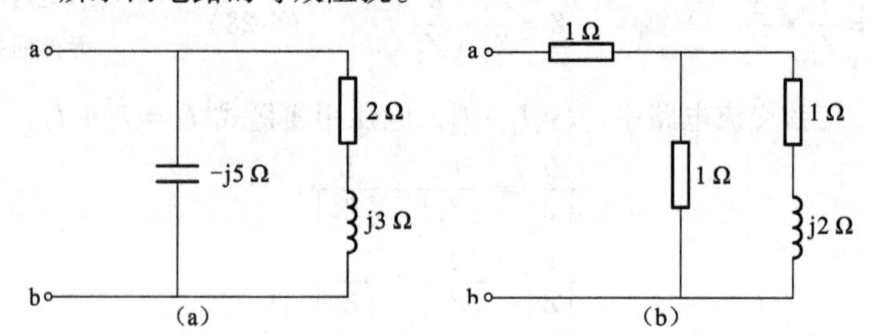

图 4-29 第 1 题图

2. 电路如图 4-30 所示，已知：$R=X_L=X_C$，电流表 A_3 的读数为 3 A，求 A_1、A_2 的读数。

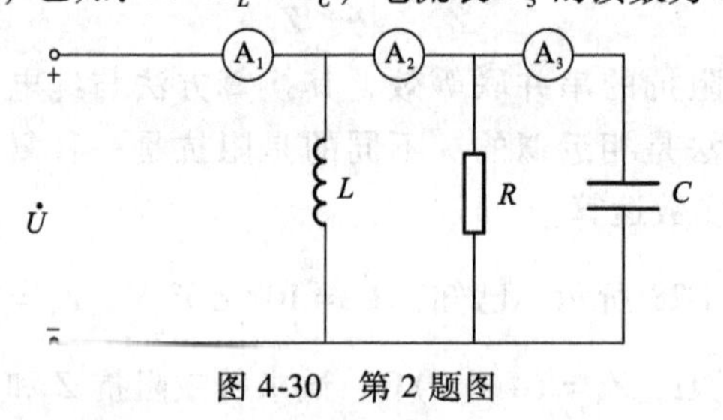

图 4-30 第 2 题图

4.8 电路的谐振及功率因数的提高

在含有电阻、电感和电容的电路中，一般情况下其等效阻抗均为复数。在正弦量的作用下，当等效阻抗由复数转变为实数时，我们称电路发生了谐振。此时，端口电压与端子电流的相位相同，即 $\varphi=\varphi_u-\varphi_i=0$。谐振是阻抗电路中特有的现象，应给予重视。

4.8.1 串联谐振

在图 4-31 中，RLC 串联电路，其阻抗为

$$Z=R+\text{j}\ (X_\text{L}-X_\text{C})=R+\text{j}\left(\omega L-\frac{1}{\omega C}\right)$$

随着电压信号的角频率发生改变，感抗和容抗也会随之改变。当 $X_L=X_C$ 时，电源电压与电流相位相同，电路发生谐振。此时电路的频率称为谐振频率，用 f_0 表示。

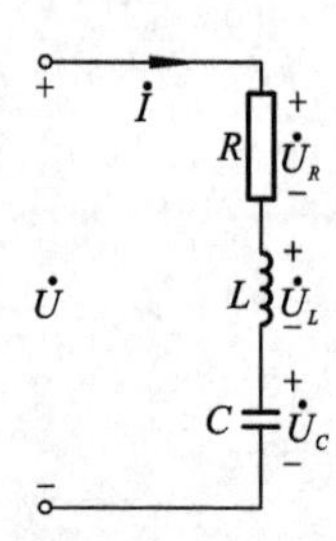

图 4-31 RLC 串联电路

$$X_L = X_C$$

即

$$\omega L = \frac{1}{\omega C}$$

所以

$$\omega_0 = \frac{1}{\sqrt{LC}}$$

$$f_0 = \frac{\omega_0}{2\pi} = \frac{1}{2\pi\sqrt{LC}} \tag{4-29}$$

电路发生串联谐振时的特点：

（1）电路的阻抗模最小，电流达到最大。

$$|Z| = \sqrt{R^2 + (X_L - X_C)^2} = R$$

（2）电路对电源呈现电阻性。

（3）$U_L = U_C$，且相位相反，两者相互抵消，对整个电路不起作用。电容与电感上能量相互转换，电源与电路之间不发生能量的互换，但 U_L 和 U_C 的单独作用往往不可忽略。

当 $X_L = X_C > R$ 时，电容上电压和电感上电压都高于电源电压，甚至可能超过许多倍，因此，串联谐振又称为电压谐振。由于电容、电感元件上的电压可能会远远高于电源电压，在很多场合，要避免谐振的发生。如在电力系统中，过高的电压可能击穿电气设备的绝缘，造成设备的损坏引起系统故障。

4.8.2 并联谐振

并联电路的阻抗通常也是复数。当阻抗由复数变为实数时，电路发生谐振。

谐振时电路参数的特点是：

（1）电路的阻抗模最大，电流最小。

（2）电路对电源呈现电阻性。

（3）$I_L = I_C$，且相位相反，两者相互抵消，对整个电路不起作用。电容与电感上能量相互转换，电源与电路之间不发生能量的互换。但 I_L 和 I_C 的单独作用往往不可忽略。因此并联谐振又称为电流谐振。

4.8.3 功率因数

在正弦交流电路中，为了描述电路"实际"消耗的功率以及"占用"功率的大小，引入功率因数的概念，通常将有功功率与视在功率的比值称为功率因数，用 λ 表示。

$$\lambda = \cos\varphi = \frac{P}{S}$$

式中：φ 称为阻抗角；$\cos\varphi$ 称为电路的功率因数。

在纯电阻电路中，阻抗为实数，阻抗角为 0。功率因数 $\cos\varphi = 1$。而在交流电路中，一般负载多为电感性负载。例如常用的交流感应电动机、日光灯等。通常它们的功率因数都比较低。交流感应电动机在额定负载时功率因数约在 0.8 ~ 0.85，轻载时只有 0.4 ~ 0.5，空载时更低，仅为 0.2 ~ 0.3，不装电容器的日光灯的功率因数为 0.45 ~ 0.60。功率因数低会引起电源利用率低下的不良后果。

4.8.4 功率因数提高的意义

（1）功率因数过低会造成供电设备（电源设备）的容量得不到充分利用。

电源设备（如变压器、发电机）的容量也就是视在功率，是依据其额定电压与额定电流设计的。例如一台 800 kV·A 的变压器，若负载功率因数 $\cos\varphi = 0.9$ 时，变压器可输出 720 kW 的有功功率；若负载的功率因数 $\cos\varphi = 0.5$ 时，则变压器就只能输出 400 kW 的有功功率。因此，负载的功率因数低时，电源设备的容量就得不到充分利用。

（2）功率因数过低还会增加供电设备和输电线路上的功率损耗。

若用电设备在一定电压与一定功率之下运行，当功率因数高时，线路上电流就小，反之，当功率因数低时，线路上电流就大，线路电阻中与设备绕组中的功率损耗也就越大，同时线路上的电压降也就增大，会使负载上电压降低，从而影响负载的正常工作。

我们日常生活和生产中的用电设备，电感性负载所占比重很大。例如，使用非常广泛的荧光灯、电动机、电焊机、电磁铁、接触器等都是电感性负载，因此提高设备的功率因数对国民经济有着十分重要的意义。

我国供电规则中要求：高压供电企业的功率因数应不低于 0.95，其他用电单位不低于 0.9。

提高功率因数可以从两个方面加以考虑，一方面提高自然功率因数，主要办法是改进电动机的运行条件，合理选择电动机的容量，或采用同步电动机等措施。另一方面是采用人工补偿，也叫无功功率补偿。即在感性电路中，人为地并联电容性负载，利用电容负载的电流超前来补偿电流滞后的电感性电流，从而达到提高功率因数的目的。

小　结

（1）正弦交流电的基本概念，瞬时值表达式。

（2）正弦交流电的三要素：最大值、角频率、初相位。

（3）有效值与初相位的概念，相位超前、滞后的判别。

$$U = \frac{1}{\sqrt{2}}U_m,\quad I = \frac{1}{\sqrt{2}}I_m$$

$0 < \Delta\varphi < \pi$	超前
$-\pi < \Delta\varphi < 0$	滞后
$\Delta\varphi = 0$ 或 $\Delta\varphi = 2\pi$	同相
$\Delta\varphi = \pi$ 或 $\Delta\varphi = -\pi$	反相

（4）相量表示法，相量的运算

$$\dot{I} = I\angle\varphi \qquad \dot{U} = U\angle\varphi$$

相量的相加减可采用代数相加减，也可用“平行四边形法则”运算。相量相乘除，可以使用指数形式或极坐标形式进行运算。

（5）相量形式的欧姆定律

$$\dot{U}_R = R\dot{I}_R \qquad \dot{U}_L = jX_L\dot{I}_L \qquad \dot{U}_c = -jX_c\dot{I}_c$$

其中，$X_L = \omega L$，$X_C = \dfrac{1}{\omega C}$，分别称为感抗和容抗。

（6）R、L、C 元件上交流电压与电流的关系

R 元件上 u_R 与 i_R 同频同相。

L 元件上 u_L 与 i_L 同频，u_L 超前 $i_L 90°$。

C 元件上 u_C 与 i_C 同频，u_C 滞后 $i_C 90°$。

（7）有功功率、无功功率、视在功率、功率因数

$$P = U_R I_R,\ Q_L = U_L I_L,\ Q_C = U_C \cdot I_C$$

$$Q = Q_L - Q_C$$

$$S = \sqrt{P^2 + Q^2}$$

$$\cos\varphi = \frac{P}{S}$$

（8）电路的谐振

当电路中的阻抗变为纯电阻时，电路就发生了谐振。

$$Z = R + \mathrm{j}X \qquad X \to 0$$

此时

$$X_L = X_C$$

$$\omega_0 = \frac{1}{\sqrt{LC}}$$

$$f_0 = \frac{1}{2\pi\sqrt{LC}} \qquad （f_0 \text{ 称为谐振频率}）$$

习　题　四

1. 已知一正弦电压的最大值为 311 V，频率为 50 Hz，初相位为 $-\frac{\pi}{4}$，试写出其解析式，并绘出该正弦电压的波形图。

2. 已知一正弦电流的解析式为 $i = 10\sqrt{2}\sin\left(100\pi t - \frac{\pi}{3}\right)$ A，试写出其振幅、角频率、频率、周期和初相位。

3. 已知 $u = 220\sqrt{2}\sin\left(314t + \frac{\pi}{3}\right)$ V。当纵坐标向左移 $\frac{\pi}{6}$ 或向右移 $\frac{\pi}{6}$ 时，其初相位各为多少？

4. 已知 $i = 100\sin(\omega t + 30°)$ A，$u = 220\sin(\omega t - 30°)$ V，试求它们的最大值和有效值。

5. 将下列复数写成极坐标形式：

（1）$3 + \mathrm{j}4$　　（2）$-4 + \mathrm{j}3$　　（3）$6 - \mathrm{j}8$

（4）$-10 - \mathrm{j}10$　　（5）$\mathrm{j}10$　　（6）10

6. 写出下列各正弦量对应的相量

（1）$u_1 = 220\sqrt{2}\sin(\omega t + 120°)$ V

（2）$i_1 = 10\sqrt{2}\sin(\omega t + 60°)$ A

7. 已知正弦交流电的频率为 $f = 50$ Hz，写出下列相量对应的正弦量的表达式

（1）$\dot{U} = 100\angle\frac{\pi}{6}$ V　　（2）$\dot{I} = 10\angle -50°$ A

8. 已知两复数 $Z_1 = 8 + \mathrm{j}6$，$Z_2 = 10\angle -60°$，求：$Z_1 +$

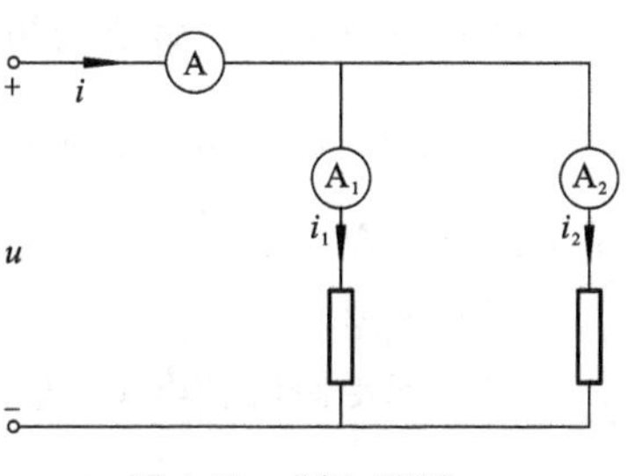

图 4-32　题 9 示图

Z_2、Z_1Z_2、Z_1/Z_2。

9. 已知 $i_1=20\sin\omega t$A，$i_2=20\sin(\omega t+90°)$ A。电路如图4-32所示，求：

（1）$\dot{I}_1$，$\dot{I}_2$，$\dot{I}_3$；

（2）各电流表的读数。

（3）画出电流相量图。

10. 已知：$u_1=220\sqrt{2}\sin(\omega t+60°)$ V，$u_2=220\sqrt{2}\sin(\omega t+30°)$ V，试作 $\dot{U}_1$和 $\dot{U}_2$的相量图，并求 $\dot{U}_1+\dot{U}_2$、$\dot{U}_1-\dot{U}_2$。

11. 两个同频率的正弦电压的有效值分别为30 V和40 V。试求：

（1）什么情况下，$\dot{U}_1+\dot{U}_2$的有效值为70 V？

（2）什么情况下，$\dot{U}_1+\dot{U}_2$的有效值为50 V？

（3）什么情况下，$\dot{U}_1+\dot{U}_2$的有效值为10 V？

12. 在电阻 $R=20\ \Omega$ 的两端施加电压 $u=100\sin(314t+60°)$ V，写出电阻上电流的解析式，并作出电压和电流的相量图。

13. 在电感 $L=0.2$ H 的两端施加电压 $u=220\sqrt{2}\sin(100t-30°)$ V，选定 u，i 参考方向一致，试求通过电感的电流 i，并绘出电流和电压的相量图。

14. 在电容 $C=50\ \mu$F 的两端施加电压 $u=220\sqrt{2}\sin(1\,000t+30°)$ V，选定 u、i 参考方向一致，试求通过电容的电流 i，并绘出电流和电压的相量图。

15. 图4-33所示电路中，已知电流表 A_1、A_2 的读数均为20 A，求电路中电流表A的读数。

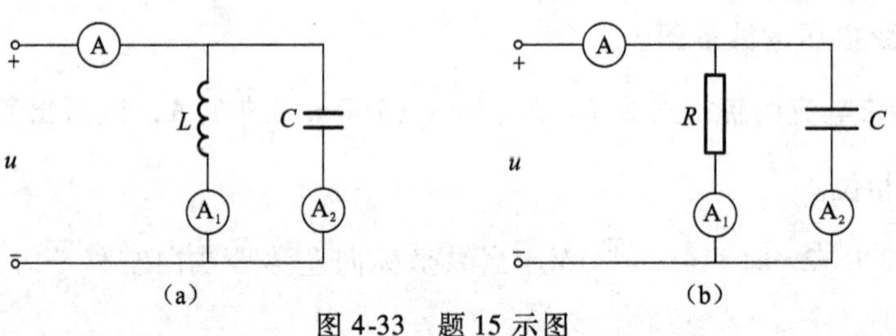

图4-33　题15示图

16. 在 *RLC* 串联电路中，已知 $R=10\ \Omega$，$X_L=5\ \Omega$，$X_C=15\ \Omega$，$u=200\sqrt{2}\sin(\omega t+30°)$ V。试求：

（1）此电路的复阻抗 Z，并说明电路的性质；

（2）电流 $\dot{I}$ 和电压 $\dot{U}_R$、$\dot{U}_L$、$\dot{U}_C$

（3）绘出电压，电流的相量图。

17. 已知 *RLC* 串联电路中，$R=10\ \Omega$，$X_L=15\ \Omega$，$X_C=5\ \Omega$，其中电流 $\dot{I}=2\angle 30°$A，试求：（1）总电压 $\dot{U}$；

（2）$\cos\varphi$；

（3）该电路的功率 P、Q、S。

第 5 章 三相正弦交流电路

学习目标

- 了解对称三相交流电源电路的基本组成、功能和特点。
- 了解三相电动势的表达式，相量图的形式。
- 了解三相电源的连接方式：三相四线制、三相三线制。
- 掌握星形连接的相电压、线电压，相电流、线电流的关系。
- 理解在星形连接中零线的重要性。
- 掌握三角形连接的相电压、线电压，相电流、线电流的关系。
- 学会用相量法求解三相对称电路。
- 了解三相电路的有功功率、无功功率、视在功率及功率因数的计算。

引导提示

工程上把三个幅值相等、频率相同、初相位依次相差 120° 的正弦交流电源所组成的供电系统称为三相交流电源。把三相交流电源与三组负载按照特定的方式连接组成的电路称为三相电路。目前，供电系统几乎全部采用三相正弦交流电。

本章主要介绍三相对称电源、相电压和线电压、相电流和线电流的关系，对称三相负载的连接方式、三相功率和安全用电等问题。

5.1 对称三相正弦交流电源

观察与思考

与单相交流电路相比较，三相交流电在发电、输电和用电等方面具有许多优点：

① 在尺寸相同的情况下，三相发电机输出的功率比单相发电机的功率要大。即同等材料制造的三相交流电机比单相交流电机容量大。

② 传输电能时，在电气指标相同的情况下，输送同样的电能三相输电线比单相输电线可节省 25% 的有色金属，且线路损耗较单相输电少。

③ 三相交流发电机、变压器等设备较单相交流电相关设备省材料，而且结构较简单，性能良好。因此，目前世界各国电力系统采用的供电方式几乎都是三相制。

5.1.1 三相电动势的产生

三相交流电一般由三相交流发电机产生，发电机由定子和转子（定子和转子内都有线圈与铁心）组成，如图 5-1 所示，定子中有 3 个相同的绕组，3 个绕组的首端分别用 A、B、C 表示，末端用 X、Y、Z 表示。3 个绕组空间位置相差 120°，装有磁极的转子以角速度 ω

旋转，于是三个线圈中便产生了三个幅值相同、频率相同、相位相差 120°的单相电动势。可表示为：

$$\begin{cases} e_A = E_m \sin\omega t \\ e_B = E_m \cdot \sin\ (\omega t - 120°) \\ e_C = E_m \cdot \sin\ (\omega t + 120°) \end{cases} \tag{5-1}$$

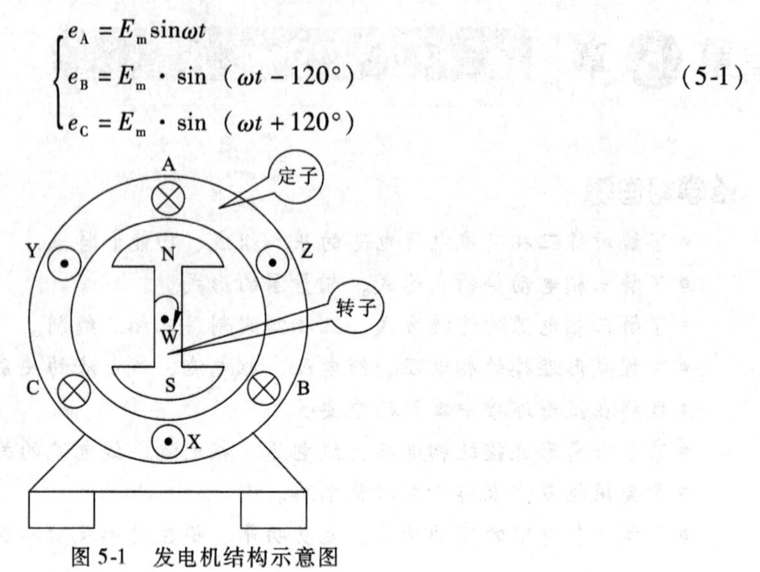

图 5-1　发电机结构示意图

用相量形式可表示为

$$\dot{E}_A = E\angle 0°,\ \dot{E}_B = E\angle -120°,\ \dot{E}_C = E\angle +120°。$$

其波形图和相量图如图 5-2 所示。

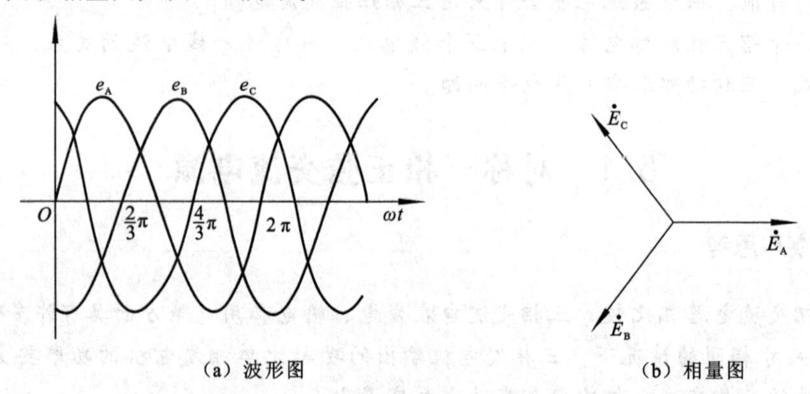

（a）波形图　　（b）相量图

图 5-2　三相交流电源波形图和相量图

三相交流发电机的 3 个绕组共同绕制在一个电枢上，每个绕组称为一相，每相电源的有效值均相同，称为相电压，用 U_p 表示，每相电源的频率也相同，相位差各相差 120°，这三个相电压的瞬时值表达式为：

$$\begin{cases} u_a(t) = \sqrt{2}\,U_P \sin\omega t \\ u_b(t) = \sqrt{2}\,U_P \sin(\omega t - 120°) \\ u_c(t) = \sqrt{2}\,U_P \sin(\omega t + 120°) \end{cases} \tag{5-2}$$

称这一组电压为三相对称电压。其相量表达式为

$$\dot{U}_a = U_p\angle 0°,\ \dot{U}_b = U_p\angle -120°,\ \dot{U}_c = U_p\angle 120° \tag{5-3}$$

图 5-3（a）所示为三相对称电源。图 5-3（b）所示为三相对称电压的相量图。

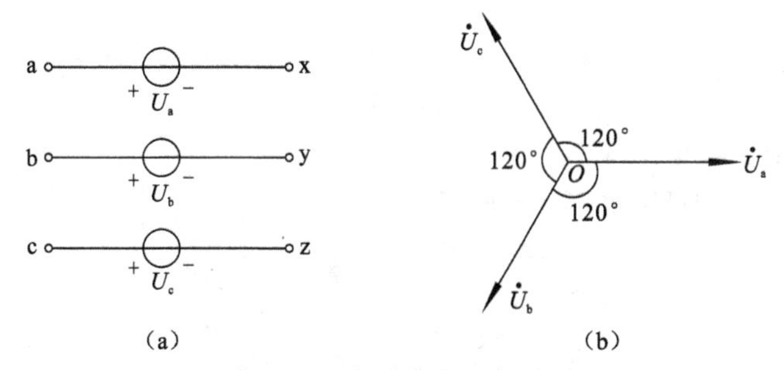

图 5-3　三相对称电源相量图

三相交流电的相位上的先后次序称为相序，指的是三相交流电达到最大值或过零的先后顺序。在应用中常采用 A－B－C 的顺序作为交流电的正相序，反之则称为逆序。三相电源的引出端通常用黄、绿、红三种颜色表示 A、B、C 三相。有些用电设备对相序有严格要求，在应用中应该注意这点。如三相异步电动机，改变交流电源的相序后电动机会反转，若是不可逆转的机械设备，改变电机相序会发生故障。

在实际应用中，作为三相交流电源的一般有三相交流发电机和三相配电变压器，它们均可向负载提供三相交流电。

5.1.2　三相交流电源的星形（Y）连接

1. 三相四线制

若将三个绕组的末端 X、Y、Z 连接在一起（见图 5-4）成为公共点 O，这种连接方式称为电源的星形连接。其中，连接点称为中性点（或零点），由中性点引出的线称为中性线（又称零线），由始端 a、b、c 引出的三根线与输出线相连接，称为端线或相线（俗称火线）。共有三相对称电源，四根引出线，因此这种电源连接方式习惯上称之为三相四线制。

2. 相电压、线电压及参考方向

相线与中性线之间的电压，称为相电压。即每相绕组的始端与末端间的电压，其有效值用 U_a、U_b、U_c 表示（或用 U_p 表示）。

任意两根相线间的电压，称为线电压。即绕组始端之间的电压，其有效值用 U_{ab}、U_{bc}、U_{ca}表示（或用 U_l 表示）。

在图 5-4 所示电路中，选定中性点作为参考点，相电压的参考方向为绕组的始端指向末端（中性点）。线电压的参考方向用双下标来表示，如 U_{ab}是指由 a 端指向 b 端。

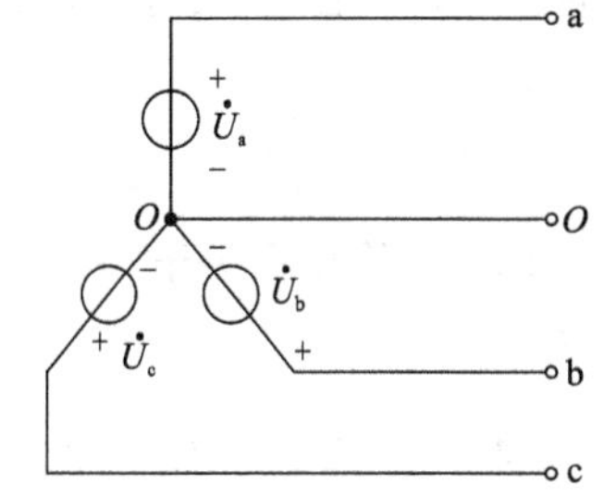

图 5-4　三相四线制电源示意图

3. 相电压与线电压的关系

三相电源星形联结时，相电压 U_p 显然不等于线电压 U_l。由图 5-5 所得

$$\dot{U}_{ab}=\dot{U}_a-\dot{U}_b=U_p\angle 0°-U_p\angle -120°=\sqrt{3}U_p\angle 30°$$

$$\dot{U}_{bc}=\dot{U}_b-\dot{U}_c=\sqrt{3}U_p\angle -90°$$

$$\dot{U}_{ca}=\dot{U}_c-\dot{U}_a=\sqrt{3}U_p\angle 150°$$

由此可见：相电压是对称的，同样线电压也是对称的；线电压的有效值是相电压有效值的$\sqrt{3}$倍。

$$U_l = \sqrt{3}\, U_p \tag{5-4}$$

线电压超前对应的相电压30°。

相电压与线电压的相量图如图5-5所示。

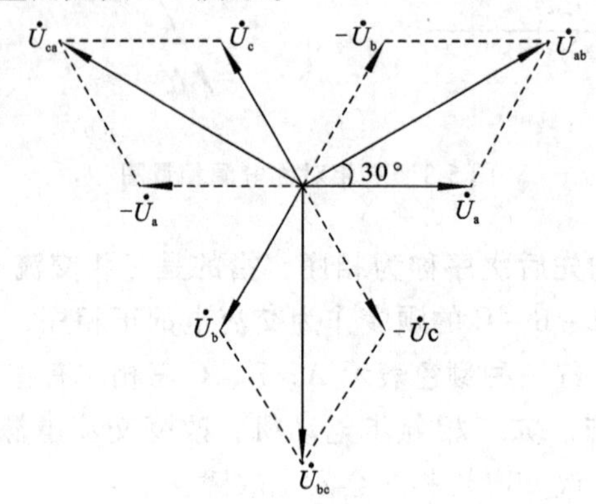

图5-5 三相电源星形连接相电压与线电压的相量图

5.1.3 三相交流电源的三角形（△）连接

1. 三相三线制

将三相电源的三个绕组的始末端顺次相连接，即x与b，y与c，z与a相连接，这样就得到一个闭合环路。再从这三个连接点引出三条端线（称为相线，俗称火线）就构成三相电源的三角形连接（△连接）。如图5-6所示。这种联结方式只有三根相线，称这种联结方式为三相三线制。

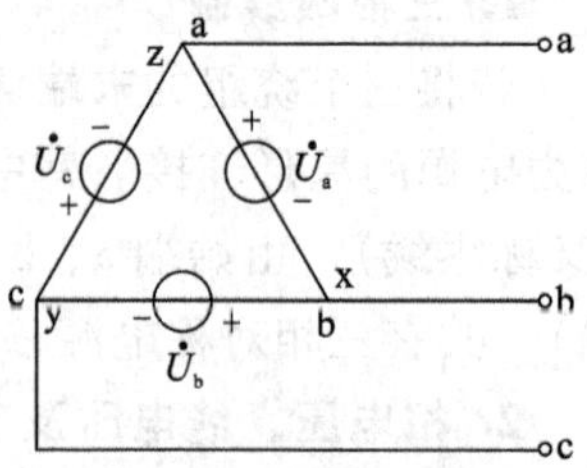

图5-6 三相电源的三角形连接

2. 相电压与线电压的关系

这种连接方式使得每一个绕组的两端都成为端线（或称火线），这样每一个绕组两端的电压既是相电压，又是线电压。即

$$\dot{U}_a = \dot{U}_{ab},\ \dot{U}_b = \dot{U}_{bc},\ \dot{U}_c = \dot{U}_{ca}$$

此时，线电压等于相电压，即

$$U_l = U_p \tag{5-5}$$

5.1.4 自己动手练一练

1. 什么是三相四线制、三相三线制？
2. 如何用万用表确定三相四线制供电线路中的火线或零线，简述测量方法。
3. 简述三相电源星形联结时线电压和相电压的关系。
4. 简述三相电源绕组星形接法时的优点？

5.2　三相电路负载的星形连接

5.2.1　三相对称负载的星形连接

三相负载是指用三相电源供电的负载，如三相交流电动机、三相变压器等；用单相电源供电的负载称为单相负载，如单相电动机、电灯等家用电器。各种单相负载实际上也是按照一定的方式接在三相电源上的，从整体上看，可看做三相负载。三相负载的连接有星形连接和三角形连接两种，在负载与电源连接时，务必使负载额定的相电压与电源实际相电压相同，才能确保负载正常工作。

1. 对称负载

三相对称负载是指各相阻抗相同的三相负载，即阻抗模相等，阻抗角也相等。如三相交流电动机和三相配电变压器的初级绕组等。这些对称的三相负载和对称的三相电源组成的电路，称为对称三相电路。连接在三相电源上的负载，实际上是由各种单相负载和对称三相负载组成。图 5-7 所示为三相四线制低压供电系统示意图。可见，连接在变压器各相上的负载除对称的三相交流电机、三相电炉等外，还有各种单相生活用电设备，在供配电时，为使三相电源供电均衡，务必将单相负载平均分配到各相电源上。

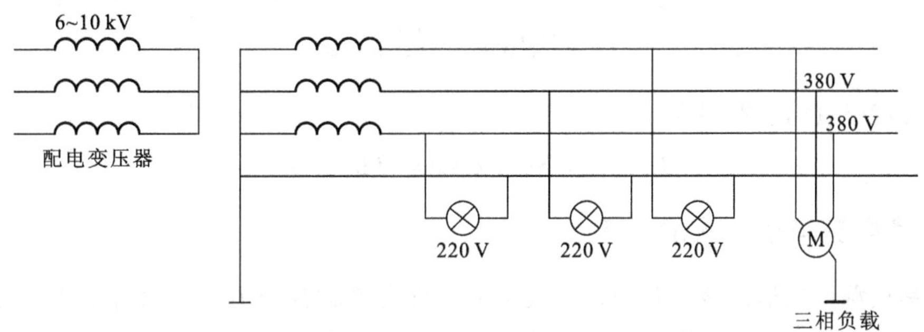

图 5-7　三相四线制供电系统示意图

2. 对称负载的星形连接

三相电路的负载由三部分组成，其中每一部分称为一相负载。若三相负载具有相同的参数，则称为对称三相负载。将对称三相负载的一端连在一起并与中线连接，另一端分别和三根相线相连的接法称为对称负载的星形连接（或称为Y形连接）。

图 5-8 所示为三相四线制Y－Y系统。

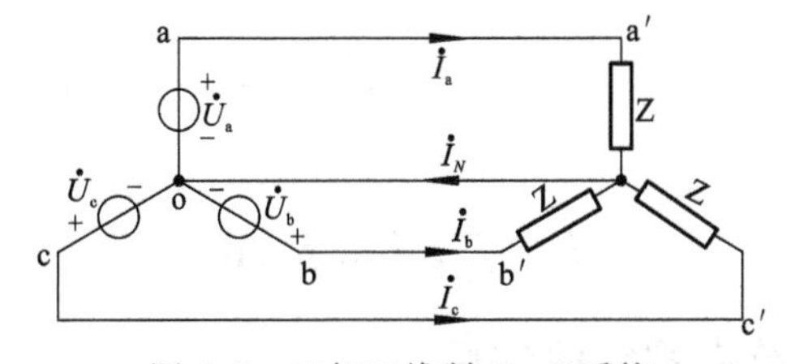

图 5-8　三相四线制 $Y-Y$ 系统

在负载的星形连接中，每相负载两端的电压等于电源的相电压，各相负载与各相电源通过零线组成独立的单相交流电路，其中三个单相交流电路都以中线作为公共线。若忽略导线阻抗，则负载的相电压与电源的相电压相等。

设负载阻抗

$$Z_a = Z_b = Z_c = Z = |Z|\angle\varphi$$

$$\dot{I}_a = \frac{\dot{U}_a}{Z_a} = \frac{\dot{U}_p\angle 0°}{|Z|\angle\varphi} = \frac{U_p}{|Z|}\angle -\varphi$$

$$\dot{I}_b = \frac{\dot{U}_b}{Z_b} = \frac{\dot{U}_p\angle -120°}{|Z|\angle\varphi} = \frac{U_p}{|Z|}\angle\ (-120° - \varphi)$$

$$\dot{I}_c = \frac{\dot{U}_c}{Z_c} = \frac{\dot{U}_p\angle 120°}{|Z|\angle\varphi} = \frac{U_p}{|Z|}\angle\ (120° - \varphi)$$

Y－Y连接的对称三相电路中，其各相都是彼此独立的，可以分别进行计算。由于三相电源和三相负载都是对称的，因而三相电流也是对称的，只须分析其中任何一相，其他两相可直接写出。

中线电流为零

$$\dot{I}_N = \dot{I}_a + \dot{I}_b + \dot{I}_c = 0$$

各相负载吸收的功率为

$$P_1 = U_p I_p \cos\varphi = \frac{U_l}{\sqrt{3}} I_l \cos\varphi \tag{5-6}$$

三相负载吸收的总功率为

$$P = 3P_1 = 3U_p I_p \cos\varphi = \sqrt{3} U_l I_l \cos\varphi$$

5.2.2 线电流与相电流的关系

在对称负载的星形连接电路中，火线上通过的电流称为线电流，用 I_l 表示；各相负载上通过的电流称为相电流，用 I_p 表示。由于负载的相电压和电源的相电压相等，各相负载对称，所以，星形连接时线电流等于相电流，即 $\dot{I}_l = \dot{I}_p$。

通过各负载的电流相量为：

$$\dot{I}_a = \frac{\dot{U}_a}{Z_a},\ \dot{I}_b = \frac{\dot{U}_b}{Z_b},\ \dot{I}_c = \frac{\dot{U}_c}{Z_c}$$

因为各相负载对称，故各相电流大小相等，相位相差 120°，以 A 相电流相量作为参考相量，则

$$\dot{I}_a = I\angle 0°,\ \dot{I}_b = I\angle -120°,\ \dot{I}_c = I\angle 120°。$$

中性线电流为

$$\dot{I}_N = \dot{I}_a + \dot{I}_b + \dot{I}_c = 0 \tag{5-7}$$

5.2.3 三相四线制系统中零线的作用

式（5-7）中，$\dot{I}_N$ 表示流过中线的电流，可见在负载对称的情况下，中线中无电流流

过，中线不起作用。实际生产应用中的三相异步电动机、三相变压器等设备，都属于对称三相负载，所以在作星形连接时，一般都不用中线。但必须注意的是，并不是所有负载对称的设备（如三相电动机）都能采用星形连接，要根据用电设备对电压的要求来决定。我国低压供电的相电压为 220 V，只有在负载的额定电压要求为 220 V 时才可以用星形接法，如果负载的额定电压要求为 380 V，则不能采用此接法。推而广之，当负载的额定电压等于电源的相电压时，负载作星形连接才能正常工作。

在居民生活用电的系统中，尽管供电部门采取了一定的配电方案使三相负载接近平衡，但总体上很难做到三相负载完全对称，这时，零线上电流虽然较小，但是不等于零，因此此时零线的作用就显得尤为重要，它既是每一相负载的回流端，同时又是三相负载的公共端。倘若零线不接或零线断路，则导致任意两相负载承受线电压，由于分压作用可能使其中之一电压超过额定电压而另一负载达不到额定电压，这样一方面负载容易烧毁，另一方面负载不能正常工作，甚至发生危险。因此，在三相四线制供电系统中，为了保证负载的正常工作，中线不可或缺，除了要求中线的阻抗尽可能小，还必须要保证中线可靠地接入电路中。禁止在中线（零线）上安装熔断器或开关，甚至还要增加零线的机械强度，常在零线内部增加细钢丝以增强其牢固程度。

【例 5.1】 已知照明电路的额定电压为 220 V，现有甲、乙、丙三栋教学楼，其照明用电功率均为 10 kW，分别接在三相交流电源上，电源线电压为 380 V。试问：

（1）3 栋教学楼的照明电路如何接入三相电源？

（2）若所有照明设备全部工作，求各相电流及中线电流。

解： 因为照明电路的额定电压为 220 V，电源线电压为 380 V，则相电压为 220 V，所以应该采用星形接法接入三相电源，即每一栋楼接入一相。又因照明电路一般都不是同时使用，所以中性线不可省略。

若所有照明设备全部使用，可视为三相对称负载，则各相负载电阻为

$$R_{\mathrm{p}}=\frac{U^2}{P}=\frac{220^2}{10\times 10^3}\ \Omega=4.84\ \Omega$$

各相负载电流为

$$I_{\mathrm{p}}=\frac{U_{\mathrm{p}}}{R_{\mathrm{p}}}=\frac{220}{4.84}\ \mathrm{A}\approx 45.5\ \mathrm{A}$$

因为三相负载对称，所以

$$\dot{I}_{\mathrm{N}}=\dot{I}_{\mathrm{a}}+\dot{I}_{\mathrm{b}}+\dot{I}_{\mathrm{c}}=0$$

由此可知，当三相负载对称时，只需要对其中一相进行分析即可，其余两相与之相同。

5.2.4　不对称三相负载

在实际工程应用中，时常会遇到三相负载参数不对称的情况，三相交流电源对外供电时，不可能做到各相负载绝对均匀；再者负载开路或短路等故障也会引起三相负载不对称。下面以一实例说明负载对称与不对称的区别。

【例 5.2】 在三相四线制供电系统中，若负载 $Z_{\mathrm{A}}=10\ \Omega$，$Z_{\mathrm{B}}=10\ \Omega$，$Z_{\mathrm{C}}=20\ \Omega$，额定电压为 220 V，负载作星形连接，三相电源相电压为 220 V，试求：

（1）负载相电流和中线电流。

（2）若中线和 A 相断开，剩余两相负载的相电压。

解：以 A 相负载作为参考量，即 $\dot{U}_A = 220\angle 0°$ V

（1）有中线时，各相负载电压即为电源相电压，则各相电流为

$$\dot{I}_A = \frac{\dot{U}_A}{Z_A} = \frac{220\angle 0°}{10} \text{ A} = 22\angle 0° \text{ A}$$

$$\dot{I}_B = \frac{\dot{U}_B}{Z_B} = \frac{220\angle -120°}{10} \text{ A} = 22\angle -120° \text{ A}$$

$$\dot{I}_C = \frac{\dot{U}_C}{Z_C} = \frac{220\angle 120°}{20} \text{ A} = 11\angle 120° \text{ A}$$

$$\dot{I}_N = \dot{I}_A + \dot{I}_B + \dot{I}_C = (22\angle 0° + 22\angle -120° + 11\angle 120°) \text{ A} = 11\angle -60° \text{ A}$$

所以，中线电流为：$I_N = 11$ A

由以上分析可见，三相负载不对称时，中线上有电流。但由于中线的存在，使得电源中心点和负载中心点等电位，所以负载上的电压是对称的 220 V，负载能够正常工作。

（2）若中线和 A 相断开后，电路可等效为 Z_B 和 Z_C 串联，在 Z_B 和 Z_C 串联的 B 相和 C 相之间，$U_{BC} = 380$ V。则

$$U_{BO} = \frac{10}{10+20} \times 380 \text{ V} \approx 127 \text{ V}, \quad U_{OC} = \frac{20}{10+20} \times 380 \text{ V} \approx 253 \text{ V}$$

可见，C 相负载电压超过其额定电压 220 V，有损坏电器的危险，而 B 相负载电压低于其额定电压，不能正常工作。中线断开后，大电阻负载所承受的相电压超过额定电压，而小电阻负载相电压小于额定电压，均不能正常工作，甚至可能损坏设备。因此在不对称的负载电路中，中线起着均衡各相电压的作用，保证各相负载正常工作。所以中线不可断开，更不能在中线上安装开关和保险装置。

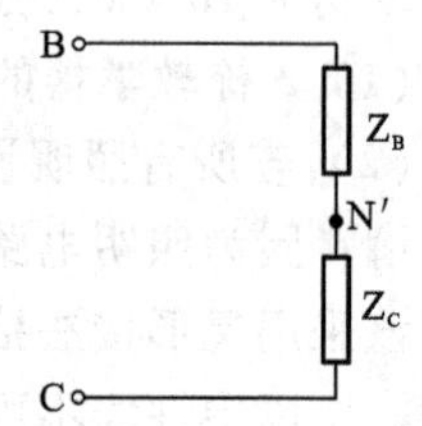

图 5-9　不对称负载，中线和 A 相断线后的等效电路

5.2.5　自己动手练一练

1. 负载星形连接时，中线上一定没有电流吗？什么情况下没有电流？若中线上没有电流，中线是否可以省略？

2. 若 1、2、3 号教学楼的照明电路功率相等，它们应该如何接入电源？对电源来说，是否可以称为对称负载？

3. 对于三相对称负载，采用何种接法接入电源的判断依据是什么？

5.3　三相电路负载的三角形连接

将三相负载分别接在三相电源的每两根相线之间的接法，称为三相负载的三角形（△形）连接，如图 5-10 所示。由于三角形连接的各相负载接在两根相线之间，因此负载的相电压就是电源的线电压。

5.3.1　负载的三角形连接

图 5-10 所示为三相三线制Y－△系统。

设负载阻抗

$$Z = |Z|\angle\varphi$$

$$\dot{U}_{ab} = U_1\angle 0°$$

$$\dot{U}_{bc} = U_1\angle -120°$$

$$\dot{U}_{ca} = U_1\angle 120°$$

所以

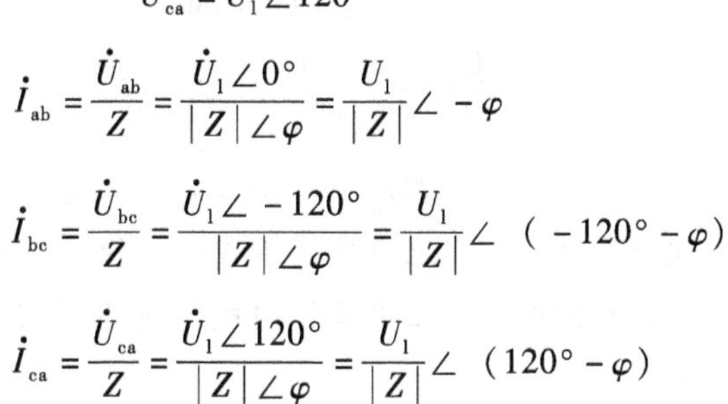

$$\dot{I}_{ab} = \frac{\dot{U}_{ab}}{Z} = \frac{\dot{U}_1\angle 0°}{|Z|\angle\varphi} = \frac{U_1}{|Z|}\angle -\varphi$$

$$\dot{I}_{bc} = \frac{\dot{U}_{bc}}{Z} = \frac{\dot{U}_1\angle -120°}{|Z|\angle\varphi} = \frac{U_1}{|Z|}\angle(-120° - \varphi)$$

$$\dot{I}_{ca} = \frac{\dot{U}_{ca}}{Z} = \frac{\dot{U}_1\angle 120°}{|Z|\angle\varphi} = \frac{U_1}{|Z|}\angle(120° - \varphi)$$

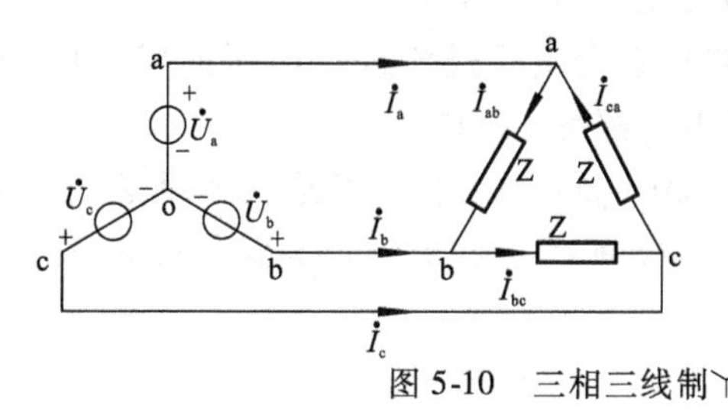

图 5-10　三相三线制Y－△系统

线电流分别为

$$\dot{I}_a = \dot{I}_{ab} - \dot{I}_{ca}$$

$$\dot{I}_b = \dot{I}_{bc} - \dot{I}_{ab}$$

$$\dot{I}_c = \dot{I}_{ca} - \dot{I}_{bc}$$

由于负载对称，不难证明

$$I_1 = \sqrt{3}I_p \qquad 或 \qquad \dot{I}_1 = \sqrt{3}\,\dot{I}_p\angle -30°$$

Y－△连接的对称三相电路中，其各相负载的相电压等于电源的线电压。由于电源的线电压是对称的，因而各相负载的电流也是对称的，只须分析其中一相。其他两相可直接写出。

5.3.2　负载三角形连接与星形连接的应用对比

【例 5.3】 某三相对称负载，各相等效电阻为 12 Ω，感抗为 16 Ω，接在线电压为 380 V 的三相四线制电源上，试分别计算星形接法和三角形接法时的相电流、线电流，并比较分析结果。

解：（1）负载做星形连接时，因为线电压为 380 V，所以

相电压为

$$U_p = \frac{U_1}{\sqrt{3}} = \frac{380}{\sqrt{3}}\ \text{V} = 220\ \text{V}$$

相电流为

$$I_p = \frac{U_p}{|Z_p|} = \frac{220}{\sqrt{12^2 + 16^2}}\ \text{A} = \frac{220}{20}\ \text{A} = 11\ \text{A}$$

在负载的星形连接中，相电流等于线电流，所以

$$I_1 = I_p = 11\ \text{A}$$

（2）负载作三角形连接时，线电压等于相电压，所以

$$U_p = U_1 = 380\ \text{V}$$

相电流为

$$I_p = \frac{U_p}{|Z_p|} = \frac{380}{\sqrt{12^2 + 16^2}}\ \text{A} = \frac{380}{20}\ \text{A} = 19\ \text{A}$$

线电流为

$$I_1 = \sqrt{3} I_p = 1.732 \times 19\ \text{A} \approx 33\ \text{A}$$

由上述两种接法分析可知，作三角形连接时的负载端电压是作星形连接时负载端电压的$\sqrt{3}$倍，三角形连接时相电流也是星形连接时相电流的$\sqrt{3}$倍，三角形连接时火线上的电流是星形连接时的3倍。

所以，在应用中当负载的额定电压等于电源线电压时，负载需要作三角形连接。若负载额定电压等于电源相电压，作三角形连接就会由于过流或过压而损坏。必须注意的是：无特别说明的三相电源和三相负载的额定电压都是指线电压。

【例5.4】 有一个三相对称负载，$Z = (80 + \mathrm{j}60)\ \Omega$，将它们连接成星形或三角形，分别接到线电压为380 V的对称电源上，如图5-11所示。试求：线电压、相电压、线电流和相电流各是多少？

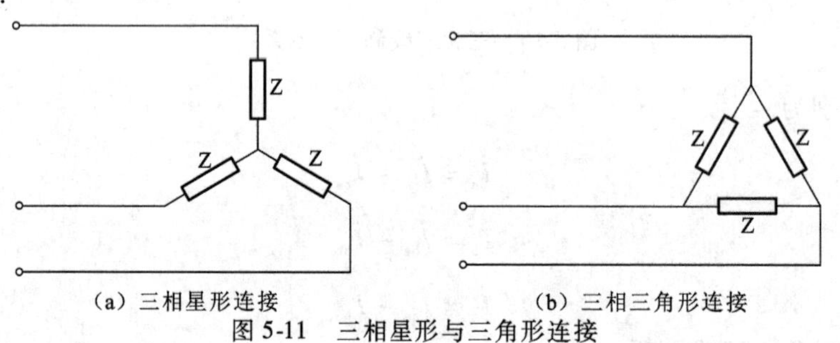

图5-11　三相星形与三角形连接

解：（1）负载作星形连接，如图5-11（a）所示，线电压为

$$U_1 = 380\ \text{V}$$

负载的相电压为线电压的$1/\sqrt{3}$，即

$$U_p = \frac{U_1}{\sqrt{3}} = \frac{380}{\sqrt{3}}\ \text{V} = 220\ \text{V}$$

负载的线电流等于相电流，即

$$I_1 = I_p = \frac{U_p}{|Z|} = \frac{220}{\sqrt{80^2 + 60^2}}\ \text{A} = \frac{220}{100}\ \text{A} = 2.2\ \text{A}$$

（2）负载作三角形连接，如图5-11（b）所示，负载的线电压为

$$U_l = 380 \text{ V}$$

负载的相电压等于线电压，即

$$U_p = U_l = 380 \text{ V}$$

负载的相电流为

$$I_p = \frac{U_p}{|Z|} = \frac{380}{\sqrt{80^2 + 60^2}} \text{ A} = \frac{380}{100} \text{ A} = 3.8 \text{ A}$$

负载的线电流为相电流$\sqrt{3}$倍，即

$$I_l = \sqrt{3} I_p = 1.732 \times 3.8 \text{ A} \approx 6.6 \text{ A}$$

通过分析可以看出，同一负载，接到同一电源上，三角形接法的线电流是星形接法线电流的 3 倍。因此，对于正常运行时是三角形接法的大功率电动机，启动时将三相绕组接成星形，而运行时再接成三角形，可以降低启动电流，这对保护设备和电源都有好处。

三相电源为星形电源，负载为星形负载，称为Y-Y连接方式；三相电源为星形电源，负载为三角形负载，称为Y-△连接方式；三相电源为三角形电源，负载为星形负载，称为△-Y连接方式；三相电源为三角形电源，负载为三角形负载，称为△-△连接方式。

在Y-Y连接方式中，如果把三相电源的中点 N 和负载的中点 N′用一条中线连接起来，称为三相四线制，其他连接方式称为三相三线制。

5.3.3　自己动手练一练

1. 三相对称电源的星形连接，A 相电源为 $u_a = 311\sin(314t + 90°)$ V。试写出其他各相电压的瞬时值表达式和各线电压的瞬时值表达式。

2. 三相对称负载采用三角形连接的三相三线制电路，线电压为 380 V，每相负载 $R = 20\ \Omega$，$X = 15\ \Omega$。求各相电压、相电流和线电流，并画出相量图。

3. 三相四线制供电线路中，三相对称电源的线电压为 380 V，每相负载的电阻值分别为：$R_a = 10\ \Omega$，$R_b = 20\ \Omega$，$R_c = 40\ \Omega$。试求：

（1）各相电流及中线电流；

（2）C 相开路时，各相负载的电压和电流；

（3）C 相和中线均断开时，各相负载的电压和电流；

（4）C 相短路，且中线断开时，各相负载的电压和电流。

*5.4　三相电路的功率

5.4.1　三相交流电路的功率计算

在单相交流电路中，有功功率 $P = UI\cos\varphi$，无功功率 $Q = UI\sin\varphi$，则视在功率 $S = UI$。因为三相交流电路可视为三个单相交流电路的组合，所以，三相交流电的有功功率可表示为

$$P = P_A + P_B + P_C = U_A I_A \cos\varphi_A + U_B I_B \cos\varphi_B + U_C I_C \cos\varphi_C$$

无功功率可表示为　　$Q = Q_A + Q_B + Q_C$

视在功率可表示为　　$S = \sqrt{P^2 + Q^2}$

其中：U_A、U_B和U_C分别为A、B、C三相的电压有效值，I_A、I_B和I_C分别为A、B、C的相电流。当负载对称时，各相电流I_p、相电压有效值U_p和功率因数$\cos\varphi$都相同，则P、Q、S可表示为

$$P = 3U_pI_p\cos\varphi$$
$$Q = 3U_pI_p\sin\varphi$$
$$S = 3U_pI_p$$

对称负载星形连接时，$U_p = \frac{1}{\sqrt{3}}U_l$，$I_p = I_l$，则

$$P = 3U_pI_p\cos\varphi = \sqrt{3}U_lI_l\cos\varphi$$

对称负载三角形连接时，$U_p = U_l$，$I_p = \frac{1}{\sqrt{3}}I_l$，则

$$P = 3U_pI_p\cos\varphi = \sqrt{3}U_lI_l\cos\varphi$$

由此可见，不论负载采用何种连接方式，总的有功功率的计算公式是相同的。同样可以推导出总的无功功率、视在功率的计算公式分别为

$$Q = 3U_pI_p\sin\varphi = \sqrt{3}U_lI_l\sin\varphi$$
$$S = 3U_pI_p = \sqrt{3}U_lI_l$$

【例5.5】 某一三相对称负载每相阻抗为$Z = 6 + j8$，接入线电压为380 V的三相电源上，试分别求出该负载为星形和三角形接法时，三相电路的功率P_Y和$P_\triangle$。

解：每相负载的阻抗为：$Z = (6 + j8)\ \Omega = 10\angle 53.1°\ \Omega$

（1）星形连接时，线电流等于相电流，相电压为220 V，则

$$I_l = I_p = \frac{U_p}{|Z|} = \frac{220}{\sqrt{6^2 + 8^2}}\ \text{A} = \frac{220}{10}\ \text{A} = 22\ \text{A}$$

则，三相总功率为
$$P_Y = 3U_pI_p\cos\varphi = \sqrt{3}U_lI_l\cos\varphi$$
$$= \sqrt{3} \times 380 \times 22 \times \cos 53.1°\ \text{W} = 8.68\ \text{kW}$$

（2）三角形连接时，相电压等于线电压为380 V，各相相电流为

$$I_p = \frac{U_p}{|Z|} = \frac{380}{\sqrt{6^2 + 8^2}}\ \text{A} = \frac{380}{10}\ \text{A} = 38\ \text{A}$$
$$I_l = \sqrt{3}I_p = \sqrt{3} \times 38\ \text{A} = 65.8\ \text{A}$$

则，三相总功率为
$$P_\triangle = 3U_pI_p\cos\varphi = \sqrt{3}U_lI_l\cos\varphi$$
$$= \sqrt{3} \times 380 \times 65.8 \times \cos 53.1°\ \text{W} = 26\ \text{kW}$$

计算结果表明，在三相电源一定时，同一负载由星形连接改为三角形连接时，负载的功率是星形连接时的3倍。所以两者接法不能相互混淆，否则会因功率过大而烧毁负载，或因功率过小而不能正常工作。

5.4.2 三相交流电路的瞬时功率计算

三相交流电路的瞬时功率是指三相交流电路在某一时刻的功率值，其值应该为各相瞬时功率之和，即

$$p = p_A + p_B + p_C$$

各相瞬时功率为各相瞬时电压和瞬时电流的乘积，即

$$p_A = u_A i_A = \sqrt{2} U_p \sin\omega t \times \sqrt{2} I_p \sin\ (\omega t - \varphi) = U_p I_p [\cos\varphi + \cos(2\omega t - \varphi)]$$

$$p_B = u_B i_B = \sqrt{2} U_p \sin\ (\omega t + 120°) \times \sqrt{2} I_p \sin\ (\omega t + 120° - \varphi)$$
$$= U_p I_p [\cos\varphi + \cos(2\omega t + 120° - \varphi)]$$

$$p_C = u_C i_C = \sqrt{2} U_p \sin\ (\omega t - 120°) \times \sqrt{2} I_p \sin\ (\omega t - 120° - \varphi)$$
$$= U_p I_p [\cos\varphi + \cos(2\omega t - 120° - \varphi)]$$

因为 $\cos\ (2\omega t - \varphi) + \cos\ (2\omega t + 120° - \varphi) + \cos\ (2\omega t - 120° - \varphi) = 0$，所以，三相交流电路的瞬时功率为

$$p = 3 U_p I_p \cos\varphi = P = 常数$$

可见，在对称三相电路中，瞬时功率就等于有功功率，是恒定的。所以在三相电动机电路中，电动机的瞬时转矩也是恒定的。因而三相电动机的运行是很稳定的。这也是三相交流电突出的优点。

5.5　安全用电

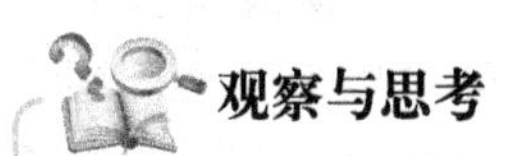
观察与思考

随着国民经济的迅速发展和人民生活水平的不断提高，电力已经成为工农业生产和人民生活中不可缺少的能源。随着用电负荷的快速增加，用电安全问题也越来越突出。这是因为电力的生产和使用有其特殊性，在生产和使用过程中如果不注意安全，就会造成人身伤亡事故和国家财产的巨大损失。因此随着电力工业的发展，安全用电的重要性日益突出，安全用电在生产领域和生活领域中更具有其特殊的重大意义。

5.5.1　电流对人体的伤害

因人体接触或接近带电体而引起烧伤或死亡的现象称为触电。根据人体受伤程度不同，触电分为电击和电伤两种。

电击是指电流通过人体，使内部器官组织受到损伤。如果受害者不能迅速摆脱带电体，则最终会导致死亡事故的发生，所以它是最危险的触电事故。电击伤人的程度，由流过人体的电流频率、电流强度，流经人体的途径，作用于人体的电压，持续时间的长短以及触电者本人的健康状况来决定。

电伤是指在电弧作用下或熔断丝熔断时对人体外部的伤害，如烧伤、金属溅伤等。

大量的触电事故资料分析和实践证实，电击所引起的伤害程度与下列各种因素有关。

1. 人体电阻的大小

人体电阻越大，通过的电流越小，伤害的程度也就越轻。研究表明，当皮肤有完好的角质外层并且很干燥时，人体电阻大约为 $10^4 \sim 10^5\ \Omega$；当角质外层被破坏时，人体电阻则降到 $800 \sim 1\ 000\ \Omega$。

2. 电流流过的时间长短

电流通过人体的时间越长，则伤害越严重。在通电电流 0.05 A 的情况下，若通电时间不超过 1 s，则不至于有生命危险。

3. 电流对人体的伤害作用

电流对人体的伤害是电气事故中最主要的事故之一。电流对人体的伤害程度与通过人体电流大小、种类、频率、持续时间，通过人体的路径及人体电阻大小等因素有关。

1） 电流大小对人体的影响

通过人体的电流越大，人体的生理反应越明显，感觉越强烈，从而引起心室颤动所需的时间越短，致命的危险性就越大。对工频交流电，按照通过人体的电流大小和人体呈现的不同状态，可将其划分为下列三种：

1） 感知电流

它是指引起人体感知的最小电流。实验表明，成年男性平均感知电流有效值约为 1.1 mA,成年女性约为 0.7 mA。感知电流一般不会对人体造成伤害，但是电流增大时，感知增强，反应变大，可能造成坠落等间接事故。

2） 摆脱电流

人触电后能自行摆脱电源的最大电流称为摆脱电流。一般男性的平均摆脱电流约为 16 mA,成年女性为 10 mA，儿童的摆脱电流较成人小。摆脱电流是人体可以忍受而一般不会造成危险的电流。若通过人体的电流超过摆脱电流且时间过长会造成昏迷、窒息，甚至死亡。因此摆脱电源的能力随时间的延长而降低。

3） 致命电流

是指在较短时间内危及生命的最小电流。当电流达到 50 mA 以上就会引起心室颤动，有生命危险；100 mA 以上，则足以致人死亡；而 30 mA 以下的电流一般不会有生命危险。不同的电流对人体的影响，如表 5-1 所示。

表 5-1　电流大小对人体的影响

电流/mA	通电时间	工频电流下的人体反应	直流电流下的人体反应
0 ~ 5	连续通电	无感觉或有麻刺感	无感觉
5 ~ 10	数分钟以内	痉挛、剧痛、但可摆脱电源	有针刺感、压迫感及灼热感
10 ~ 30	数分钟以内	迅速麻痹、呼吸困难、血压升高不能摆脱电源	压痛、刺痛、灼热感强烈并伴有抽筋
30 ~ 50	数秒钟到数分钟	心跳不规律、昏迷、强烈痉挛、心脏开始颤动	感觉强烈，剧痛并伴有抽筋
50 ~ 100	超过 3 s	昏迷、心室颤动、呼吸麻痹、心脏麻痹	剧痛、强烈痉挛、呼吸困难或麻痹

电流对人体的伤害与电流通过人体的时间长短有关。通电时间越长，因人体发热出汗和电流对人体组织的电解作用，人体电阻逐渐降低，导致通过人体的电流增大，触电的危险性亦随之增加。

如果通过人体的电流达到 1 mA，就会使人有麻木的感觉；10 mA 为摆脱电流；如果通过人体的电流在 50 mA 以上时，就有生命危险。一般说来，接触 36 V 以下的电压时，通过人体的电流不超过 50 mA，故把 36 V 的电压作为安全电压；如果在潮湿的场所，工作电流应取 5 mA 作为安全电流，安全电压通常是 24 V 或 12 V。

4. 电流通过人体的途径

电流以任何途径通过人体都可以导致人死亡。电流通过心脏、中枢神经、呼吸系统是最危险的。电流通过头部会使人昏迷，电流通过脊髓会使人瘫痪；从胸部到左手是最危险的电流途径，因为心脏、胸部、脊髓等重要器官都处于此电流途径内，很容易引起心室颤动和中枢神经失调而死亡；从右手到脚的电流途径危险要小些，但会因痉挛而摔伤；危险性最小的电流途径是从左脚到右脚，但也会因痉挛而摔倒，导致电流通过全身或引起二次事故。

5.5.2 触电方式

1. 触电类型

触电是指人体触及带电体后，电流对人体造成的伤害。它有两种类型，即电击和电伤。

1）电击

电击是指电流通过人体内部，破坏人体内部组织，影响呼吸系统、心脏及神经系统的正常功能，甚至危及生命。电击致伤的部位主要在人体内部，它可以使肌肉抽搐，内部组织损伤，造成发热发麻、神经麻痹等，严重时将引起昏迷、窒息，甚至心脏停止跳动而死亡。数十毫安频率为 50 Hz 的交变电流可使人遭到致命电击。人们通常所说的触电就是指电击，大部分触电死亡事故都是由电击造成的。

2）电伤

电伤是指电流的热效应、化学效应、机械效应及电流本身作用造成的人体伤害。电伤会在人体皮肤表面留下明显的伤痕，常见的有灼伤、烙伤和皮肤金属化等现象。电伤是人体触电事故中危害较轻的一种。

在触电事故中，电击和电伤常会同时发生。

人体触电的方式多种多样，一般分为直接触电和间接触电两种主要方式，此外还有高压电场、高频电磁场、静电感应、雷击等对人体造成的伤害。

2. 接触正常带电体

如图 5-12 所示，这时人体处于相电压之下，危险性较大。如果人体与地面的绝缘较好，危险性可以大大减小。

电源中性点不接地的单相触电如图 5-13 所示，这种触电也有危险。咋看起来，似乎电源中性点不接地时，不能构成电流通过人体的回路，其实不然。要考虑到导体与地面之间的绝缘可能不良好（对地绝缘电阻为 R'），甚至有一相接地，在这种情况下人体中就有电流通过。在交流的情况下，导体与地面间存在的电容也可构成电流的通路。

另外，两相触电最为危险，因为人体处于线电压之下，但这种情况不常见。

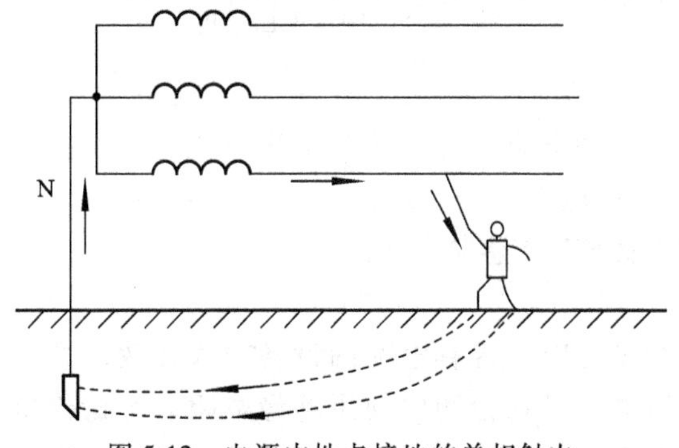

图 5-12　电源中性点接地的单相触电

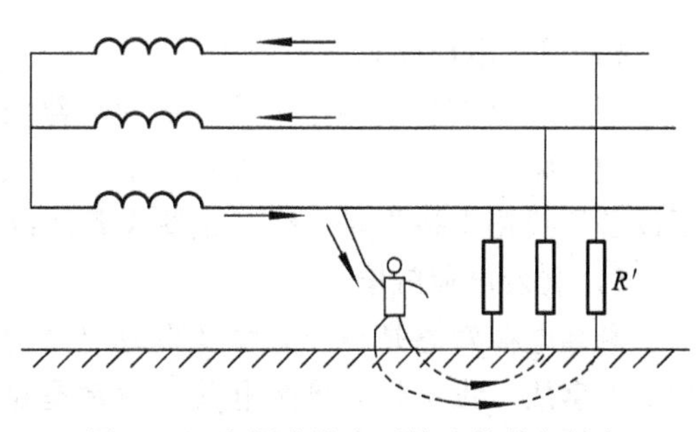

图 5-13　电源中性点不接地的单相触电

3. 接触正常不带电的部分

触电的另一种情形是接触正常不带电的部分。例如，电机的外壳本来是不带电的，由于绕组绝缘损坏而与外壳相接触，使它也带电，人手触及带电的电机外壳（或其他设备外壳），相当于单相触电，大多数触电事故都属于此类。为了防止这类触电事故发生，应对电气设备采取保护措施，常用的保护有保护接地和保护接零。

4. 人体的触电形式

1）单相触电

由于电线绝缘破损、导致金属部分外露、导线或电气设备受潮等原因使其绝缘部分的能力降低，导致站在地上的人体直接或间接与相线接触，这时电流通过人体流入大地而造成单相触电事故。

2）两相触电

两相触电是指人体两处同时触及同一电源的两相带电体，电流从一相导体流入另一相导体的触电方式，如图 5-14 所示。两相触电加在人体上的电压为线电压，所以不论电网中的中性点接地与否，其触电的危险性都很大。

3）跨步电压触电

对于外壳接地的电气设备，当绝缘层损坏而使外壳带电，或导线断落发生单相接地故障时，电流由设备外壳经接地线、接地体（或由断落导线经接地点）流入大地，向四周扩散。如果此时人站立在设备附近地面上，两脚之间也会承受一定电压，称为跨步电压。跨步电压的大小与接地电流、土壤的电阻率、设备接地电阻及人体位置有关。当接地电流较大时，跨步电压会超过允许值，发生人身触电事故。特别是在发生高压接地故障或雷击时，会产生很高的跨步电压，如图 5-15 所示。跨步电压触电也是危险性较大的一种触电方式。

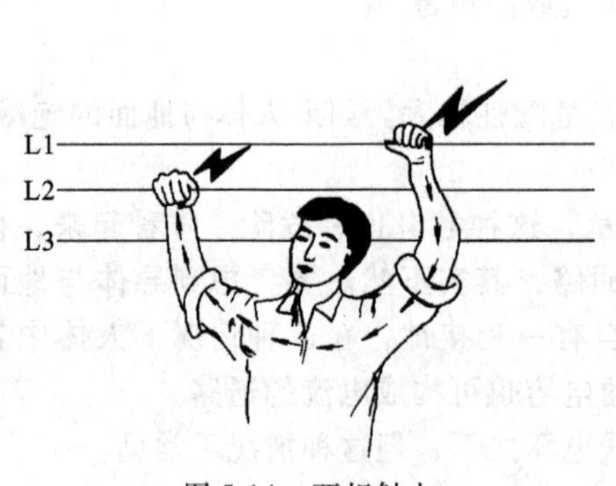

图 5-14　两相触电

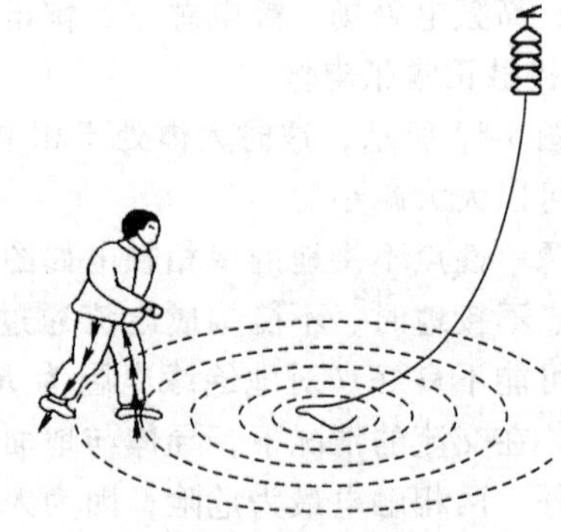

图 5-15　跨步电压触电

4）感应电压触电

当人触及带有电感电压的设备和线路时造成的触电事故称为感应电压触电，如一些不带电的线路由于大气变化（如雷电活动），会产生感应电荷，此外，停电后一些可能感应电压设备和线路未接临时地线，这些设备和线路对地均存在感应电压。

5）剩余电荷触电

剩余电荷触电是指当人触及带有剩余电荷的设备时，带有电荷的设备对人体放电造成的触电事故。设备带有剩余电荷，通常是由于检测人员在检测中使用绝缘电阻表测量停电后的并联电容器、电力电缆、电力变压器及大容量电动机等设备时，检测前后没有对其及时充分放电所造成的。此外，并联电容器因其电路发生故障而不能及时放电，退出运行后又未人工放电，也导致电容器的极板上会带有大量的剩余电荷。

5.5.3　触电急救方法

触电事故总是突然发生的，情况危急，刻不容缓。现场人员必须当机立断，用最快的速度、以最正确的方法处理。首先应使触电者脱离电源，然后立即进行现场救护。只要方法得当，措施有效，大多数触电者可以起死回生。因此每个电气工作者都必须熟练掌握常见的触电急救知识。

1. 尽快使触电者脱离电源

触电急救首先要使触电者迅速脱离电源。因为触电时间越长，危险性越大。下面介绍几种使触电者脱离电源的方法，施救者应根据具体情况选择采用。

1）脱离低压电源

① 如果开关距离救护人员较近，应迅速拉断开关，切断电源。

② 如果开关距离救护人员较远，可用绝缘电工钳或有干燥木柄的刀、斧头等将电源切断，但要防止带电导体断落触及人体，造成新的触电事故。

③ 如果导线搭落在触电者身上或压在触电者身下，可用干燥木棒、竹竿等挑开导线，或用干燥的绝缘绳套拉导线或触电者，使其脱离电源。如果触电者的衣服是干燥的，且导线没缠在其身上，救护人员可站在干燥的木板上用一只手拉住触电者的不贴身衣服将其拉离电源。

④ 如果人在高空触电，还必须采取安全措施，以防止电源断开后，触电者从高空坠落致残或致死。

2）脱离高压电源

抢救高压触电者脱离电源与低压触电者脱离电源的方法大为不同，主要区别在于：高压触电时，一般绝缘物对救护人员不能保证安全；电源开关远，不易切断电源；电源保护装置灵敏度比低压电源高。脱离高压电源的方法主要有以下几种：

① 立即通知有关部门停电。

② 戴上绝缘手套、穿上绝缘靴，拉开高压断路器；用相应电压等级的绝缘工具拉开高压跌落开关，切断电源。

③ 抛掷裸金属软导线，造成线路短路，迫使保护装置动作，切断电源。应保证抛掷导线不触及人体。

3）注意事项

① 救护人员不得用金属和其他潮湿的物品作救护工具。

② 未采取任何绝缘措施，救护人员不得直接触及触电者的皮肤和潮湿衣服。

③ 在使触电者脱离电源的过程中，救护人员最好用一只手操作，以防触电。

④ 夜晚发生触电事故时，应考虑切断电源后的临时照明，以利于救护。

2. 现场救护

触电者脱离电源后，应立即就近移至干燥、通风的地方，分清情况迅速进行现场急救。同时通知医务人员到现场，并做好将触电者送往医院的准备工作。

现场救护大体有以下三种情况：

（1）如果触电者受伤不太严重，神志清醒，只是有些心慌、四肢发麻、全身无力、一度昏迷，但未失去知觉，则应使触电者静卧休息，不要走动。同时严密观察，请医生前来或送医院治疗。

（2）如果触电者失去知觉，但呼吸与心跳正常，则应使其舒适平卧，四周不要围人，保持空气流通，可解开衣服，以利于呼吸。天冷时要注意保暖。同时立即请医生前来或送医院治疗。

（3）如果触电者呈现假死症状，即呼吸停止，应立即进行人工呼吸；若触电者呼吸和心脏跳动均已停止，应立即进行人工呼吸和胸外心脏按压。现场抢救工作应做到医生到来前不等待、送医院中途不中断，否则触电者会很快死亡。

现场抢救中特别是遇到触电者假死的情况，人工呼吸和胸外心脏按压是现场救护的主要方法，任何药物不能代替。另外，对触电者用药或注射针剂，必须经过有经验的医生诊断，要慎重使用。

3. 触电急救技术

触电急救技术有口对口人工呼吸法、胸外心脏挤压法。

演练步骤：

① 利用人体模型，模拟人体触电事故。

② 模拟拨打 120 急救电话。

③ 迅速切断触电事故现场电源，或用木棒从触电者身上挑开电线，使触电者迅速脱离触电状态。

④ 将触电者移至通风干燥处，身体平躺，使其躯体及衣物均处于放松状态。

⑤ 仔细观察触电者的生理特征，根据其具体情况，采取相应的急救方法实施抢救。

⑥ 口对口人工呼吸抢救：

a. 使触电者仰卧，迅速揭开其衣领和腰带。

b. 将触电者头偏向一侧，张开其嘴，清除口腔中的假牙、血块、食物、黏液等异物，使其呼吸道通畅。

c. 救护者站在触电者一边，使触电者头部后仰，一只手捏紧触电者的鼻子，一只手托在触电者颈后，将颈部上抬，然后深吸一口气，用嘴紧贴触电者的嘴，大口吹气，接着放松触电者的鼻子，让气体从触电者肺部排出。按照上述方法，连续不断地进行，每 5 s 吹气一次，直到触电者苏醒为止，如图 5-16 所示。

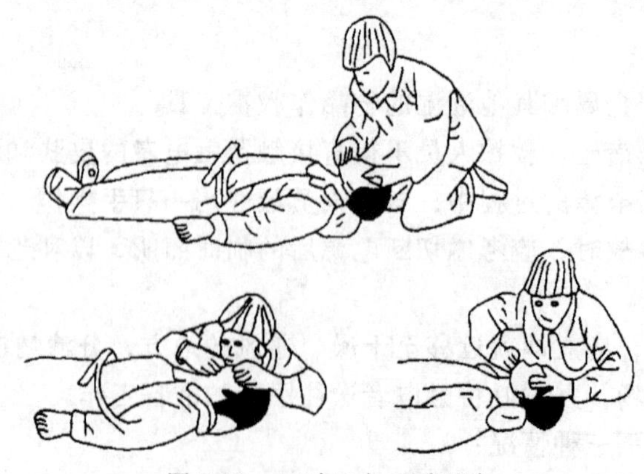

图 5-16　口对口人工呼吸法

d. 对儿童施行此法，不必捏鼻。若开口困难，可以紧闭其嘴唇，对准鼻孔吹气（口对鼻人工呼吸），效果相似。

⑦ 胸外心脏挤压法：

a. 将触电者放直仰卧在比较坚实的地方（如木板、硬地等），颈部枕垫软物使其头部稍后仰，松开衣领和腰带，抢救者跨在触电者腰部两侧。

b. 抢救者将右手掌放在触电者胸骨下 1/2 处，中指指尖对准其颈部凹陷的下端，左手掌复压在右手背上，如图 5-17 所示。

c. 抢救者凭借自身的重量向下挤压 3 ~ 4 cm，突然松开。挤压和放松的动作要有节奏，每秒进行一次，不可中断，直到触电者苏醒为止。采用此种方法，挤压定位要准确，用力要适当，用力过猛会给触电者造成内伤，用力过小使得挤压无效。对儿童进行挤压抢救更要慎重，每分钟宜挤压 100 次左右。

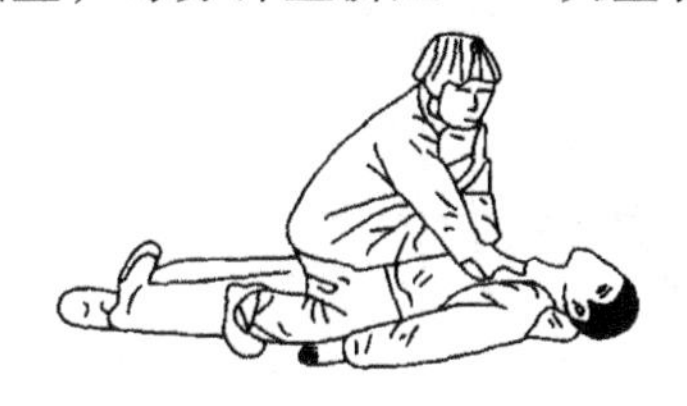
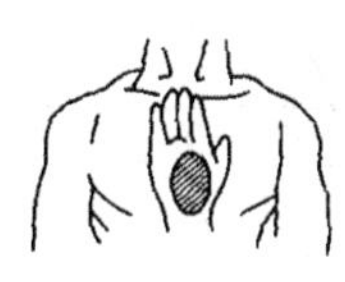

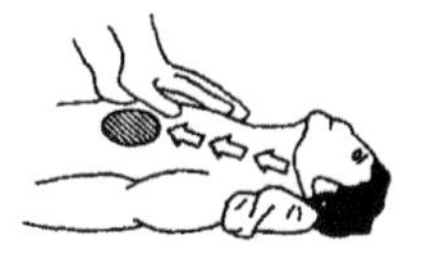

图 5-17　胸外心脏挤压

5.5.4　保护接地

将电气设备不带电的金属外壳与大地作良好的金属连接，称为保护接地。

一般在电源中性点不接地的电力网中，用电设备（绝大多数是三相负载）如电机、变压器等的金属外壳均采用保护接地。

为什么用电设备采用保护接地就能确保工作人员安全呢？下面来简单分析一下。

图 5-18 所示为一个外壳不接地的三相电动机，如果三相电动机内一相（如 A 相）绝缘损坏而碰壳，则电动机外壳带电，并与 A 相输电线同电位。设输电线对地电容分别为 C_A、C_B 和 C_C，这时如有人接触到电机外壳，人体电阻 $R_人$ 与 C_A 并联再和 C_B 串联就跨接在 U_{AB} 上。同样 $R_人$ 与 C_A 并联后再和 C_C 串联跨接在 U_{CA}上，就成了 U_{CA}的一条通路。因而有电流流过人体而使人触电。若输电线路很长或电压较高，这种触电事故就严重了。所以，用电设备没有保护接地是不安全的。

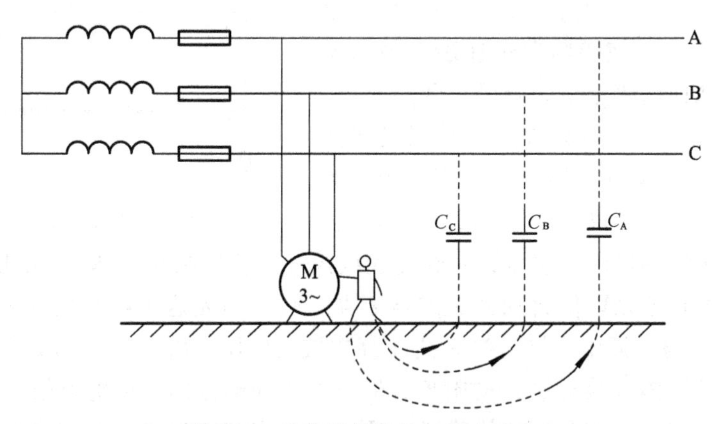

图 5-18　外壳不接地的三相电动机

图 5-19 所示为三相电动机采取了保护接地措施的情况。这时如 A 相绝缘损坏而碰壳，因为机壳已接地，且与大地间电阻很小，所以机壳对地电压很小。此时工作人员再碰到机壳，由于人体电阻远大于接地电阻，电流从接地线上流过，人就不致有触电危险，所以保护接地对人体安全起了保护作用。

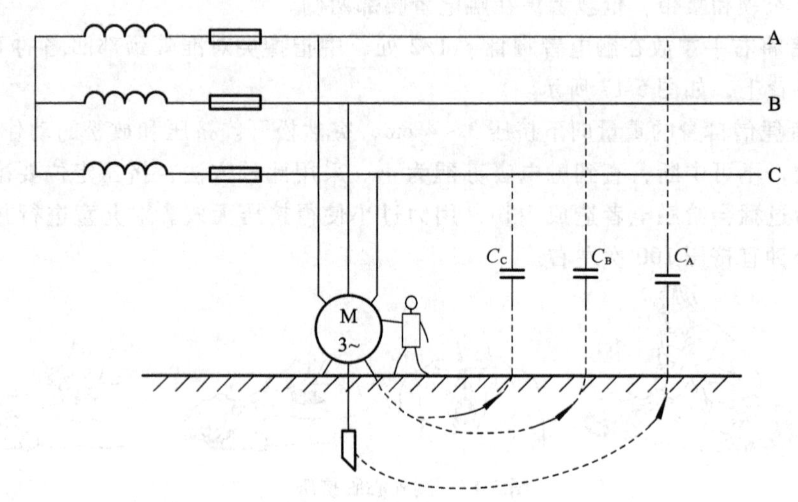

图 5-19　三相电动机采取了保护接地措施的情况

5.5.5　保护接零

电源三相绕组的相尾 X、Y、Z 连接在一起的公共点 N 称为中性点，又称“中点”。当中点接地时，该点称为“零点”。由“零点”引出的一根导线叫“零线”，而不接地的中点引出的导线叫中线。

保护接零是指用电设备的不带电金属部分与零线作良好的金属连接。一般在电源中点接地的低压三相四线制中，用电设备都采用保护接零。

图 5-20 所示为三相电动机保护接零电路。保护接零的作用是：当用电设备（如电动机）的某一相绝缘损坏而碰壳时，该相可以通过机壳和中线形成单相短路。由于中线的电阻很小，所以会产生很大的短路电流，使熔断器迅速断开或自动开关迅速断电，从而消除危险，确保安全。

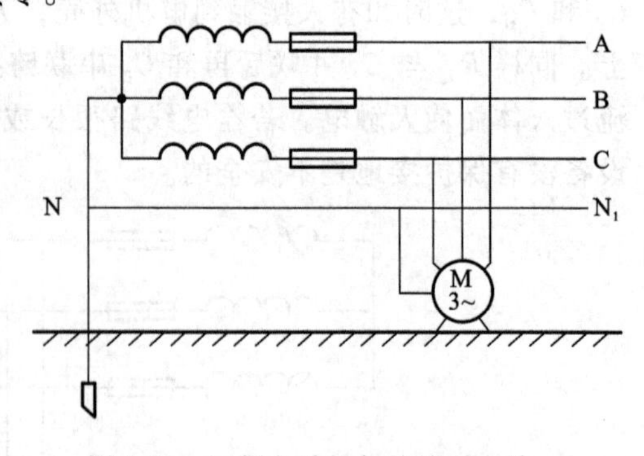

图 5-20　三相电动机保护接零电路

在同一供电系统中，不允许一部分设备采用保护接地而另一部分设备采用保护接零。否则当保护接地的用电设备一相碰壳后（见图 5-21），由于大地的电阻比中线的电阻大得多，碰壳的火线经过机壳、接地体 K'、大地、接地体 K 形成回路中的电流往往不足以使自动开关或熔断器动作，因此这个电流就一直存在。这样故障设备的接地体 K' 与电源中点接地体 K 之间存在较大电压。由于 K' 与 K 之间的大地电阻主要集中在这两个接地体（接地极）的附近，K' 与 K 中间部分的大地电阻极小，故 K' 与 K 之间的电压也主要分配在这两个接地体附近，这就使所有接零线的用电设备的金属外壳出现了较大的对地电压。这时因为接零设备的金属外壳和电源中点接近同电位点，而设备安装在地面（K''点）与电源中点之间存在了 K 极附近的电压。因此采用保护接零的设备附近的工作人员就造成了更多的触电机会。

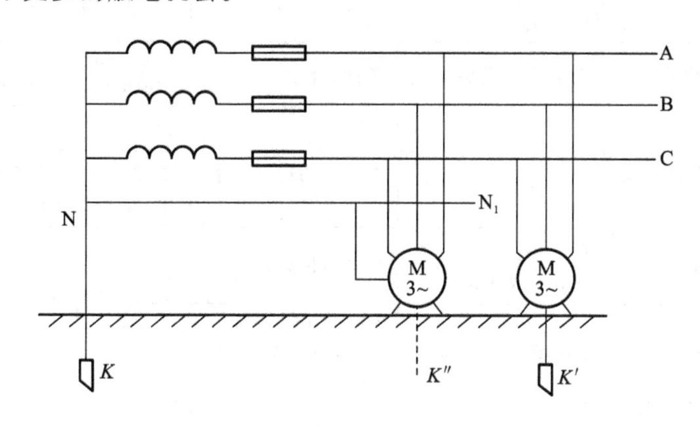

图 5-21　保护接地的用电设备一相碰壳

5.5.6　电气火灾消防知识

电气火灾发生后，电气设备和线路可能带电。因此在扑灭电气火灾时，必须了解电气火灾发生的原因，采取正确的补救方法，以防止人身触电及爆炸事故。

1. 发生电气火灾的主要原因

电气火灾及爆炸是指因电气原因引燃及引爆的事故。发生电气火灾要具备可燃物、环境及引燃条件。对电气线路和一些设备来说，除自身缺陷、安装不当或施工等方面的原因外，在运行中，电流的热量、电火花和电弧是引起火灾爆炸的直接原因。

1）危险温度

危险温度是电气设备过热引起的，即电流的热效应造成的。线路发生短路故障、电气设备过载以及电气设备使用不当均可发热超过危险温度而引起火灾。

2）电火花和电弧

电火花是电极间的击穿放电现象，而电弧是大量电火花汇集而成的。如开关电器的拉、合操作，接触器的触点吸、合等都能产生电火花。

3）易燃易爆环境

如在石油、化工和一些军工企业的生产场所中，存在可燃物及爆炸性混合物；另外一些设备本身可能会产生可燃易爆物质，如充油设备的绝缘在电弧作用下，分解和气化，喷出大量的油雾和可燃气体。

2. 电气灭火常识

一旦发生电气火灾，应立即组织人员采用正确方法进行扑救，同时拨打 119 火警电话，向公安消防部门报警，并且应通知电力部门用电监察机构派人到现场指导和监护扑救工作。

1）常用电气灭火器的使用

在扑救电气火灾时，特别是没有断电时，应选择合适的灭火器。表 5-2 列举了几种电气灭火器的主要性能和使用方法。

表 5-2　常用电气灭火器的主要性能

种类	二氧化碳	四氯化碳	干　粉	1211	泡　沫
规格	<2 kg、2～3 kg、5～7 kg	<2 kg、2～3 kg、5～8 kg	8 kg、50 kg	1 kg、2 kg、3 kg	10 L、65～130 L
药剂	液态 二氧化碳	液态 四氧化碳	钾盐、钠盐	二氟一氯一溴甲烷	碳酸氢钠 硫酸铝
导电性	无	无	无	无	有
灭火范围	电气、仪器、油类、酸类	电气设备	电气设备、石油、天然气	油类、电气设备、化工、化纤原料	油类及可燃物体
不能扑救的物质	钾、钠、镁、铝等	钾、钠、镁、乙炔、二氧化碳	旋转电机火灾		忌水和带电物体
效果	距着火点 3 m 距离	3 kg 喷 30 s，7 m 内	3 kg 喷 14～18 s，4.5 m 内；50 kg 喷 50 s，6～8 m	1 kg 喷 6～8 s，2～3 m	10 L 喷 60 s，8 m 内；65 L 喷 170 s，13.5 m 内
使用	一手将喇叭口对准火源；另一只手打开开关	扭动开关，喷出液体	提起圈环，喷出干粉	拔下铅封或横锁，用力压压把即可	倒置摇动，拧开关喷药剂
保养和检查	置于方便处，注意防冻、防晒和使用期	置于方便处	置于干燥通风处、防潮、防晒	置于干燥处勿摔碰	置于方便处
	每月测量一次，低于原重量 1/10 时应充气	检查压力，注意充气	每半年检查一次干粉是否结块，检查压力	每年检查一次重量	每年检查一次，泡沫发生倍数是否低于 4 倍

2）灭火器的保管

灭火器在不使用时，应注意对其的保管与检查，保证随时可正常使用。

① 灭火器应放置在取用方便之处。

② 注意灭火器的使用期限。

③ 防止喷嘴堵塞；冬季应防冻、夏季要防晒；防止受潮、摔碰。

④ 定期检查，保证完好。

5.5.7　自己动手练一练

（1）什么是接地？接地可分为哪几种类型？

（2）什么是触电？触电有哪几种类型？

（3）什么是接触电压和跨步电压？

（4）为什么保护接地和保护接零能防止人体触电？

（5）电击和电伤有什么不同？

（6）现场救护应分别采取哪些措施？

小　结

（1）三相对称交流电源的基本概念，瞬时值表达式。

（2）三相对称交流电源的连接方式，相电压、线电压，相电流、线电流的基本概念。

（3）三相对称交流电源的制式：三相四线制，三相三线制。

(4) 三相对称负载的连接方式：星形连接和三角形连接。

在星形连接电路中，$U_l = \sqrt{3}\,U_p$，$I_l = I_p$。

在三角形连接电路中，$U_l = U_p$，$I_l = \sqrt{3}\,I_p$。

(5) 三相电路的功率：有功功率，无功功率，视在功率等。

(6) $P = 3U_pI_p\cos\varphi$，$Q = 3U_pI_p\sin\varphi$，$S = 3U_pI_p$。

(7) $S = \sqrt{P^2 + Q^2}$，　　$\cos\varphi = \dfrac{P}{S}$。

(8) 安全用电知识，保护接地和保护接零的应用场合。

(9) 触电的方式和急救措施。

习　题　五

一、单项选择题

1. 在三相四线制低压供电系统，线电压的相位超前相应的相电压的角度为（　　）。

A. 90°　　B. 120°　　C. 30°　　D. −30°

2. 人体可以忍受的电流极限值一般约为（　　）。

A. 10 mA　　B. 20 mA　　C. 30 mA　　D. 50 mA

3. 三相四线制中，中线的作用是（　　）。

A. 保证三相负载对称　　B. 保证三相功率对称

C. 保证三相电压对称　　D. 保证三相电流对称

4. 三相发电机绕组接成三相四线制时，测得三个相电压 $U_A = U_B = U_C = 220$ V，3 个线电压分别为 $U_{AB} = 380$ V，$U_{BC} = U_{CA} = 220$ V，这表明（　　）。

A. A 相绕组接反　　B. B 相绕组接反　　C. C 相绕组接反

5. 三相对称交流电路的瞬时功率是（　　）。

A. 一个不为零的常量　　B. 一个随时间变化的正弦量

C. 0

二、填空题

1. 某三相电动机每相阻抗为 50 Ω，功率因数为 0.8，每相要求工作电压为 380 V。那么电动机需要采用__________连接方式才能接入三相市电电网。该电动机的等效电阻为__________。

2. 由发电机绕组首端引出的输电线称为__________，由电源绕组尾端中性点引出的输电线称为__________。火线与火线之间的电压称为__________；__________与__________之间的电压称为相电压。

3. 有一对称负载作星形连接，每相阻抗为 22 Ω，功率因数为__________，测出负载中的电流为 10 A，那么三相电路的有功功率为__________，无功功率为__________，视在功率为__________。

4. 目前主要应用的发电方式有__________、__________、__________和__________等。

5. 我国低压供电系统中，工厂动力电电源电压为__________，生活照明电压为__________，安全用电电压为__________。

三、判断题

1. 为了保证中线安全可靠，不得在中线上安装保险丝和开关，而且中线的机械强度要高。（　　）

2. 三相负载作何种连接方式，取决于其额定电压的要求。（　　）

3. 无论三相负载是否对称，只要采用星形接法，线电压都等于相电压。（　　）

4. 对称三相负载作三角形连接时，相电流为线电流的$\sqrt{3}$倍。（　　）

5. 三相负载作星形连接时，无论负载对称与否，线电流总等于相电流。（　　）

6. 我国三相交流电的频率为 50 Hz，交流电的频率跟发电机的转速有关。（　　）

四、分析计算题

1. 三相正序对称的星形（Y）连接电源，若 U 相绕组首，末端接反了，如图 5-22 所示，则三个相电压的有效值为多少？三个线电压的有效值为多少？（通过画相量图进行分析）

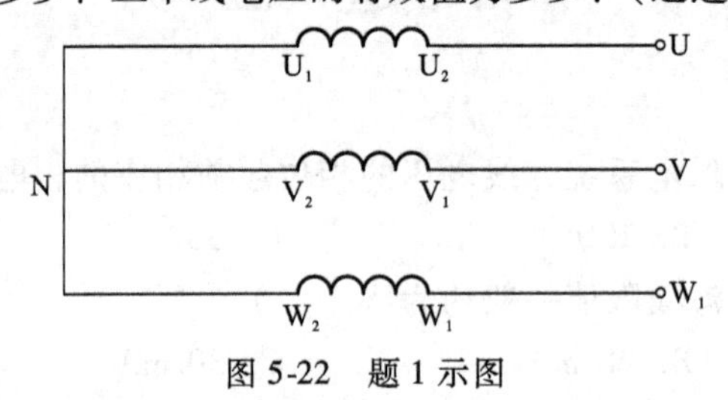

图 5-22　题 1 示图

2. 三相对称负载星形（Y）连接，每相阻抗 $Z=(30+j40)\Omega$，三相对称星形（Y）连接电源的线电压为 220 V。

（1）请画出电路图，并在图中标出电压、电流的参考方向；

（2）求各相负载的相电压、相电流；

（3）画出相量图。

3. 三相对称电源的线电压为 380 V，三相对称三角形连接负载的复阻抗 $Z=(90+j90)\Omega$。试求：

（1）三相线电流；

（2）各相负载的相电流；

（3）各相负载的相电压。

第 6 章 磁路与变压器

学习目标

- 了解磁感应强度、磁通量、磁场强度和磁导率等基本物理量。
- 掌握磁感应强度和磁场强度的关系，学会解释磁化曲线、磁滞回线和磁滞现象。
- 掌握磁路及磁路欧姆定律，理解磁阻与电阻的区别与联系。
- 理解磁路欧姆定律与电路欧姆定律的区别与联系，能运用公式对简单磁路进行计算。
- 了解交流铁心线圈的电磁关系及交流铁心线圈的功率损耗。
- 掌握互感现象，同名端及互感电压相关概念及应用，串联、并联互感线圈的等效变换。
- 掌握变压器的工作原理，变压、变流和变换阻抗与一次、二次绕组匝数的关系。

引导提示

变压器是一种交流电能的变换装置，能将某一数值的交流电压、电流转变为同频率的另一数值的交流电压、电流，使电能有效地传输、合理地分配和安全且经济地使用。

磁路的知识是分析变压器原理的基础，也是后面学习电机、电器原理的基础，本章将从介绍磁路入手，进而介绍磁路定律、变压器的组成、工作原理、互感器等。

6.1 磁场的基本物理量

观察与思考

许多物质都是有形的，有时也会遇到一些无形的物质。哲学中强调：存在就是物质，或者说物质的属性是存在。在我们所学过的知识中，我们知道，万有引力，电场，磁场等表面看不见，摸不着但存在，这些都属于物质。那么，磁场用哪些基本参量来描述呢？

6.1.1 磁感应强度

磁感应强度 B 是描述磁场强弱程度的物理量，为一个矢量。它与电流（电流产生磁场）之间的方向关系可用右手螺旋定则来确定。

如果磁场内各点的磁感应强度的大小相等，方向相同，这样的磁场则称为匀强磁场。

6.1.2 磁通

磁感应强度 B（如果不是匀强磁场，则取 B 的平均值）与垂直于磁场方向的面积 S 的

乘积，称为通过该面积的磁通 Φ，即

$$\Phi = BS \quad 或 \quad B = \frac{\Phi}{S}$$

由上式可见，磁感应强度在数值上可以看成为与磁场方向相垂直的单位面积所通过的磁通。故又称磁通密度。

根据电磁感应定律的公式

$$e = -N\frac{\mathrm{d}\Phi}{\mathrm{d}t}$$

可知，磁通的单位是伏·秒（V·s），通常称为韦伯（Wb）。

6.1.3 磁导率

磁导率 μ 是一个用来衡量物质导磁能力的物理量。它与磁场强度的乘积就等于磁感应强度，即

$$B = \mu H$$

由实验测出，真空的磁导率为

$$\mu_0 = 4\pi \times 10^{-7}\ \mathrm{H/m}$$

任意一种物质的磁导率与真空中的磁导率的比值称为该物质的相对磁导率，用 μ_r 表示，即

$$\mu_r = \frac{\mu}{\mu_0} \qquad 或 \qquad \mu = \mu_0\mu_r$$

不同材料的相对磁导率相差是很大的，按相对磁导率的数值不同，可将磁介质分为三类：

（1）$\mu_r > 1$，且与 1 相差不大的磁介质称为顺磁性物质。如铅、镁等，在这类物质中产生的磁场比真空中强一点。

（2）$\mu_r < 1$，且与 1 相差不大的磁介质称为逆磁性物质（或抗磁质）。如氢、铜、银等，在这类物质中产生的磁场比真空中弱。

（3）$\mu_r \gg 1$，的磁介质称为铁磁性物质。如铁、钴、镍及其合金（主要为ⅧB 族元素），这种物质中产生的磁场要比真空中产生的磁场强千倍甚至万倍以上。通常把铁磁性物质称为强磁性物质，它在电工技术方面得到广泛应用。

6.1.4 磁场强度

磁场的强弱不仅与产生它的电流有关，还与磁场中的磁介质有关。例如，对结构一定的长螺线管来说，电流增大时，磁场中各点的磁感应强度 B 必然增强。另外，磁场的强弱还与磁场中的磁介质有关。例如，铁心线圈就比空心线圈将获得强得多的磁场。这是由于磁介质具有一定的磁性，产生了附加磁感应强度 B'。若导线电流在真空中（无磁介质）某点产生的磁感强度为 B_0，则在磁场中有磁介质时，该点的磁感应强度 $B = B_0 + B'$

实际电工设备中的磁路常是由多种不同的磁性材料构成。在分析计算各种磁性材料中的 B 与电流的关系时，还要考虑磁介质的影响。为了区别导线电流与磁介质对磁场的影响以及计算上的方便，引入一个仅与导线中电流和载流导线的结构有关而与磁介质无关的物

理量，称为磁场强度。当磁介质各向同性时，磁场中每一点的磁场强度与磁感应强度方向相同，且有 $H=\frac{B}{\mu}$，式中，H 为磁场强度，单位为安/米（A/m），μ 为磁介质的磁导率，单位为亨·米/安（H·m/A）。

磁场强度也是反映磁场强弱的一个物理量，是表示磁场中与介质磁导率无关的量。也就是说不管磁场处在什么介质情况下，磁场强度 H 都是一样的，而磁感应强度 B 则随介质的不同而差异很大。磁场强度是一个矢量，其方向与该点磁感应强度的方向一致。

6.1.5　磁路的分析方法

在一匀强磁场中，根据安培环路定理可得出：$Hl=NI$，式中，N 是线圈的匝数，I 是线圈中的电流强度；l 是磁路（闭合路径）的平均长度，H 是磁路铁心的磁场强度。

上式中线圈匝数与电流的乘积 NI 称为磁动势，用字母 F_m 表示，即

$$F_m=NI$$

将 $H=B/\mu$ 和 $B=\Phi/S$ 代入，即得磁路的欧姆定律

$$\Phi=BS=\mu HS=\frac{NI}{l}\mu S=\frac{NI}{l/\mu S}=\frac{F_m}{R_m}$$

式中，R_m 称为磁路的磁阻，S 为磁路的截面积。

【例 6.1】 在一圆环铁心磁路中，其截面 $S=0.06\ \text{m}^2$，磁感应强度 $B=0.5\ \text{T}$，线圈匝数为 300，电流 $I=1.5\ \text{A}$。求磁通和磁动势。

解： 磁通为

$$\Phi=BS=0.5\times0.06\ \text{Wb}=30\times10^{-3}\ \text{Wb}$$

磁动势为

$$F_m=NI=1.5\times300\ \text{A}=450\ \text{A 匝}$$

6.1.6　自己动手练一练

1. 在铁心线圈中，如果改变其电流的大小，此线圈中 H 会如何变化？
2. 同一材料截面积相同，长度越大则导磁性能好吗？
3. 磁导率是用来表示各种不同材料导磁能力强弱的物理量吗？

6.2　铁磁物质的磁化

观察与思考

人类通过学习，掌握了知识，我们称为有文化，这个过程有时也叫做“教化”；有灵性的动物，经过人们的训练，能够掌握一些简单的口令，这个过程有时就做“驯化”；写作文有一种修辞手法，称为“拟人化”；这里都有一个“化”字。那么，有些物质原本没有磁性，将这种物质置于磁场中，物质获得了磁性，这个过程就叫做“磁化”。能够被磁化的物质叫做铁磁性物质，磁化后的物质保留的磁性称为剩磁。

6.2.1 铁磁物质的磁化及原因

铁磁物质是由许多叫做磁畴的天然磁化区域组成的。磁畴的体积很小，磁畴中的分子电流排列整齐，因此每个磁畴就像一个微小的永磁体。在未被磁化的铁磁物质中，磁畴的排列是混乱的，各个磁畴的磁场互相抵消，对外不显磁性。当有外磁场存在时，各磁畴要沿着外磁场方向转动而趋向一致，于是产生了极强的附加磁性，从而使铁磁性物质中的磁场大大增强，比没有铁磁物质存在时大了成百上千倍。此外，铁磁物质的磁化状态和外磁场的状态有关。

6.2.2 磁化曲线

1. 磁化曲线

用实验的方法，对磁性材料进行磁化过程的记录，并绘出磁感应强度 B 和磁场强度 H 之间的对应关系曲线，称为磁化曲线。在空心线圈情况下，线圈中电流（或磁场强度 H）增加必然导致空心线圈中的磁通（或磁感应强度 B）成比例地增加，而且这种线性比例关系能够在很大范围内得到维持，其磁化曲线如图 6-1 曲线 1 所示。

如果线圈内有铁心，在线圈中电流增量相同的情况下，将引起磁感应强度十分迅速地增加，如图 6-1 曲线 2 所示。原因在于磁场强度的增加，引起铁心中的某些磁畴沿磁场方向转向，磁畴本身的磁通叠加到原来的磁场上。随着磁场强度的进一步增加，越来越多的磁畴沿磁场方向转向，引起铁心中的磁感应强度进一步增加。在图 6-1 所示铁磁材料磁化曲线中，原点 o 与 a 点之间的曲线 μ_r 值是很高的。

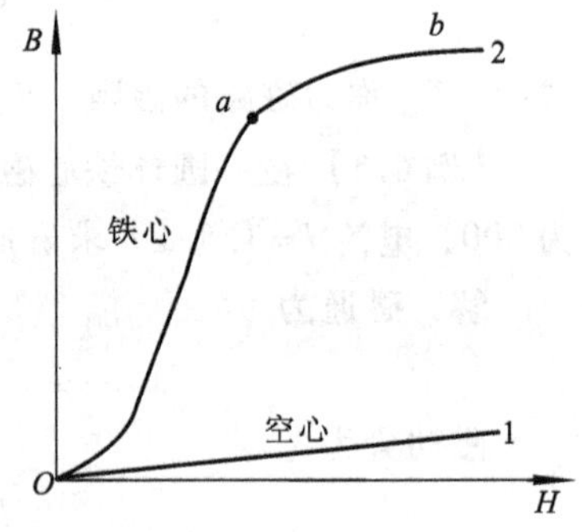

图 6-1 铁磁材料的磁化曲线

由图 6-1 曲线 2 可见，超过曲线的 a 点之后，磁场强度的进一步增加不再使磁感应强度有明显增加，故 a 点称为曲线的“膝点”。到达膝点时候，铁心中的绝大多数磁畴已经沿线圈电流产生的磁场转向。线圈电流的继续增加只能使磁通有少量的增加，因此膝点标志着磁饱和的开始。在曲线的 b 段区域，铁心中所有的磁畴都已经沿线圈电流产生的磁场转向，铁心达到了完全饱和。在这个区域，铁心的磁导率增量已经回落到 μ_0，磁场强度的任何进一步增加只能导致铁心中磁感应强度的微小变化。

实际工程应用中的绝大多数磁路，磁感应强度工作在低于曲线的膝点。由于工作在磁感应强度 a 点以下的大部分区域中，可以基本认定与磁场强度成线性关系，即磁感应强度与磁场强度成正比，可以假定 μ_r 为常量。

图 6-2 给出了铸铁、铸钢、硅钢片的磁化曲线，有了磁化曲线后，可用 H 值查出对应的 B 值，并能计算出相应的磁导率 μ_r。

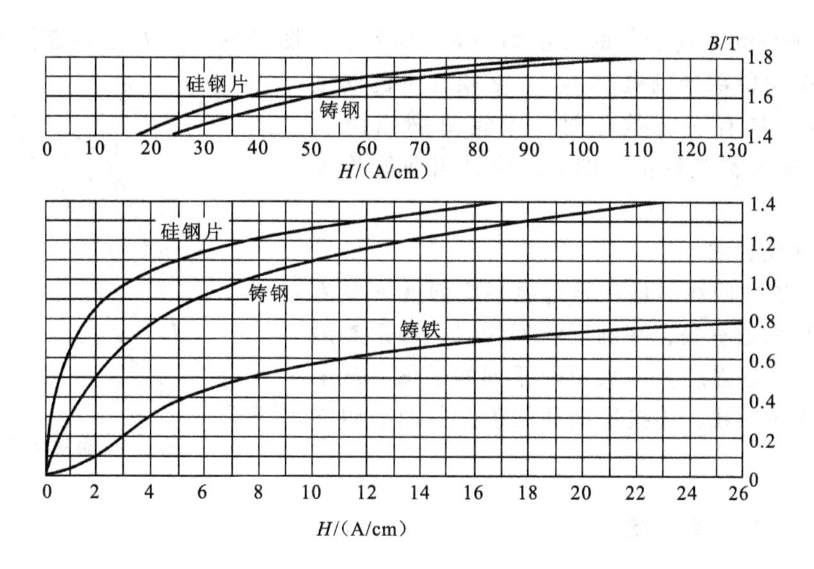

图 6-2　铸铁、铸钢、硅钢片的磁化曲线

【例 6.2】 某线圈用硅钢片做铁心，试求：

（1）当线圈中通以电流，铁心中磁场强度 $H=7$ A/cm 时，材料的磁导率；

（2）若电流增大，铁心中的磁场强度 $H=12$ A/cm 时，材料的磁导率又为多少？

解：（1）由图 6-2 可知，当 $H=7$ A/cm $=700$ A/m 时，对应 $B=1.2$ T，这时的磁导率为

$$\mu=\frac{B}{H}=\frac{1.2}{700}=1.7\times10^{-3}\ \text{H}\cdot\text{m/A}$$

（2）当 $H=12$ A/cm $=1\ 200$ A/m 时，对应 $B=1.32$ T，这时的磁导率为

$$\mu=\frac{B}{H}=\frac{1.32}{1200}=1.1\times10^{-3}\ \text{H}\cdot\text{m/A}$$

上例说明，不同的磁场强度，铁磁物质所对应的磁导率是不同的。由磁化曲线看出，磁感应强度与磁场强度是非线性的关系，所以不是常量。

【例 6.3】 有一匝数为 1 500 的线圈，套在铸钢制成的闭合铁心上，铁心的截面积为 10 cm^2，长度为 75 cm。求：

（1）如果在铁心中产生 0.001 Wb 的磁通，线圈中应通入多大的直流电流？

（2）若线圈中通入电流 2.5 A，则铁心中的磁通是多大？

解：（1）$B=\Phi/S=0.001/0.001=1$ T，查铸钢磁化曲线图表 6.2 得

$$H=0.7\times10^{3}\ \text{A/m}=700\ \text{A/m}$$

由安培环路定理可知

$$Hl=NI$$

故
$$I=Hl/N=(700\times0.75/1\ 500)\ \text{A}=0.375\ \text{A}$$

（2）$H=NI/l=(1\ 500\times2.5/0.75)\ \text{A/m}=5\times10^{3}\ \text{A/m}$，查铸钢磁化曲线得 $B=1.6$ T

$$\Phi=BS=1.6\times10\times10^{-4}\ \text{Wb}=0.001\ 6\ \text{Wb}=1.6\times10^{-3}\ \text{Wb}$$

2. 磁滞回线

当铁心线圈中通有交流电流时，铁心就受到交变磁化。在电流变化一次时，磁感应

强度 B 随磁场强度 H 而变化的关系如图 6-3 所示。由图可见，当 H 减到零值时，B 并未回到零值而是保留部分剩磁（b 点），必须在电流变化到相反方向并具有一定数值时，才能使剩磁消失（c 点）。上述现象称为磁滞。图 6-3 的封闭曲线称为磁滞回线。

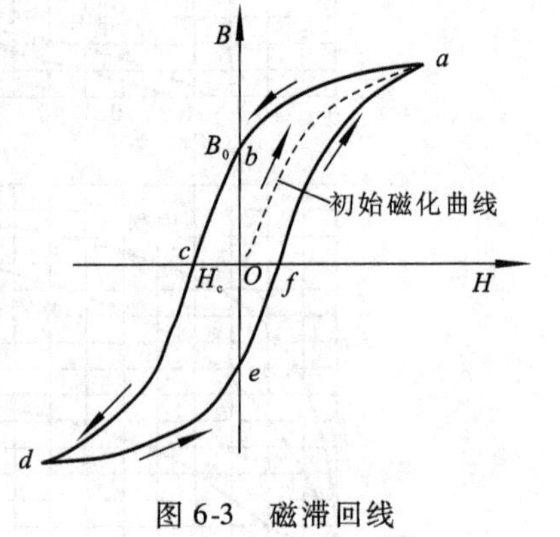

图 6-3　磁滞回线

3. 基本磁化曲线

铁磁体的磁滞回线的形状是与磁感应强度（或磁场强度）的最大值有关，在画磁滞回线时，如果对磁感应强度（或磁场强度）最大值取不同的数值，就得到一系列的磁滞回线，连接这些回线顶点的曲线叫基本磁化曲线。

6.2.3　自己动手练一练

1. 物质的磁导率与真空磁导率同样都是常数吗？
2. 磁感应强度 B 总是与磁场强度 H 成正比吗？

6.3　磁路的基本定律及应用

电路和磁路有很多相似之处，因此电路中固有的定律，在磁路中也对应地存在。例如磁路欧姆定律，磁路基尔霍夫定律等。只是在具体应用时要注意适用场合，铁磁材料中也有线性和非线性之分。

6.3.1　磁路

为了尽可能增强线圈中的磁场，常将铁心制成闭合的形状，使磁通沿铁心构成回路。图 6-4 即为常用的闭合铁心。

铁心中的磁通称为主磁通，另外还有少量磁通通过周围空气构成回路，称为漏磁通，它与主磁通相比常可忽略不计。可以认为全部磁通都通过铁心形成回路，这个铁心限定的磁通回路称为磁路。

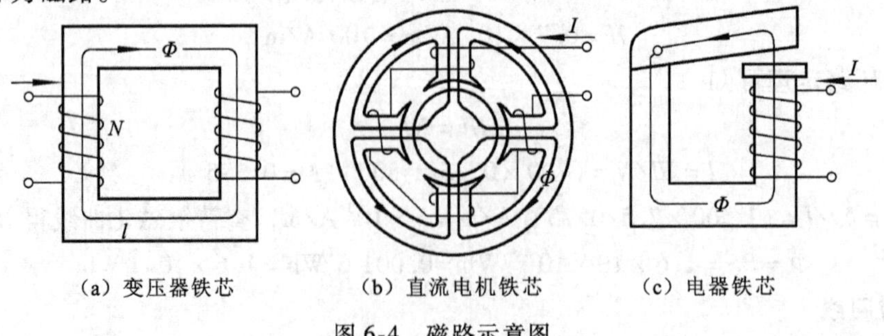

（a）变压器铁芯　（b）直流电机铁芯　（c）电器铁芯

图 6-4　磁路示意图

6.3.2　磁路的基本定律

与电路类似，磁路也存在一定的规律，推广电路的基尔霍夫定律可以得到有关磁路的定律。

1. 磁路的基尔霍夫第一定律

因为磁感应线是闭合曲线，所以从空间一个封闭区域的某处穿进去的磁感应线必定要从另一处穿出来。所以穿入空间封闭区域的磁感应线数必然等于穿出封闭区域的磁感应线数。即任取一闭合面 S，穿入闭合面 S 的磁通 Φ_i 必然等于穿出闭合面 S 的磁通 Φ_0，即$\Phi_i=\Phi_0$ 或$\sum\Phi=0$。

这就是磁路基尔霍夫第一定律的表达式。应用该式时，若将离开节点的磁通前面取正号，进入节点的磁通前面取负号，则磁通的代数和为 0。

2. 磁路的基尔霍夫第二定律

磁路的基尔霍夫第二定律表述如下：在磁路的任一闭合回路中，各段磁位差的代数和等于各磁动势的代数和。其数学表达式为：

$$\sum F_m=\sum U_m$$

若在某段磁路中，沿磁路的中心线（即平均长度线）各点的磁场强度 H 的大小相同，且 H 的方向又处处与中心线一致，则磁场强度 H 与该段磁路的平均长度 l 的乘积 Hl 称为该段磁路的磁位差也称为磁压，用 U_m 表示，单位为安（A）。这样，磁路的基尔霍夫第二定律可写成

$$\sum IN=\sum Hl$$

对于如图 6-5 所示的 ABCDA 回路，可以得出：$I_1N_1-I_2N_2=H_1l_1+H_1'l_1'+H_1''l_1''-H_2l_2$

上式的符号规定如下：当某段磁通的参考方向（即 H 的方向）与回路的参考方向一致时，则该段的 Hl 取正号，否则取负号；励磁电流的参考方向与回路的绕行方向符合右手螺旋定则时，对应的 IN 取正号，否则取负号。

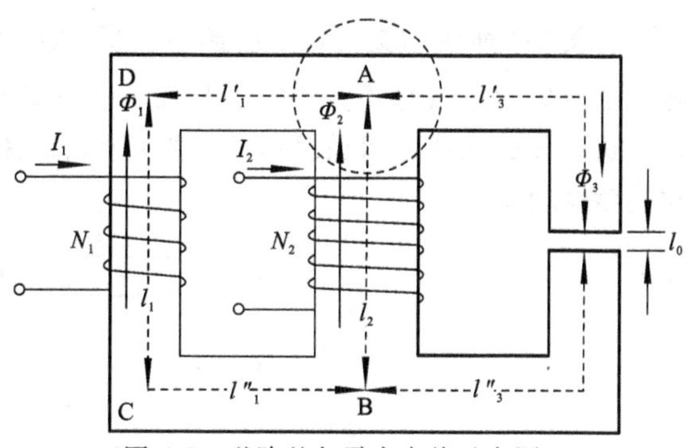

图 6-5　磁路基尔霍夫定律示意图

【例 6.4】如图 6-6 所示为一铸钢磁路，横截面积均匀，$S=6\ \text{cm}^2$，磁路的平均长度为 40 cm，$N=1\,000$。若在此磁路中开有长度为 0.2 cm 的空气隙，当气隙中的磁感应强度 $B=1$ T 时，试求空气隙及铁心的磁阻。

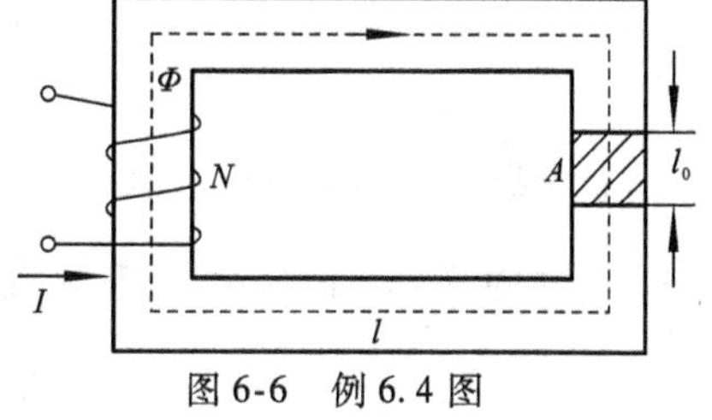

图 6-6　例 6.4 图

解：因空气隙较小，截面积可近似地取 6 cm²。空气隙的磁阻为

$$R_{m0}=\frac{l_0}{\mu_0S_0}=\frac{0.2\times10^{-2}}{4\pi\times10^{-7}\times6\times10^{-4}}\ \text{H}^{-1}=26.5\times10^5\ \text{H}^{-1}$$

由图 6-2 铸钢的磁化曲线数据查得：当 $B=1$ T 时，$H=7$ A/cm $=700$ A/m。铁心的平均长度近似取 40 cm，因此铁心磁阻为

$$R_m=\frac{l}{\mu S}=\frac{Hl}{BS}=\frac{700\times40\times10^{-2}}{1\times6\times10^{-4}}\ \text{H}^{-1}=4.67\times10^5\ \text{H}^{-1}$$

说明空气隙的磁阻远远大于铁心的磁阻。

6.3.3 自己动手练一练

试列出图 6-5 中磁路三个回路中的基尔霍夫第一、第二定律。

6.4 交流铁心线圈

观察与思考

在中学我们学习过通电螺线管，它由两部分组成，分别是骨架介质和线圈。如果这个骨架介质是铁磁材料，人们称它为电磁铁心。当给螺线管线圈中通有交流电，则铁心中会产生交变磁场，人们习惯称这样的铁心线圈为交流铁心线圈。

有时铁心介质是开放的，有时铁心介质是环形的（或称闭合的磁路）。当闭合磁路上有两组线圈，则可以构成电磁耦合，即交变的电流产生交变的磁场，交变的磁场产生交变的电流。交流铁心线圈是一种利用电磁耦合的能量转换器件。

6.4.1 电压电流关系

如图 6-7 所示的交流铁心线圈中，磁动势 $N_1 i_0$ 产生的磁通大部分通过铁心而闭合，这部分磁通称为主磁通 Φ。此外还有很少的一部分磁通主要经过空气或其他非导磁媒介而闭合，这部分磁通称为漏磁通 $\Phi_{1\sigma}$。这两个磁通在线圈中产生两个感应电动势：主磁电动势 e_1 和漏磁电动势 $e_{1\sigma}$。

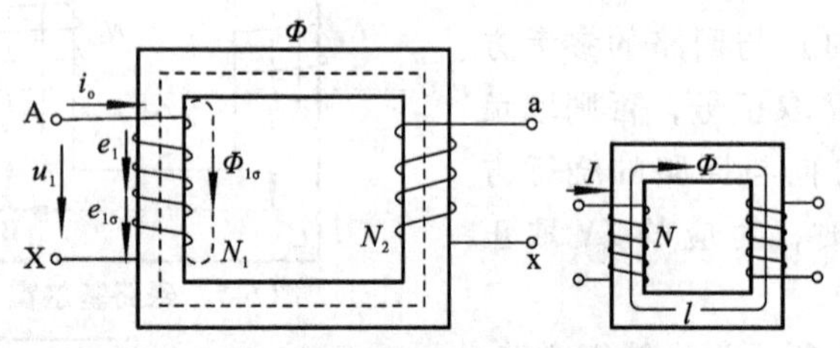

图 6-7　铁心线圈的交流电路

设主磁通 $\Phi=\Phi_m\sin\omega t$，可得 $e_1=-N_1\dfrac{d\Phi}{dt}=2\pi fN_1\Phi_m\sin(\omega t-90°)=E_m\sin(\omega t-90°)$

上式中 $E_m=2\pi fN_1\Phi_m$，是主磁通电动势 e_1 的幅值。可得其有效值为

$$E_1=\frac{2\pi fN_1\Phi_m}{\sqrt{2}}=4.44fN_1\Phi_m$$

若线圈的电阻和漏磁通较小，因而它们上边的电压降也较小，与主磁电动势比较起来，可以忽略不计。于是

$$U=E_1=4.44fN_1\Phi_m$$

6.4.2 交流铁心线圈的损耗

在交流铁心线圈中，除线圈电阻 R 上有功率损耗（铜损）外，处于交变磁化下的铁心

中也有功率损耗（铁损）。铁损是磁滞和涡流在铁心中造成的能量损耗。

磁滞损耗，是指在交流电的作用下，铁心中的磁畴不断改变转向引起的能量损耗。

涡流损耗，是指由交变电流产生的磁场，在铁心中感应产生涡流，涡流使铁心发热并消耗能量。

6.4.3　自己动手练一练

1. 利用硅钢片制成铁心，只是为了减小磁阻，而与涡流损耗和磁滞损耗无关？
2. 铁心线圈中，通入的直流电越大则铁损越大？

6.5　互感元件

观察与思考

两个邻近的电感之间存在互感，就像两个同座位的同学之间的学习也存在相互的影响。一个学习优秀的学生会带动后进生上进，同样，优秀的学生也会受到后进生的影响。这里涉及到谁的影响力大的问题。如果一个线圈的磁场完全穿过另一个线圈，散失量很少，那么这两个线圈耦合紧密，否则耦合就较松。

6.5.1　互感线圈与互感系数

1. 互感线圈

互感现象如图 6-8 所示，有两个邻近的导体线圈 1 和 2，分别通有电流 i_1 和 i_2，i_1 激发一磁场，这磁场的一部分磁感线要穿过线圈 2，用磁通量 Φ_{21}表示。当线圈 1 中的电流 i_1 发生变化时，Φ_{21}也要变化，因而在线圈 2 内激起感应电动势 E_{21}。同样线圈 2 中的电流 i_2 发生变化时，它也使穿过线圈 1 的磁通量 ϕ_{12}变化，因而在线圈 1 中也激起感应电动势 E_{12}。上述两个线圈相互地激起感应电动势的现象，称为互感现象。

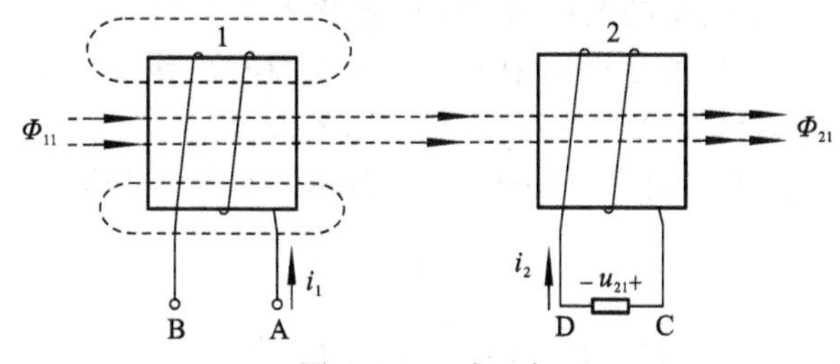

图 6-8　互感现象

2. 互感系数

假设图 6-8 中，左右两个回路的形状、大小、相对位置和周围磁介质的磁导率都不改变，由 i_1 在空间任何一点激发的磁感应强度都与 i_1 成正比，相应地，穿过回路 2 的磁通量 Φ_{21}也必然与 i_1 成正比，即

$$\Phi_{21} = M_{21} i_1$$

同理有

$$\Phi_{12} = M_{12} i_2$$

式中，M_{21}和M_{12}是两个比例系数，它们只和两个回路的形状、大小、相对位置及其周围磁介质的磁导率有关，可以证明：$M_{21}=M_{12}=M$，M称为两回路的互感系数，简称互感。

6.5.2 同名端与互感电压

1. 同名端

对于两个具有磁耦合的线圈A和B，如图6-9所示，i_1和i_2同时都从标有“＊”号的端点分别流入（或流出）两个线圈时，如果它们所产生的磁通是互相加强的，则这两个端点称为同名端。同名端用相同的符号“＊”标记。为了便于区别，仅在两个线圈的一对同名端用标记标出，另一对同名端无须标注。

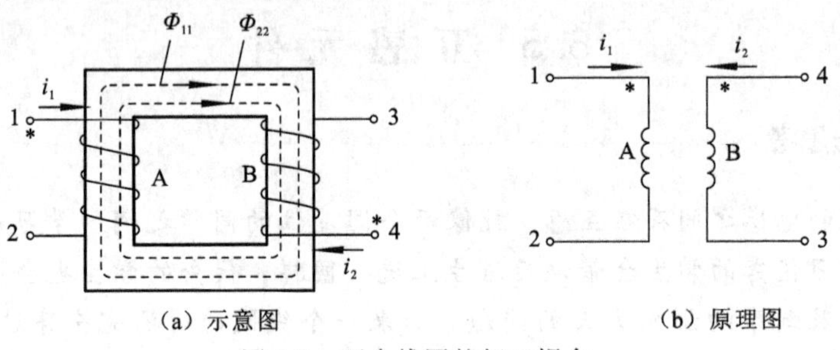

图6-9 两个线圈的相互耦合

2. 互感电压

由电磁感应定律可知，互感电压只存在于互感磁通发生变化时，也就是说，如果互感磁通是固定值时，则互感电压为零。因线圈1中电流i_1的变化在线圈2中产生的感应电压为

$$u_{21}=N_2\frac{\mathrm{d}\Phi_{21}}{\mathrm{d}t}=\frac{\mathrm{d}\psi_{21}}{\mathrm{d}t}=M\frac{\mathrm{d}i_1}{\mathrm{d}t}$$

同样，因线圈2中电流i_2的变化在线圈1中产生的感应电压为

$$u_{12}=N_1\frac{\mathrm{d}\Phi_{12}}{\mathrm{d}t}=\frac{\mathrm{d}\psi_{12}}{\mathrm{d}t}=M\frac{\mathrm{d}i_2}{\mathrm{d}t}$$

由以上两式可知，互感电压的大小与电流的变化率成正比。

【例6.5】 在图6-10（a）所示电路中，已知两线圈的互感$M=0.1$ H，电流源i_s的波形如图6-10（b）所示，试求线圈2中的互感电压u_{21}的波形。

解： 互感电压u_{21}的参考方向如图6-10（a）所示，它与i_s是对同名端一致的。则有

$$u_{21}=M\frac{\mathrm{d}i_{\mathrm{S}}}{\mathrm{d}t}$$

由图6-10（b）可知，$0\leqslant t\leqslant 0.05$ s时，$i_s=20t$，则

$$u_{21}=M\frac{\mathrm{d}(20t)}{\mathrm{d}t}=0.1\times 20\ \mathrm{V}=2\ \mathrm{V}$$

$0.05\ \mathrm{s}\leqslant t\leqslant 0.15$ s时，$i_s=2-20t$，则

$$u_{21}=M\frac{\mathrm{d}(2-20t)}{\mathrm{d}t}=0.1\times(-20)\ \mathrm{V}=-2\ \mathrm{V}$$

$0.15\ \mathrm{s}\leqslant t\leqslant 0.2$ s时，$i_s=-4+20t$，则

$$u_{21}=M\frac{\mathrm{d}(-4+20t)}{\mathrm{d}t}=0.1\times 20\ \mathrm{V}=2\ \mathrm{V}$$

互感电压u_{21}的波形如图6-10（c）所示。

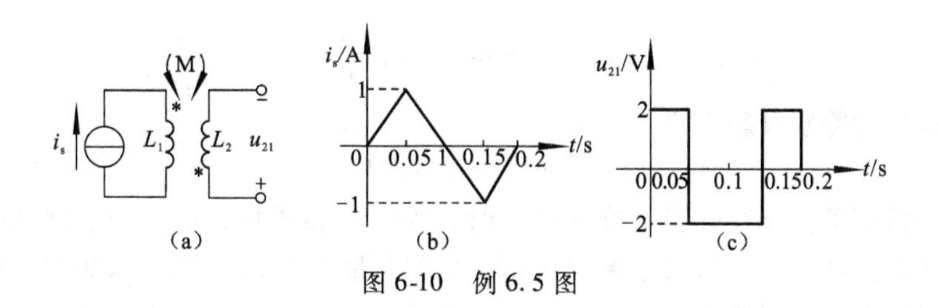

图 6-10　例 6.5 图

6.5.3　自己动手练一练

1 ~ 3 题为判断题，4 题为简答题。

1. 感应电动势的大小与线圈的匝数是否有关。　　　　(　　)

2. 如果两个线圈之间的互感磁通是固定的，则感应电动势为零。　　　　(　　)

3. 当两个线圈发生互感现象时，才存在线圈同名端。　　　　(　　)

4. 当两个线圈发生互感时，第一个线圈产生的自感磁通 Φ_{11} 和第一个线圈在第二个线圈中产生的互感磁通 Φ_{21} 的大小关系是什么？

6.6　具有互感的正弦交流电路

两个分别通有电流的线圈，既有自磁通，又有互磁通。两个线圈的连接方式既有串联，也有并联。如果两个线圈所产生的磁通在某一个线圈中使得该线圈的磁通增强，则说明，这两个磁通的方向一致，我们将这种串联的线圈称为顺串。否则就称为反串。

6.6.1　互感线圈串联

1. 顺向串联

两个互感线圈的异名端连接在一起形成一个串联电路，电流 i 均从两线圈的同名端流入（或流出），这种串联方式称为顺向串联，如图 6-11（a）所示。总的感应电压为

$$u=(L_1+L_2+2M)\ \frac{\mathrm{d}i}{\mathrm{d}t}$$

故顺向串联的等效电感 L_S 为

$$L_S=L_1+L_2+2M$$

2. 反向串联

反向串联是两个线圈串联时将其同名端相连接，如图 6-11（b）所示。电流 i 从线圈的同名端流入（或流出），又从线圈的同名端流出（或流入），此时总的感应电压为

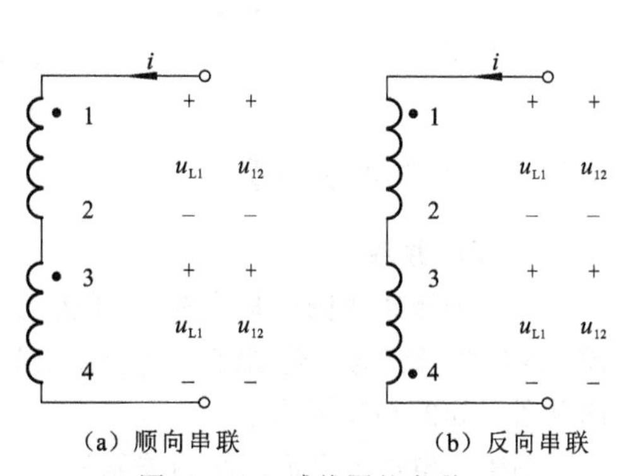

图 6-11　互感线圈的串联

$$u = (L_1 + L_2 - 2M)\ \frac{\mathrm{d}i}{\mathrm{d}t}$$

故反向串联的等效电感 L_f 为

$$L_f = L_1 + L_2 - 2M$$

由上述分析可见，当互感线圈顺向串联时，等效电感增加，有增强电感的作用；反向串联时，等效电感减少，有削弱电感的作用。由相量欧姆定律可知：当加有同样的正弦电压时，顺串时的电流小于反串连接时的电流。除了可以用实验的方法判断出它们的同名端外，还可以在分别测出 L_S 和 L_f 的基础上，计算它们的互感 M。由 $L_S = L_1 + L_2 + 2M$ 和 $L_f = L_1 + L_2 - 2M$ 得

$$M = \frac{L_S - L_f}{4}$$

【例 6.6】 将两个电感线圈 L_1，L_2 串联起来，加上正弦电压 220 V，测得电流为 I_a = 10 A;将其中一个线圈反向后再串联起来，测得电流为 I_b = 5 A，L_f = 0.051 3 H，L_S =0.132 H。

（1）判断它们的同名端；

（2）求互感 M。

解：（1）根据题意知 $I_a > I_b$，故前者是反向串联，后者是顺向串联，同名端如图 6-12 所示。图上电阻未用符号画出，在一些电路中有时只画电感符号，但注意有电阻 R 时表示是具有电阻的实际电感。

（2）$L_S = L_1 + L_2 + 2M \qquad L_f = L_1 + L_2 - 2M \qquad M = \frac{L_S - L_f}{4}$

$$M = \frac{L_S - L_f}{4} = \frac{0.132 - 0.051\ 3}{4}\ \mathrm{H} = 0.020\ 2\ \mathrm{H}$$

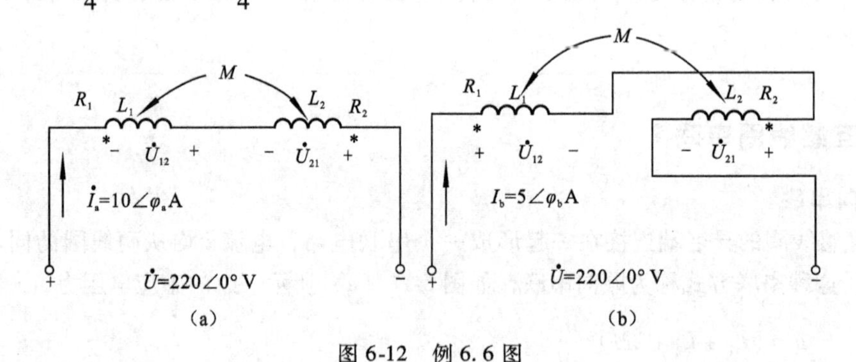

图 6-12　例 6.6 图

6.6.2　互感线圈并联

1. 同侧并联

将两个互感线圈的同名端分别连在一起构成并联回路，电流 i 均从两线圈的同名端流入（或流出），这种并联方式称为同向并联，如图 6-13 所示。

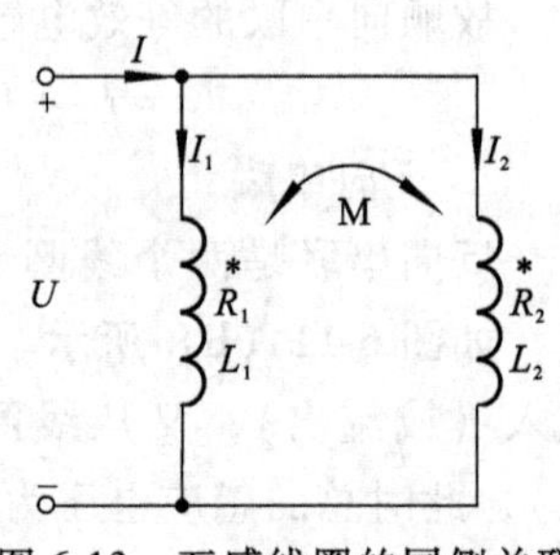

图 6-13　互感线圈的同侧并联

图中，电压、电流之间的关系为：

$$\begin{cases} u = R_1 i_1 + L_1 \dfrac{\mathrm{d}i_1}{\mathrm{d}t} + M \dfrac{\mathrm{d}i_2}{\mathrm{d}t} \\ u = R_2 i_2 + L_2 \dfrac{\mathrm{d}i_2}{\mathrm{d}t} + M \dfrac{\mathrm{d}i_1}{\mathrm{d}t} \\ i = i_1 + i_2 \end{cases}$$

在正弦电流的情况下：

$$\begin{cases} \dot{U} = R_1 \dot{I}_1 + \mathrm{j}\omega L_1 \dot{I}_1 + \mathrm{j}\omega M \dot{I}_2 = Z_1 \dot{I}_1 + Z_M \dot{I}_2 \\ \dot{U} = R_2 \dot{I}_2 + \mathrm{j}\omega L_2 \dot{I}_2 + \mathrm{j}\omega M \dot{I}_1 = Z_2 \dot{I}_2 + Z_M \dot{I} \Rightarrow \dot{I}_1 = \dfrac{Z_2 - Z_M}{Z_1 Z_2 - Z_M^2}\dot{U}，\quad \dot{I}_2 = \dfrac{Z_1 - Z_M}{Z_1 Z_2 - Z_M^2}\dot{U} \end{cases}$$

电流 $\dot{I} = \dfrac{Z_1 + Z_2 - 2Z_M}{Z_1 Z_2 - Z_M^2}\dot{U}$，输入阻抗 $Z_{IN} = \dfrac{\dot{U}}{\dot{I}} = \dfrac{Z_1 Z_2 - Z_M^2}{Z_1 + Z_2 - 2Z_M}$

2. 异侧并联

将两个互感线圈的异名端分别连在一起构成并联回路，电流从两线圈的异名端流入（或流出），这种并联方式称为异向并联，如图 6-14 所示。图中电压、电流之间的关系：

$$\begin{cases} u = R_1 i_1 + L_1 \dfrac{\mathrm{d}l_1}{\mathrm{d}t} - M \dfrac{\mathrm{d}i_2}{\mathrm{d}t} \\ u = R_2 i_2 + L_2 \dfrac{\mathrm{d}i_2}{\mathrm{d}t} - M \dfrac{\mathrm{d}i_1}{\mathrm{d}t} \\ i = i_1 + i_2 \end{cases}$$

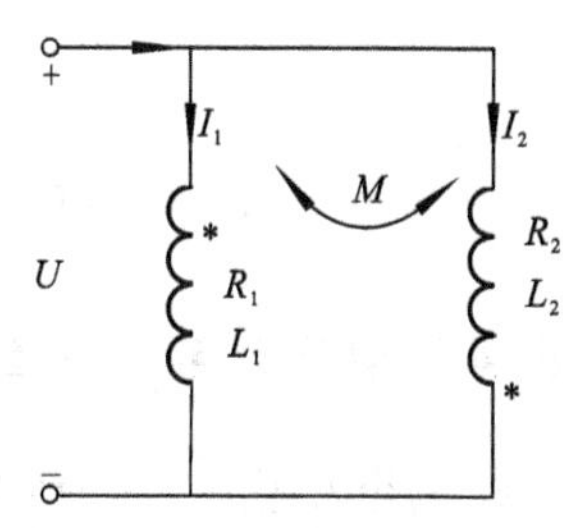

图 6-14　互感线圈的异侧并联

在正弦电流的情况下：

$$\begin{cases} \dot{U} = R_1 \dot{I}_1 + \mathrm{j}\omega L_1 \dot{I}_1 - \mathrm{j}\omega M \dot{I}_2 = Z_1 \dot{I}_1 - Z_M \dot{I}_2 \\ \dot{U} = R_2 \dot{I}_2 + \mathrm{j}\omega L_2 \dot{I}_2 - \mathrm{j}\omega M \dot{I}_1 = Z_2 \dot{I}_2 - Z_M \dot{I}_1 \Rightarrow \dot{I}_1 = \dfrac{Z_2 + Z_M}{Z_1 Z_2 - Z_M^2}\dot{U}，\quad \dot{I}_2 = \dfrac{Z_1 + Z_M}{Z_1 Z_2 - Z_M^2}\dot{U} \\ I = \dot{I}_1 + \dot{I}_2 \end{cases}$$

电流 $\dot{I} = \dfrac{Z_1 + Z_2 + 2Z_M}{Z_1 Z_2 - Z_M^2}\dot{U}$，输入阻抗 $Z_{IN} = \dfrac{\dot{U}}{\dot{I}} = \dfrac{Z_1 Z_2 - Z_M^2}{Z_1 + Z_2 + 2Z_M}$

6.6.3　并联互感线圈的去耦等效

1. 同侧并联等效

由上节可知，同侧并联时电压电流有如下关系式

$$\dot{U} = R_1 \dot{I}_1 + \mathrm{j}\omega L_1 \dot{I}_1 + \mathrm{j}\omega M \dot{I}_2 = R_1 \dot{I}_1 + \mathrm{j}\omega L_1 \dot{I}_1 + \mathrm{j}\omega M（\dot{I} - \dot{I}_1）$$

$$\dot{U} = R_2 \dot{I}_2 + \mathrm{j}\omega L_2 \dot{I}_2 + \mathrm{j}\omega M \dot{I}_1 = R_2 \dot{I}_2 + \mathrm{j}\omega L_2 \dot{I}_2 + \mathrm{j}\omega M（\dot{I} - \dot{I}_2）$$

假设 $R_1 = R_2 = 0$，且为理想电感，则上式可化简为

$$\dot{U} = \mathrm{j}\omega L_1 \dot{I}_1 + \mathrm{j}\omega M（\dot{I} - \dot{I}_1）= \mathrm{j}\omega（L_1 - M）\dot{I}_1 + \mathrm{j}\omega M\dot{I}$$

$$\dot{U} = \mathrm{j}\omega L_2 \dot{I}_2 + \mathrm{j}\omega M（\dot{I} - \dot{I}_2）= \mathrm{j}\omega（L_2 - M）\dot{I}_2 + \mathrm{j}\omega M\dot{I}$$

根据上述电压、电流关系，按照等效的概念，图 6-13 所示具有互感的电路就可以用图 6-15所示无互感的电路来等效，这种处理互感电路的方法称为互感消去法。图 6-15 称为图 6-13 的去耦等效电路。

2. 异侧并联等效

同理，异侧并联的去耦等效电路如图 6-16 所示。

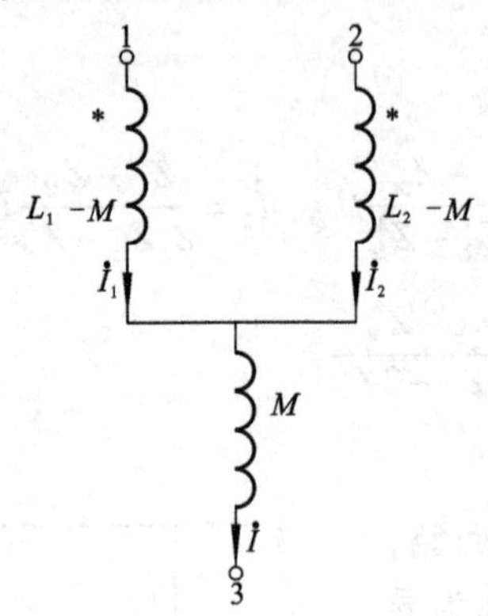

图 6-15　同侧并联的去耦等效电路

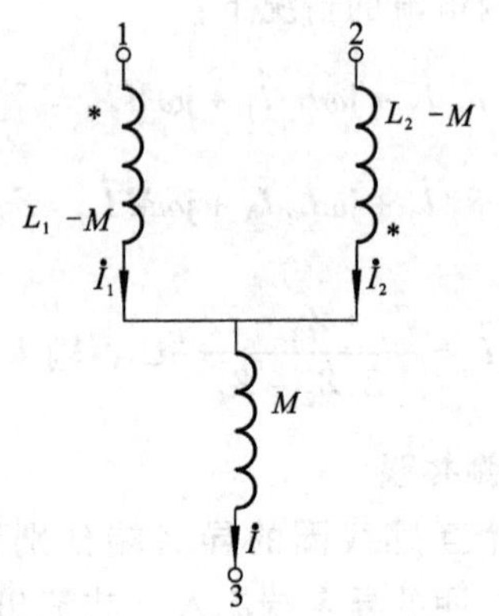

图 6-16　异侧并联的去耦等效电路

6.6.4　自己动手练一练

1. 两个互感线圈分别采用顺向串联和反向串联时，哪种阻抗较大?

2. 两个互感线圈顺串时等效电感为 1 H，反串时等效电感为 0.2 H，又已知第一个线圈的电感为 0.2 H，求第二个线圈的电感。

6.7　理想变压器

观察与思考

变压器在日常生活中很常见。变压器是由铁心和线圈构成，其主要利用能量的转换和守恒原理。首先，初级线圈将交流电能转换成磁场能，通过铁心传递给次级线圈，次级线圈再根据法拉第电磁感应定律将磁场能转换成电能。理想变压器其实是不存在的。但是，当这种转换过程中能量损失很少时，就可以把实际的变压器看成理想变压器来处理。

6.7.1　变换电压

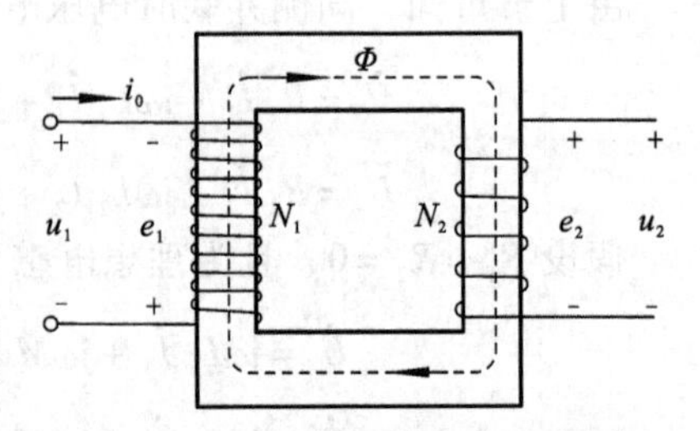

图 6-17　变压器空载运行原理图

图 6-17 为变压器空载运行原理图。在外加电压 u_1 作用下，一次绕组 N_1 中通过的电流 i_0 称为空载电流。i_0 又称励磁电流，它产生工作磁通，在其作用下，二次绕组 N_2 两端将感应出电动势。在理想状态下（忽略漏磁通，变压器本身不消耗能量，也不存储能量），变压

器的电压变换关系为：

$$\frac{U_1}{U_2}=\frac{\dot{U}_1}{\dot{U}_2}=\frac{N_1}{N_2}=n$$

上式表明变压器一次绕组、二次绕组的电压比，与一次绕组、二次绕组的匝数成正比。比值 n 称为变压比。

6.7.2　变换电流

当二次绕组接入负载 Z_L 时，称为变压器有载运行。在图 6-18 中，一次绕组电流为 i_1，二次绕组电流为 i_2，在理想情况下有

$$\frac{i_1}{i_2}=\frac{\dot{I}_1}{\dot{I}_2}=\frac{N_2}{N_1}=\frac{1}{n}$$

上式表明变压器一次绕组、二次绕组的电流比与一次绕组、二次绕组的匝数成反比。

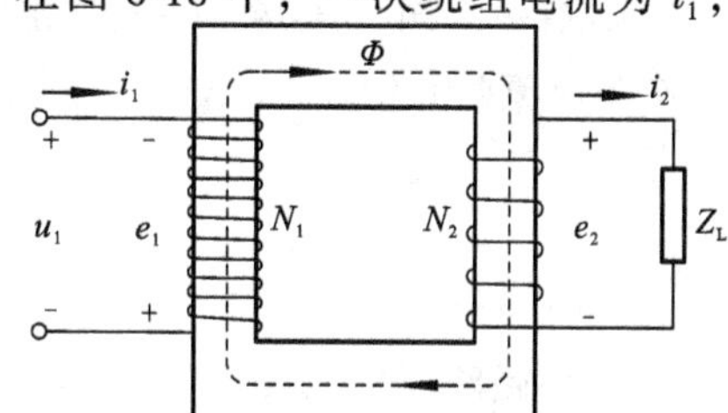

图 6-18　变压器有载运行原理图

6.7.3　变换阻抗

变压器不但具有变换电压和电流的作用，还具有变换阻抗的作用。当变压器二次绕组接上阻抗为 $|Z_L|$ 负载后，则

$$Z_L=\frac{U_2}{I_2}=\left(\frac{N_2}{N_1}\right)^2\frac{U_1}{I_1}=\frac{1}{n^2}Z_i \qquad 或 \qquad |Z_i|=n^2|Z_L|$$

式中，$|Z_i|=\dfrac{U_1}{I_1}$相当于直接接在一次绕组上的等效阻抗。

由 $|Z_i|=n^2|Z_L|$ 可知，接在变压器二次绕组上的负载 $|Z_L|$ 相当于变成了 $n^2|Z_L|$，而直接接在一次绕组上，从而减小了一次绕组上的电流。

【例 6.7】 有一台降压变压器，一次绕组电压为 220 V，二次绕组电压为 110 V，一次绕组为 2 200 匝，若二次绕组接入阻抗值为 10 Ω 的阻抗。试求：

（1）该变压器的变压比；

（2）一次绕组阻抗；

（3）二次绕组的匝数；

（4）一次绕组、二次绕组中电流。

解：（1）变压器的变压比为

$$n=\frac{U_1}{U_2}=\frac{220}{110}=2$$

（2）相当于直接在一次绕组接上的负载为

$$Z_i=n^2Z_L=2^2\times 10\ \Omega=40\ \Omega$$

（3）二次绕组匝数为

$$N_2=N_1\frac{U_2}{U_1}=2\ 200\times\frac{110}{220}=1\ 100$$

（4）二次绕组中电流为

$$I_2 = \frac{U_2}{Z_L} = \frac{110}{10}\ \Omega = 11\ \text{A}$$

一次绕组中电流为

$$I_1 = \frac{N_2}{N_1} I_2 = \frac{1\ 100}{2\ 200} \times 11\ \text{A} = 5.5\ \text{A}$$

6.7.4 自己动手练一练

1. 如果变压器一次绕组的匝数增加一倍，而所加电压不变，试问励磁电流将有何变化？

2. 有一空载变压器，一次侧加额定电压 220 V，并测得一次绕组电阻 $R_1 = 10\ \Omega$，试问一次侧电流是否等于 22 A？

小　　结

（1）磁路

铁磁材料具有比空气大得多的磁导率，为此电气设备中常使磁通通过铁心来构成磁路。

铁磁材料磁化到饱和即不再有高磁导率。为充分利用铁磁材料的增磁作用，电气设备的铁心正常工作都设计在磁化曲线的膝部。

磁路欧姆定律 $\Phi = \frac{F}{R_m}$，其中 $R_m = \frac{l}{\mu S}$

（2）磁路定律

第一定律：$\Phi_i = \Phi_o$

第二定律：$\sum NI = \sum Hl$

（3）交流铁心线圈

有铁心的线圈中通入交流电流应视为非线性磁路，电压、电流之间不再成线性关系。电压与主磁通之间有以下关系：$U = 4.44fN\Phi_m$

有铁心的线圈中通入交流电时，铁心中磁通变化滞后于电流的变化称为磁滞，铁心中感应产生的旋涡状的电流称为涡流。磁滞和涡流都将损耗能量，统称为铁损。

为减少磁滞损耗应采用软磁材料；为减少涡流损耗可用电阻率较高的磁性材料和相互绝缘的叠片铁心。电气设备最常用的铁心材料是表面绝缘的硅钢片。

（4）互感

两个线圈相互地激起感应电动势的现象，称为互感现象。

当两个线圈中分别通入电流时，如果磁通得到加强，则电流流入两线圈的两端称为同名端。

当两个线圈串联时将其同名端相连接，这种串联方式称为反向串联；当两个线圈串联时将其异名端相连接，这种串联方式称为顺向串联。

顺向串联的等效电感 $L_S = L_1 + L_2 + 2M$；反向串联的等效电感为 $L_f = L_1 + L_2 - 2M$。

当两个线圈并联时将其同名端连接在同一端点，这种并联方式称为同侧并联；当两个线圈并联时将其异名端连接在同一端点，这种并联方式称为异侧并联。

（5）变压器

在理想状态下，

电压比：
$$\frac{U_1}{U_2}=\frac{N_1}{N_2}$$

电流比：
$$\frac{I_1}{I_2}=\frac{N_2}{N_1}$$

阻抗比：
$$\frac{Z_1}{Z_2}=\left(\frac{N_1}{N_2}\right)^2$$

习　题　六

一、判断题（正确的打√，错误的打×）

1. 一个线圈的磁动势大小与其中的电流成正比。（　　）
2. 一个线圈的磁动势大小与线圈匝数无关。（　　）
3. 磁导率是用来表示各种不同材料导磁能力强弱的物理量。（　　）
4. 磁饱和是指材料中磁畴都随外磁场转向外磁场的方向了。（　　）
5. 磁滞现象引起的剩磁是十分有害的，没有什么利用价值。（　　）
6. 为减少涡流损耗和磁滞损耗，可利用硅钢片制成铁心。（　　）
7. 恒定磁通穿过铁心时要产生铜损耗和铁损耗。（　　）
8. 两线圈磁路尺寸完全相同，线圈中介质一为木制，一为钢制，如两线圈的磁动势相等，则其 H 值和 B 值都应该对应相等。（　　）
9. 磁路中气隙加大时磁阻加大，同样的磁通就需要较大的磁动势。（　　）
10. 磁路中气隙加大时磁阻加大，要产生同样的磁通就需要较大的磁动势。（　　）
11. 在一个截面积相同但有气隙的无分支磁路中，虽然 Φ、B 处处相等，但 H 却不同。（　　）
12. 互感线圈中，感应电动势的大小与线圈的匝数无关。（　　）
13. 变压器不能改变直流电压。（　　）
14. 220/110 V 的变压器，一次绕组加 440 V 交流电压，二次绕组可得到 220 V 交流电压。（　　）
15. 变压器的功率损耗，就是一次绕组、二次绕组上的电阻损耗。（　　）

二、选择题

1. 描述磁场中各点磁场强弱和方向的物理量是（　　）。

   A. 磁通量　　B. 磁感应强度　　C. 磁场强度　　D. 磁导率

2. 当铁心变压器原绕组外接电压 U1 及频率 f 不变时，接通负载时的铁心磁通密度一般比空载时（　　）。

   A. 增加　　B. 减少　　C. 不变　　D. 以上都不对

3. 空心线圈被插入铁心后（　　）。

   A. 磁性将大大增强　　B. 磁性基本不变

   C. 磁性将减弱　　D. 铁心与磁性无关

4. 尺寸完全相同的两个环形线圈，一为铁心，一为空心，当通以相同直流时，两线圈磁路磁场强度 H 的关系为（　　）。

A. $H_{铁心} > H_{空心}$　　B. $H_{铁心} = H_{空心}$　　C. $H_{铁心} < H_{空心}$

5. 两个尺寸完全相同的环形线圈，一为铁心，一为木心，当通以相等直流时，两磁路的磁感应强度 B 比较为（　　）。

A. $B_{铁心} > B_{木心}$　　B. $B_{铁心} = B_{木心}$　　C. $B_{铁心} < B_{木心}$

6. 铁磁材料的电磁性能主要表现在（　　）。

A. 低导磁率、磁饱和性　　B. 磁滞性、高导磁性、磁饱和性

C. 磁饱和性、具有涡流　　D. 不具有涡流、高导磁率

7. 磁化现象的正确解释是（　　）。

A. 磁畴在外磁场的作用下转向形成附加磁场

B. 磁化过程是磁畴回到原始杂乱无章的状态

C. 磁畴存在与否与磁化现象无关

D. 各种材料的磁畴数目基本相同，只是有的不易于转向形成附加磁场

8. 为减小剩磁，电器的铁心应采用（　　）。

A. 硬磁材料　　B. 软磁材料　　C. 矩磁材料　　D. 非磁材料

9. 在一个具有气隙的铁心线圈磁路中，气隙处的磁场强度 H_0 与铁心处的磁场强度 H 比较，其结果是（　　）。

A. $H > H_0$　　B. $H = H_0$　　C. $H < H_0$

10. 对照电路和磁路欧姆定律发现（　　）。

A. 磁阻和电阻都是线性元件　　B. 电路和磁路欧姆定律都应用在线性状态

C. 磁阻和电阻都是非线性元件　　D. 磁阻是非线性元件，电阻是线性元件

11. 互感系数与两个线圈的（　　）有关。

A. 电流的变化　　B. 电压的变化　　C. 感应电动势　　D. 相对位置

12. 当两个线圈发生互感时，第一个线圈产生的自感磁通 Φ_{11} 和第一个线圈在第二个线圈中产生的互感磁通 Φ_{21} 的大小关系是（　　）

A. $\Phi_{11} = \Phi_{21}$　　B. $\Phi_{11} > \Phi_{21}$　　C. $\Phi_{11} < \Phi_{21}$　　D. $\Phi_{11} > \Phi_{21}$

13. 50 Hz、220 V 的变压器，可使用的电源是（　　）。

A. 220 V 直流电源　　B. 100 Hz、220 V 交流电源

C. 25 HZ、110 V 交流电源　　D. 50 Hz、330 V 交流电源

14. 在 220/110 V 的变压器一次绕组加 220 V 直流电压，空载时一次绕组电流是（　　）。

A. 0　　B. 空载电流　　C. 额定电流　　D. 短路电流

15. 变压器的变比 n 准确说是（　　）。

A. U_1/U_{20}　　B. E_1/E_2　　C. U_1/U_2　　D. I_1/I_2

三、填空题

1. 永久磁铁和通电导线的周围有__________存在。

2. 铁磁材料被反复磁化形成的封闭曲线称为__________。

3. 由铁心制成使磁通集中通过的回路称为__________。

4. 若铁心线圈接到正弦电压源上，则当频率增大时，磁通将__________，电流将__________。

5. 交流电磁铁的铁心发热是因为__________和__________现象引起的能量损耗。

6. 涡流损耗会引起铁心______，减小涡流的方法可采用______叠成铁心。

7. 两互感线圈的串联方式有______和______；并联方式有______和______。

8. 各种变压器的构造基本是相同的，主要由______和______两部分组成。

9. 变压器工作时与电源连接的绕组叫______绕组，与负载连接的绕组叫______绕组。

10. 从变压器一次绕组看去，二次绕组阻抗 Z 变为原数值的______倍。

四、计算题

1. 试确定图 6-19 所示耦合线圈的同名端，画出其电路模型，并写出元件的伏安关系式。

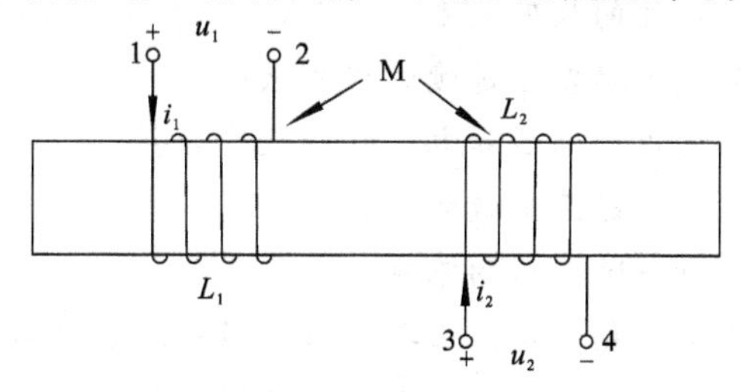

图 6-19　计算题 1 图

2. 试写出图 6-20 所示各电路的伏安关系式。

3. 图 6-21 所示电路，设角频率为 ω，求 ab 端的等效阻抗。

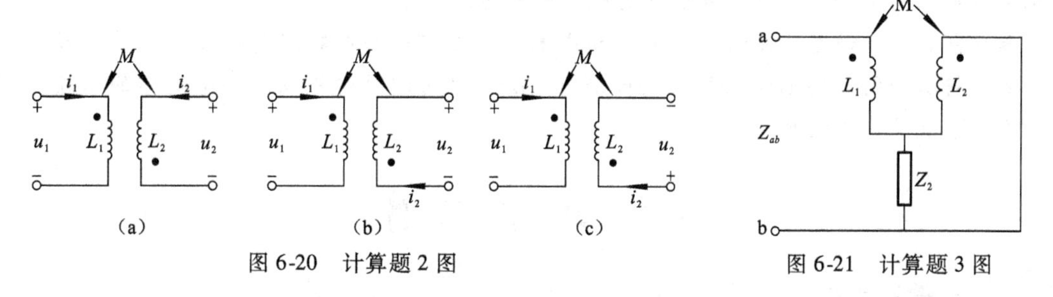

图 6-20　计算题 2 图　　　图 6-21　计算题 3 图

4. 试问图 6-22 所示电路中，n 为多大时负载可获最大功率？并求此最大功率。

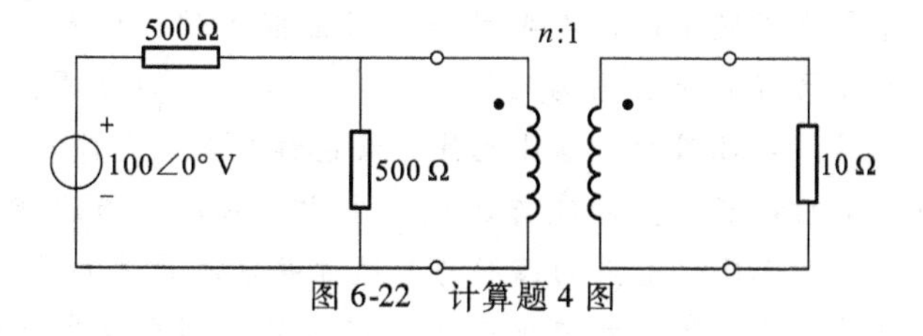

图 6-22　计算题 4 图

5. 已知两线圈的自感为 $L_1 = 5$ mH，$L_2 = 4$ mH，

（1）若 $k = 0.5$，求互感 M；

（2）若 $M = 3$ mH，求耦合系数 k；

（3）若两线圈全耦合，求互感 M。

6. 简述交流铁心线圈的功率损耗有哪些？它们是怎样产生的？如何减少？

7. 简述电磁铁的工作原理，主要用途及其特点。

*第7章 动态电路分析

学习目标

- 了解电容元件、电感元件的工作原理及基本物理量。
- 掌握电容元件、电感元件的伏安关系。
- 学习过渡过程的含义及电路发生过渡过程的原因。
- 熟练掌握换路定律及电路中电压和电流初始值的计算。
- 了解零输入响应的概念，时间常数的概念。
- 熟练运用三要素法分析一阶电路的零输入响应。
- 学会零状态响应的概念。熟练运用三要素法分析一阶电路的零状态响应。
- 了解一阶电路的叠加定理。熟练应用三要素法则求解一阶电路的全响应。

引导提示

电路模型中往往不可避免地包含电容元件和电感元件，这两种元件的伏安关系都涉及对电流、电压的微分或积分，我们称这种元件为动态元件。

至少包含一个动态元件的电路称为动态电路，任何一个电路不是电阻电路就是动态电路。本章将从介绍动态元件入手，进而介绍一阶电路的过渡过程以及一阶电路的零输入响应，零状态响应，全响应等。

7.1 动态元件

观察与思考

生活中有些物体是消耗能量的，有些物体是存储能量的，例如：电阻器将电能消耗并转化成热能，电容器将电能以电场的形式储存起来。人们习惯把存储电能的元件称为动态元件。电感器、电容器均为储能元件，故也称为动态元件。

运动物体具有一定的动能，其动能与速度的平方成正比，与此相类似，电容的储能与其两端电压的平方成正比，电感的储能与其通过的电流的平方成正比。

此外，我们还知道，运动物体的速度变化是连续的，那么电感上电流的变化和电容上电压的变化也应是连续的，不可能发生突变。正因为如此，所以电感和电容的电压电流约束关系存在微分的关系。

7.1.1 电容元件

把两块金属极板用介质隔开就可构成一个简单的电容器。由于理想介质是不导电的，在外电源作用下，两块极板上能分别存储等量的异性电荷。外电源撤走后，这些电荷依靠电场力的作用，互相吸引，而又为介质所绝缘而不能中和，因而极板上的电荷能长久地存储下去。因此，电容器是一种能存储电荷的器件。在电荷建立的电场中存储着能量，因此可以说电容器是一种能够存储电场能量的元件。

电容元件是电容器的理想化模型，其定义为：一个二端元件，如果在任一时刻 t，它的电荷量 $q(t)$ 同它的端电压 $u(t)$ 之间的关系为 $q(t) = Cu(t)$，则此二端元件称为电容元件。图 7-1 为电容元件及其库伏特性曲线。

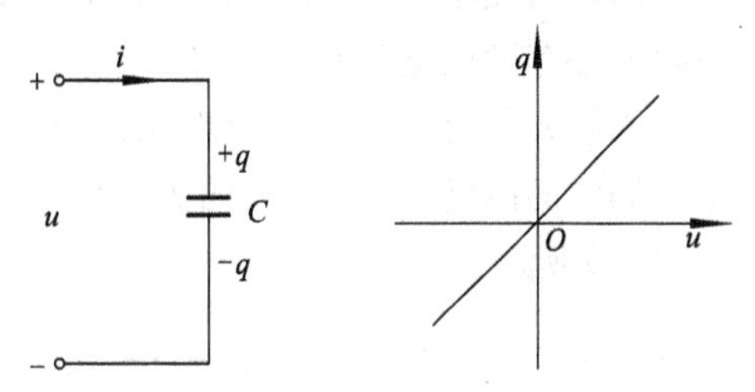

图 7-1　电容元件及其库伏特性曲线

设电容元件电压与电流为关联参考方向且 C 为电容的容量，当电容两端电压 $u(t)$ 有变化时，电容器上的电荷量 $q(t)$ 也有相应的变化，则流过电容电路的电流

$$i(t) = \frac{\mathrm{d}q(t)}{\mathrm{d}t} \tag{7-1}$$

将 $q(t) = Cu(t)$ 代入得

$$i(t) = C\frac{\mathrm{d}u(t)}{\mathrm{d}t} \tag{7-2}$$

这就是电容的伏安关系式，其中涉及对电压的微分。

式(7-2) 表明，在某一时刻电容的电流取决于该时刻电容电压的变化率，如果电压不变，那么$\frac{\mathrm{d}u(t)}{\mathrm{d}t}$为零，即使有电压，电流也为零，因此，电容有隔直流的作用。

我们也可以把电容的电压 $u(t)$ 表示为电流 $i(t)$ 的函数。对(7-2) 式积分可得

$$u(t) = \frac{1}{C}\int_{-\infty}^{t} i(\xi)\,\mathrm{d}\xi \tag{7-3}$$

式(7-3) 中，将积分号内的时间变量 t 用 ξ 表示，以区别于积分上限 t。

式(7-3) 表明：在某一时刻 t，电容电压并不取决于该时刻的电流值，而是取决于从 $-\infty$ 到 t 所有时刻的电流值，也就是说与电流的全部历史状况有关。因此，我们说电容是一种记忆元件，有“记忆” 电流的作用。

电容是储存电能的元件，在电压和电流为关联方向时，电容吸收的瞬时功率为

$$p(t) = u(t)i(t) = Cu(t)\frac{\mathrm{d}u(t)}{\mathrm{d}t} \tag{7-4}$$

电容上的储能为：

$$w_C(t) = \int_{-\infty}^{t} p(\xi)\,\mathrm{d}\xi = \int_{-\infty}^{t} Cu(\xi)\,\mathrm{d}u(\xi) = \frac{1}{2}Cu^2(t) - \frac{1}{2}Cu^2(-\infty)$$

一般认为 $u(-\infty) = 0$，电容在时刻 t 的储能可简化为

$$w_C(t) = \frac{1}{2}Cu^2(t) \tag{7-5}$$

由此可知：电容在某一时刻的储能仅取决于该时刻电容上的电压，而与电流无关。

通常物体所具有的能量不能发生跃变，故电容电压具有连续性质。

7.1.2 电感元件

导线中有电流时,其周围就会产生磁场。通常我们把导线绕成线圈如图 7-2 所示,以增强线圈内部的磁场,称为电感器或电感线圈。电感存贮的能量以磁场形式存在。因此电感线圈是一种能够存贮磁场能量的器件。

电感元件是电感器的理想化模型,其定义为:一个二端元件,如果在任一时刻 t,它的电流 $i(t)$ 同它的磁链 $\psi(t)$ 之间的关系为 $\psi(t)=Li(t)$,则此二端元件称为电感元件,其模型符号如图 7-3 所示。

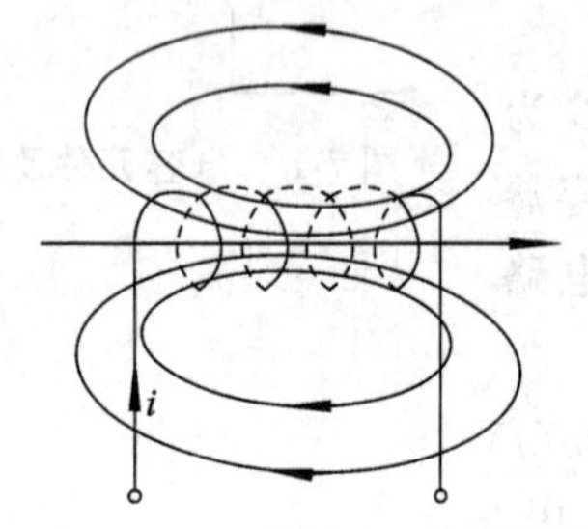

图 7-2 电感线圈及其磁通线

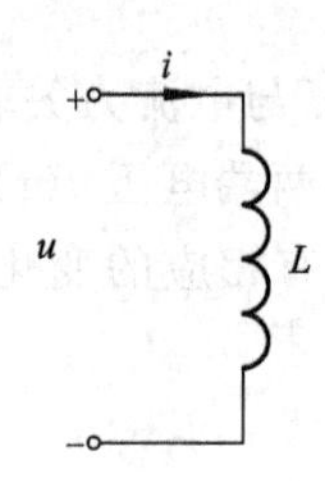

图 7-3 电感元件模型符号

当通过电感的电流发生变化时,磁链也相应地发生变化,根据电磁感应定律,电感两端出现感应电压,且等于磁链的变化率。当电压的参考方向与磁链的参考方向符合右手螺旋定则时,可得

$$u(t)=\frac{\mathrm{d}\psi(t)}{\mathrm{d}t} \tag{7-6}$$

将 $\psi(t)=Li(t)$ 代入得

$$u(t)=L\cdot\frac{\mathrm{d}i(t)}{\mathrm{d}t} \tag{7-7}$$

式(7-7) 是电感的伏安关系式,其中涉及对电流的微分。

式(7-7) 表明,在某一时刻电感的电压取决于该时刻电流的变化率,如果电流不变,那么 $\frac{\mathrm{d}i(t)}{\mathrm{d}t}$ 为零,即使有电流,电压也为零,因此,电感对直流起着短路的作用。

我们也可以把电感的电流 $i(t)$ 表示为电压 $u(t)$ 的函数。对(7-7) 式积分可得

$$i(t)=\frac{1}{L}\int_{-\infty}^{t}u(\xi)\mathrm{d}\xi \tag{7-8}$$

式(7-8) 表明:任一时刻的电感电流,不仅取决于该时刻的电压值,还取决于 $-\infty$ 到 t 所有时刻的电压值,即与电压过去的全部历史有关。可见电感有“记忆” 电压的作用,它也是一种记忆元件。

电感是储存磁能的元件,在电压和电流为关联方向时,电感吸收的瞬时功率为

$$p(t)=u(t)i(t)=Li(t)\frac{\mathrm{d}i(t)}{\mathrm{d}t} \tag{7-9}$$

电感上的储能为

$$w_L(t)=\int_{-\infty}^{t}p(\xi)\mathrm{d}\xi=\int_{-\infty}^{t}Li(\xi)\mathrm{d}i(\xi)=\frac{1}{2}L[i^2(t)-i^2(-\infty)]$$

一般认为 $i(-\infty)=0$，电感在时刻 t 的储能可简化为

$$w_L(t)=\frac{1}{2}Li^2(t) \tag{7-10}$$

由此可知：电感在某一时刻的储能仅取决于该时刻电感上的电流，而与电压无关。

由于电感上储能不能发生跃变，故电感电流也不能发生跃变，电感电流具有连续性。

7.1.3　自己动手练一练

1. 一电容器 $C=100\ \mu\text{F}$，其两端电压 $u_C=5\ \text{V}$，问通过电容的电流和电容的储能是否等于零？为什么？

2. 一电感器 $L=10\ \text{mH}$，通过电感的电流 $i_L=10\ \text{A}$，问电感两端的电压和电感的储能是否等于零？为什么？

7.2　动态电路的描述

观察与思考

在自然界中，物质的能量积累通常都是连续变化的，不可能发生突变。例如水温的变化，汽车速度的变化，人们知识的增长均符合这一规律。

生活中很多事物都有一个能量建立的过程，人们称这一过程为过渡过程。含有动态元件的电路就有这种能量建立的过程。如充放电需要一段时间。电路从一个稳定状态变化到另一个稳定状态所经历的过程称为暂态过程，也称为动态过程或过渡过程。

本节研究电感器、电容器的动态过程的形成，并学习初值和终值的确定。

7.2.1　动态电路

7.1 节介绍了电容元件和电感元件，这两种元件的伏安关系均具有微分关系，所以称为动态元件。含动态元件的电路即动态电路。当电路中含有电容元件、电感元件时，根据 KCL、KVL 以及元件建立的电路方程是以电流和电压为变量的微分方程。微分方程的阶数取决于动态元件的个数和电路的结构。

在一般情况下，当电路中仅含一个动态元件时，所建立的电路方程将是一阶线性常微分方程，相应的电路称为一阶电路。

【例 7.1】电路如图 7-4 所示。

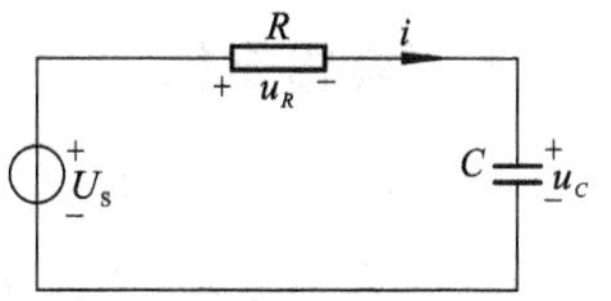

根据 KVL 方程可得

$$u_R+u_C=U_S$$

$$u_R=iR$$

$$i=C\frac{\mathrm{d}u_C}{\mathrm{d}t}$$

图 7-4　例 7.1 图

所以，电路方程为：

$$RC\frac{\mathrm{d}u_C}{\mathrm{d}t}+u_C=U_S \tag{7-11}$$

或 $$\frac{\mathrm{d}u_C}{\mathrm{d}t}+\frac{1}{RC}u_c=\frac{1}{RC}U_S$$

【例 7.2】电路如图 7-5 所示。

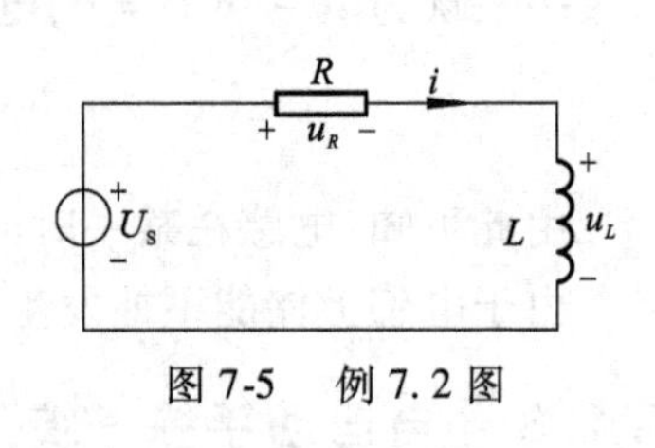

图 7-5　例 7.2 图

根据 KVL 方程可得：

$$u_R+u_L=U_S$$

$$u_R=Ri,u_L=L\frac{\mathrm{d}i}{\mathrm{d}t}$$

所以，电路方程为：
$$L\frac{\mathrm{d}i}{\mathrm{d}t}+Ri=U_S$$

或
$$\frac{\mathrm{d}i}{\mathrm{d}t}+\frac{R}{L}i=\frac{1}{L}\cdot U_S \tag{7-12}$$

式(7-11)和式(7-12)均为一阶线性常系数微分方程，所以图7-4的RC电路和图7-5的RL电路均称为一阶电路。即电路中只含有一个独立动态元件。

7.2.2　过渡过程

过渡过程是自然界各种物体在运动中普遍存在的现象。例如：火车从起动到稳速运行过程中速度的变化，电饭煲从加热到保温时温度的变化等，稳定状态并不是一下子达到的，都经历了一个逐渐变化的过程，称为过渡过程。电路也存在着过渡过程。

我们来观察一个实验，电路如图 7-6 所示，三个并联支路分别为电阻R、电感L、电容C与灯泡串联组成。当开关S闭合的瞬间时，就会发现电阻支路中灯泡立即发亮，而且其发亮程度不再变化，说明这一支路没有经历逐渐变化的过渡过程，立刻进入新的稳态；电感支路的灯泡是由暗逐渐变亮，最后亮度达到稳定，说明电感支路经历了逐渐变化的过渡过程；电容支路的灯泡由立即发亮但很快变为不亮，说明电容支路也经历了逐渐变化的过渡过程。

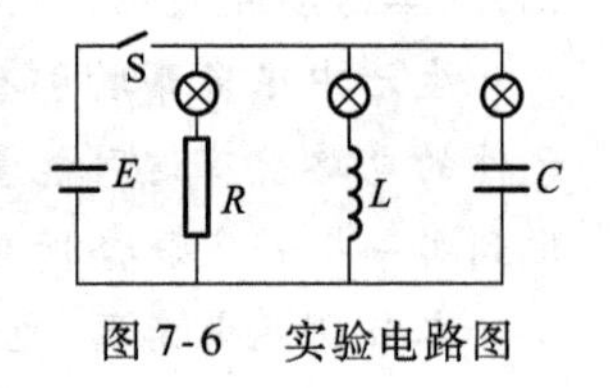

图 7-6　实验电路图

电路的工作状态有两种，即稳定状态和过渡过程。稳定状态简称稳态，是指电路中的电流、电压达到某一稳定值(对于交流而言，电流、电压为一稳定的时间函数)的工作状态。过渡过程是指电路由一种稳态变成另一种稳态的中间所经历的时间过程，简称暂态。暂态虽然短暂，却是不容忽视的。

在 7-6 图的分析中，比较三条支路，不难得出，发生过渡过程的内因是电路中存在储能元件L或C，外因是电路中开关S闭合，使得电路的状态发生变化。

7.2.3　换路定律

一般来说，电路的接通、断开、电路接线的改变或是电路参数、电源的突然变化等，统称为“换路”，换路是电路产生过渡过程的外因。

电路产生过渡过程的内因是：电路中含有储能元件，而储能元件的能量是不能跃变的。

电容是储存电能的元件，且电场能量的大小与电压的平方成正比，即 $w_C=\frac{1}{2}Cu_C^2(t)$，换路时电场能量是不能跃变的，所以电容的电压 $u_C(t)$ 不能跃变。电感是储存磁能的元件，而磁场能量的大小与电流的平方成正比，即 $w_L = \frac{1}{2}Li_L^2(t)$，换路时磁场能量不能突变，所以电感的电流 $i_L(t)$ 不能突变。由此得到储能元件的换路定律：换路瞬间，电容上的电压 $u_C(t)$ 和电感中的电流 $i_L(t)$ 不能突变。

设 $t = 0$ 为换路瞬间，以 $t = 0_-$ 表示 t 从负值趋于零的极限，即换路前的最后瞬间；$t = 0_+$ 表示 t 从正值趋于零的极限，即换路后的最初瞬间。0_+ 和 0_- 都称为 0 时刻，则换路定律可用公式表示为

$$u_C(0_-) = u_C(0_+) \tag{7-13}$$

$$i_L(0_-) = i_L(0_+) \tag{7-14}$$

此式在数学上表示函数 $u_C(t)$ 和 $i_L(t)$ 在 $t = 0$ 的左极限和右极限相等，即它们在 $t = 0$ 处连续。

必须注意的是：只有 u_C、i_L 受换路定律的约束而保持不变，电路中其他变量如 i_R、u_R、u_L、i_c 的初始值不遵循换路定律的规律。

7.2.4　初始值的确定

电路通常在 $t = 0$ 时刻进行换路，换路前电路一般处于稳定状态，即电路中各电参量均为常数，则电容相当于开路，电感相当于短路。

在 $t = 0_-$ 时，称 $u_C(0_-)$、$i_C(0_-)$、$u_L(0_-)$、$i_L(0_-)$ 等为电路的起始稳态值（起始值）。

在 $t = 0_+$ 时，称 $u_C(0_+)$、$i_C(0_+)$、$u_L(0_+)$、$i_L(0_+)$ 等为电路的初始暂态值（初始值）。

经过很长时间的积累，暂态过程趋于结束，电路将重新进入一个新的稳定状态。

在 $t = \infty$ 时，称 $u_C(\infty)$、$i_C(\infty)$、$u_L(\infty)$、$i_L(\infty)$ 等为电路的最终值（稳态值）。

【例 7.3】 图 7-7 所示电路中，$U_S = 10\ \text{V}$，$R_1 = 15\ \Omega$，$R_2 = 5\ \Omega$，开关 S 断开前电路处于稳态。求 S 断开后电路中各电压、电流的初始值。

解：（1）开关 S 在瞬间断开，即 $t = 0$ 时发生换路。换路前电路为直流稳态，电容 C 相当于开路，如图 7-8 所示。

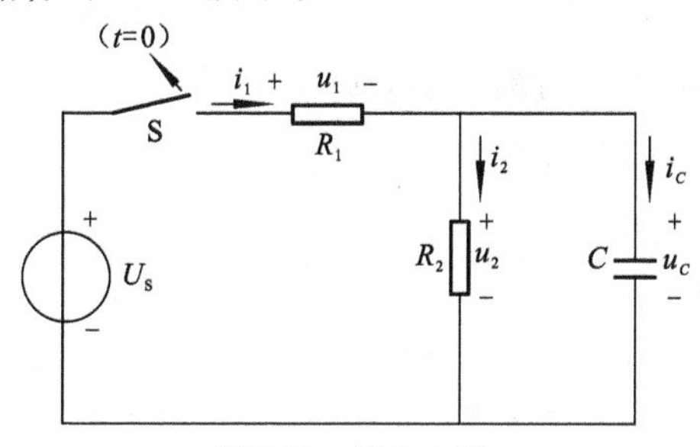

图 7-7　例 7.3 图

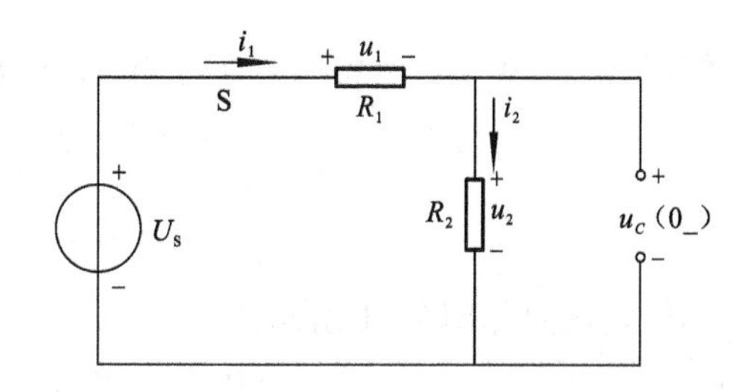

图 7-8　电容 C 相当于开路电路

$$u_c(0_-) = u_2(0_-) = \frac{R_2}{R_1 + R_2}U_S = \frac{5}{15 + 5} \times 10\ \text{V}$$

$$= 2.5\ \text{V}$$

（2）换路后，开关断开，电路如图 7-9 所示。

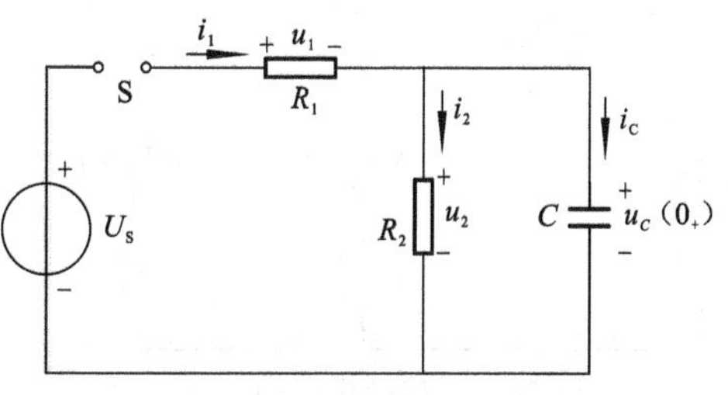

图 7-9　开关断开电路

根据换路定律：

$$u_C(0_+) = u_C(0_-) = 2.5\ \text{V}$$

换路后的最初瞬间电阻 R_2 与电容 C 并联，故

R_2 的电压

$$u_2(0_+) = u_c(0_+) = 2.5\ \text{V}$$

$$i_2(0_+) = \frac{u_2(0_+)}{R_2} = \frac{2.5}{5}\ \text{A} = 0.5\ \text{A}$$

由于S已断开,根据KCL得

$$i_1(0_+) = 0\ \text{A}$$

$$i_c(0_+) = i_1(0_+) - i_2(0_+) = 0\ \text{A} - 0.5\ \text{A} = -0.5\ \text{A}$$

从上例可归纳出计算初始值的步骤:

(1)根据换路前的电路求 $t=0_-$ 瞬间的电容电压 $u_C(0_-)$ 或电感电流 $i_L(0_-)$。若换路前电路为直流稳态,则电容相当于开路、电感相当于短路。

(2)根据换路定律,换路后电容电压和电感电流的初始值分别等于它们在 $t=0_-$ 的瞬时值,即

$$u_C(0_+) = u_C(0_-),\ i_L(0_+) = i_L(0_-)$$

(3)以初始状态即电容电压、电感电流的初始值为已知条件,根据换路后 $t=0_+$ 的电路进一步计算其他电压、电流的初始值。

【例7.4】图7-10所示电路,开关S断开且电路处于稳态,试求:开关S闭合后电感、电容的电压和电流的初始值。

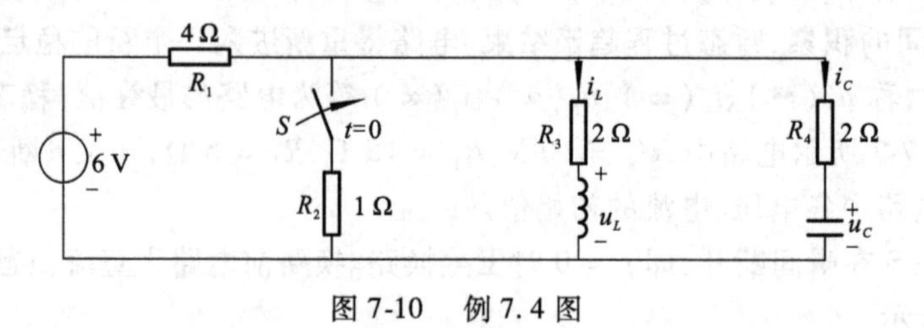

图7-10　例7.4图

解:(1)$t=0_-$ 时,电路已处于稳态,则电感视为短路,电容视为开路。

$$u_L(0_-) = 0 \quad i_c(0_-) = 0$$

$$i_L(0_-) = \frac{6}{4+2}\ \text{A} = 1\ \text{A}$$

其等效电路如图7-11所示。

$$u_c(0_-) = R_3 i_L = 2\ \Omega \times 1\ \text{A} = 2\ \text{V}$$

(2)$t=0_+$ 时,开关闭合,其等效电路如图7-12所示。

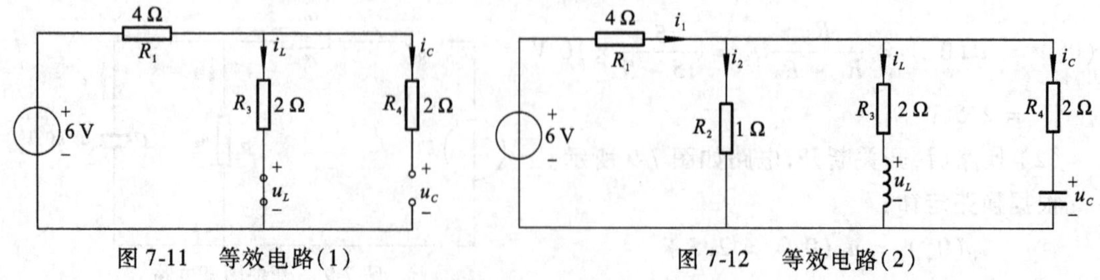

图7-11　等效电路(1)　　　　图7-12　等效电路(2)

根据换路定则得：

$$i_L(0_+)=i_L(0_-)=1\ \text{A}$$
$$u_c(0_+)=u_c(0_-)=2\ \text{V}$$

列写关于 $i_1(0_+)$、$i_2(0_+)$、$i_c(0_+)$、$u_L(0_+)$ 的方程。

$$\begin{cases}i_1=i_2+i_L+i_C=i_2+i_C+1\\4i_1+i_2=6\\i_2=2i_L+u_L=2+u_L\\i_2=2i_C+u_C=2+2i_C\end{cases}$$

解得

$$i_C(0_+)=-\frac{4}{7}\ \text{A}\quad i_2(0_+)=\frac{6}{7}\ \text{A}$$

$$u_L(0_+)=i_2\times1\ \Omega-2\ \text{V}=\left(\frac{6}{7}-2\right)\ \text{V}=-\frac{8}{7}\ \text{V}$$

$$\begin{cases}i_c(0_+)=-\frac{4}{7}\ \text{A},u_c(0_+)=2\ \text{V}\\i_L(0_+)=1\ \text{A},u_L(0_+)=-\frac{8}{7}\ \text{V}\end{cases}$$

7.2.5　自己动手练一练

1. 什么是电路的过渡过程?过渡过程产生的原因是什么?

2. 什么是换路定律?在一般情况下,为什么在换路瞬间电容电压和电感电流不能跃变?

3. 在图 7-13 所示电路中,开关 S 闭合前电路已处于稳态,求开关闭合瞬间电容和两个电阻的电压初始值。

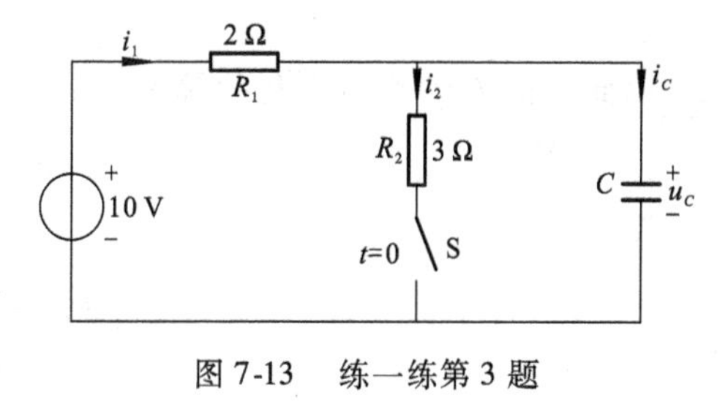

图 7-13　练一练第 3 题

7.3　零输入响应

观察与思考

当汽车关闭发动机,汽车由原先的速度继续行驶,或滑行,或上坡,则汽车的运动速度如何变化?一壶温水或一块冰块在不加热的情况下,水温如何变化?人们称这种现象为零输入响应。

电路中,电容和电感上如果有初始储能,在没有外加激励的情况下的响应就称为零输入响应。

本节要求学生了解三要素的概念,并学会用三要素法求解电路的零输入响应。

7.3.1 *RC* 电路的零输入响应

零输入响应是指电路中的电参数仅由动态元件的初始储能在电路中引起的响应，与外加的独立电源无关。

如图7-14所示换路前电路已达到稳态，即电容已被充电至电压 $u_C(0_-)=U_S$。$t=0_-$ 时，将开关S从a换接到b后，电压源被断开，电路进入电容 C 通过电阻 R 放电的过渡过程。放电电流的初始值为 $i(0_+)=\dfrac{U_S}{R}$ 为最大，随着时间的推移，电容两端电压逐渐降低，放电电流逐渐减小。最终放电结束。

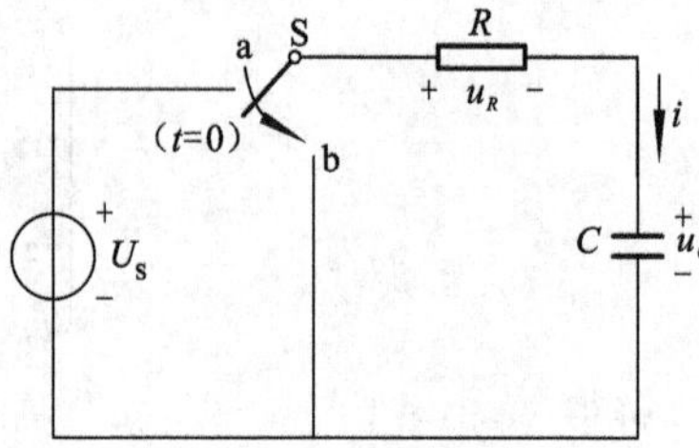

图 7-14　*RC* 零输入响应

换路后的电路如图7-15所示，根据KVL有

$$u_C+Ri=0$$

将 $i=C\dfrac{du_C}{dt}$ 带入上式得

$$RC\frac{du_C}{dt}+u_C=0$$

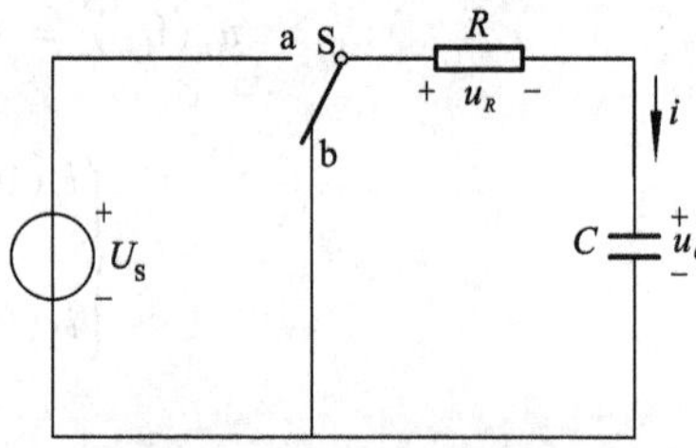

图 7-15　*RC* 零输入响应

根据换路定律得初始条件：$u_C(0_+)=u_C(0_-)=U_S$

$$i(0_+)=-\frac{U_S}{R}$$

由此求得7-15微分方程的解为

$$u_C=U_Se^{-\frac{t}{RC}} \tag{7-15}$$

则

$$u_R=-u_C=-U_Se^{-\frac{t}{RC}}$$

$$i_R=\frac{u_R}{R}=-\frac{U_S}{R}e^{-\frac{t}{RC}}$$

从以上表达式可以看出电压 u_C、u_R 及电流 i 都是按照同样的指数规律衰减的。如图7-16所示它们衰减的快慢取决于指数中 $\dfrac{1}{RC}$ 的大小。电阻越大，衰减时间越长；电容的容量越大，衰减的时间也越长。

令 $\tau=RC$，当电阻单位为Ω，电容单位为F时，乘积 RC 的单位为s，它称为 RC 电路的时间常数。τ 的大小反映了一阶电路过渡过程的进展速度，它是反映过渡过程特性的一个重要的物理量。

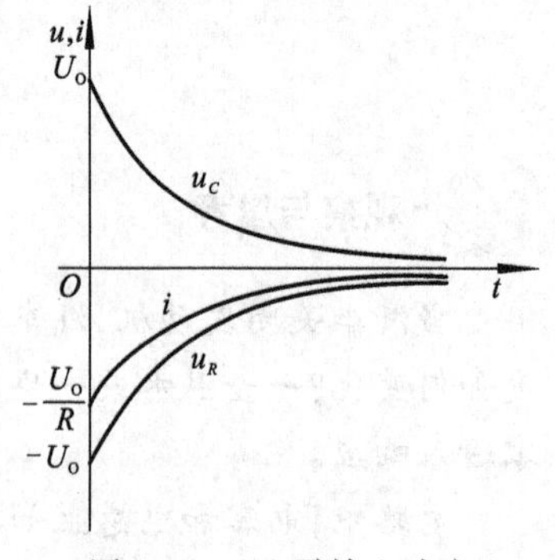

图 7-16　*RC* 零输入响应

7.3.2 三要素法

分析动态电路的过渡过程的方法之一就是：根据KCL、KVL和支路的VCR建立动态方程，这类方程是以时间为自变量的线性常微分方程，然后求解

常微分方程，从而得到电路所求变量（电压或电流）。

但用微分方程来计算过渡过程比较麻烦。下面通过 RC 电路的讨论，介绍一种分析和计算直流一阶电路过渡过程的简便方法 —— 三要素法。

电容上起始时刻的电压 $u_C(0_-) = U_S$，由换路定律知 $u_C(0_+) = U_S$。当电容上电荷全部通过电阻放完时，电容上电压为 $u_C(\infty) = 0$。此过程中 $u_C(0_+)$ 为初始值，$u_C(\infty)$ 为稳态值，也叫终值，过渡过程的快慢取决于时间常数。初值、终值和时间常数统称为一阶电路的三要素。

对于直流电源作用下的任何一阶电路中的电压和电流，均可用三要素法来进行分析，写成一般形式为：

$$f(t) = f(\infty) + [f(0_+) - f(\infty)]e^{-\frac{t}{\tau}} \tag{7-16}$$

将 $u_C(0_+) = U_S, u_C(\infty) = 0, \tau = RC$ 代入式(7-16)得

$$u_C(t) = U_S \cdot e^{-\frac{1}{RC}t}$$

此解与微分方程求解结论式(7-15)相符。

【例 7.5】 电路如图 7-17(a)所示，$t = 0_-$ 时电路已处于稳态，$t = 0$ 时开关 S 打开。求 $t \geqslant 0$ 时的电压 u_C、u_R 和电流 i_C。

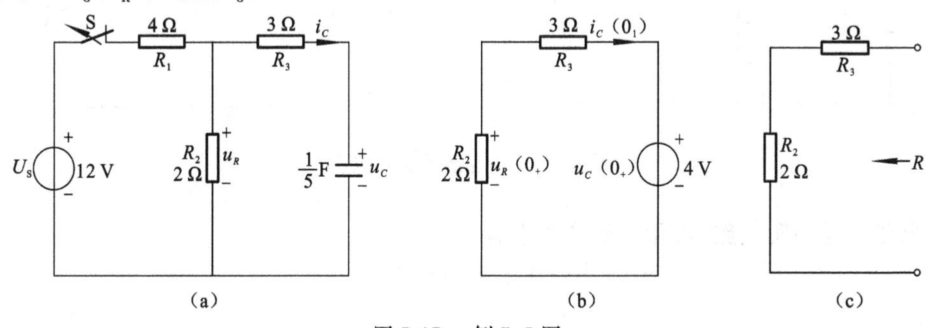

图 7-17　例 7.5 图

解：由于在 $t = 0_-$ 时电路已处于稳态，在直流电源作用下，电容相当于开路。

所以
$$u_C(0_-) = \frac{R_2}{R_1 + R_2}U_S = \frac{2 \times 12}{4 + 2}\ \text{V} = 4\ \text{V}$$

由换路定律，有

$$u_C(0_+) = u_C(0_-) = 4\ \text{V}$$

作出 $t = 0_+$ 等效电路如图 7-17(b)所示，电容用 4 V 电压源代替，可知

$$u_R(0_+) = \frac{R_2}{R_2 + R_3}u_C(0_+) = \frac{2 \times 4}{2 + 3}\ \text{V} = 1.6\ \text{V}$$

$$i_C(0_+) = -\frac{u_C(0_+)}{R_2 + R_3} = -\frac{4}{2 + 3}\ \text{A} = -0.8\ \text{A}$$

换路后从电容两端看进去的等效电阻如图 7-17(c)所示，

所以
$$R = R_2 + R_3 = (2 + 3)\ \Omega = 5\ \Omega$$

时间常数为
$$\tau = RC = 5 \times \frac{1}{5} = 1\ \text{s}$$

根据三要素法，计算零输入响应，得

$$u_C = u_C(0_+)e^{-\frac{t}{\tau}} = 4e^{-t}\text{V} \qquad t \geqslant 0$$

$$u_R = u_R(0_+)e^{-\frac{t}{\tau}} = 1.6e^{-t}\text{V} \qquad t \geqslant 0$$

$$i_C = i_C(0_+)e^{-\frac{t}{\tau}} = -0.8e^{-t}\text{A} \qquad t \geqslant 0$$

也可以由

$$i_C = C\frac{\mathrm{d}u_C}{\mathrm{d}t}$$

求出 $i_C = -0.8e^{-t}\text{A} \qquad t \geqslant 0$

7.3.3 *RL* 电路的零输入响应

图 7-18(a) 所示电路，开关换路前，电路已处于稳态。$t=0$ 时将开关 S 由 a 掷向 b，如图 7-18(b) 所示。电压源被短路代替，电感通过电阻释放其自身原有储能电路进入过渡过程。过渡过程中的电压、电流即是电路的零输入响应。

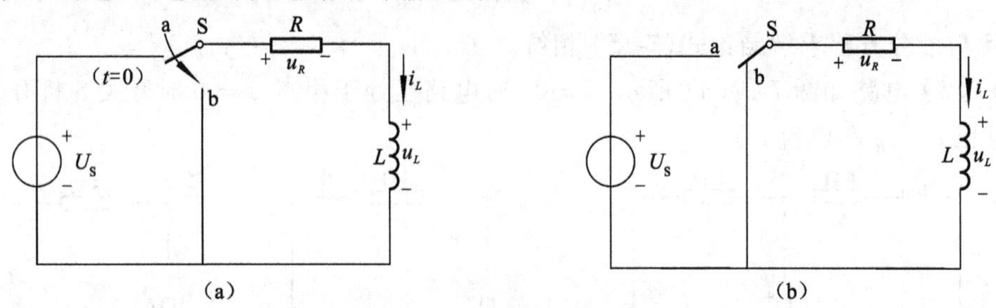

图 7-18 *RL* 电路零输入响应

该电路也是一阶电路，可用三要素法求解。

$$t = 0 \text{ 时}, i(0_+) = i(0_-)$$

$$i(0_-) = \frac{U_S}{R} \quad \text{（稳态时电感相当于短路）}$$

$$t = \infty \text{ 时}, i(\infty) = 0$$

RL 电路过渡过程的快慢由时间常数 $\tau = \frac{L}{R}$ 决定。L 越大，τ 越大，意味着电感所存储的最终能量大；R 越小，则电流越大，也意味着电感所储存的最终能量大。τ 越大，过渡过程的时间越长。改变电路参数(R,L) 也可以改变过渡过程时间的长短。

所以

$$i(t) = i(\infty) + [i(0_+) - i(\infty)]e^{-\frac{t}{\tau}}$$

$$= \frac{U_S}{R}e^{-\frac{R}{L}t}$$

同样

$$u_L(0_+) = -Ri(0_+) = -U_S \qquad u_L(\infty) = 0 \qquad \tau = \frac{L}{R}$$

所以

$$u_L(t) = -U_S \cdot e^{-\frac{R}{L}t}$$

关于 *RL* 电路的几点注意事项：

在图 7-18(a) 中，由于电感元件上电流变化是连续的，若在稳态的情况下切断开关 S，则电流变化率 $\frac{\mathrm{d}i}{\mathrm{d}t}$ 很大，致使电感两端产生很高的自感电动势，此时电感相当于一个电压源，其极性刚好与 U_S 相反。该电压与电源电压一起加于开关 S 的两端，会使开关两触点间空气击穿，形成火花或电弧，延缓了电路的断开，甚至还会烧毁开关的触点。

为了防止高电压损坏开关以及接在电路中的测量仪表或其他元器件。在设计或使用电感量比较大的电气设备时，应采取必要的措施。

【例 7.6】 在如图 7-19(a) 所示电路中，$U_S = 10\ \text{V}, R = 10\ \Omega, L = 1\ \text{H}$，电压表的电阻 $R_V = 10\ \text{k}\Omega$。换路前电路已处于稳定状态，在 $t = 0$ 时开关 S 断开。求：

(1) 开关 S 断开后的 $t = 0$ 电感电流 i_L；

(2) 开关 S 断开后电压表所承受的最大电压值。

解：(1) 因为电路换路前电路已处于稳定状态，电感可视为短路，所以

$$i_L(0_-) = \frac{U_S}{R_1} = \frac{10}{10}\ \text{A} = 1\ \text{A}$$

根据换路定理，有

$$i_L(0_+) = i_L(0_-) = 1\ \text{A}$$

开关 S 断开后，电压源 U_S 被开路，电感 L 从初始电流 1 A 开始向 R_1 和 R_V 串联电阻释放能量，最终 i_L 下降到零，如图 7-19(b) 所示。可见，换路后，电路中的响应仅由电感的初状态所引起，故为零输入响应。

因为 R 和 R_V 串联，所以

$$R = R_1 + R_V = (10 + 10 \times 10^3)\ \Omega \approx 10\ \text{k}\Omega$$

时间常数为

$$\tau = \frac{L}{R} \approx \frac{1}{10 \times 10^3}\ \text{s} = 10^{-4}\ \text{s}$$

得到换路后的电感电流为

$$i_L = i(0_+)\text{e}^{-\frac{t}{\tau}} = \text{e}^{-\frac{t}{10^{-4}}}\ \text{A} = e^{-10^4 t}\ \text{A}$$

(2) 电压表所承受的电压为

$$u_V = -R_V i_L = (-10 \times 10^3 \times \text{e}^{-10^4 t})\ \text{V} = -10\text{e}^{-10^4 t}\ \text{kV}$$

当 $t = 0$ 时，电压表所承受的电压最大，为

$$u_{V\max} = -10\ \text{kV}$$

该值远远超过电压表的最大量程，而使电压表遭受损坏。由此可见，当断开带有大电感的电路时，应该事先把与其并联的电压表取下。

工程上，为防止 RL 电路由于某种原因引起电源脱落而造成不应有的设备损坏或人员伤亡，往往在线圈两端并联一个泄放电阻或反接一个二极管。图 7-19(c) 所示为一种最常见的泄放电路，反接的二极管称为"续流"二极管。

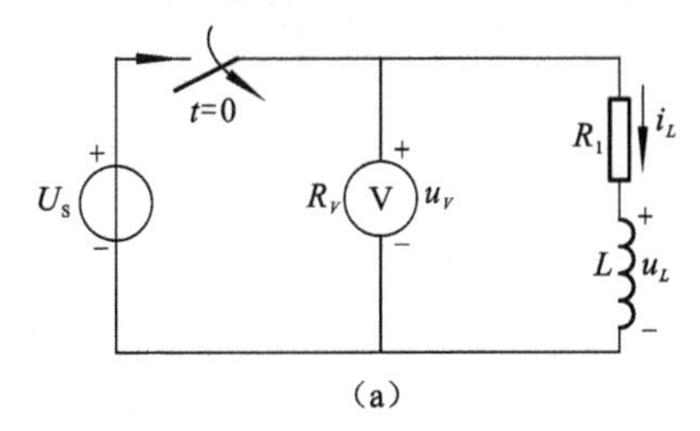

(a)

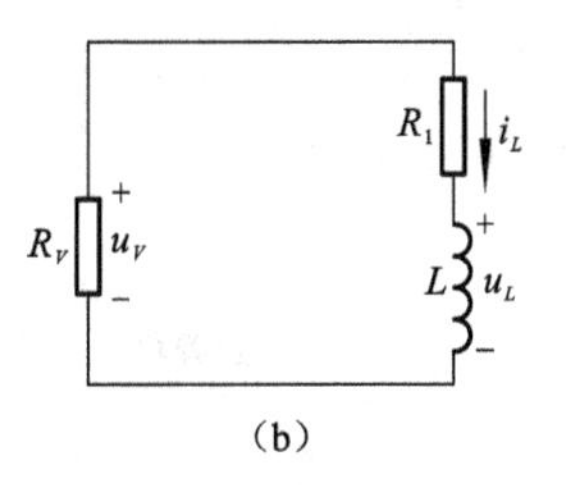

(b)

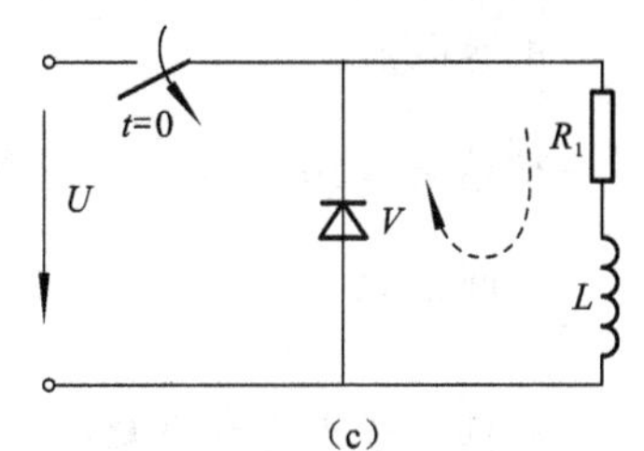

(c)

图 7-19　例 7.6 图

7.4 零状态响应

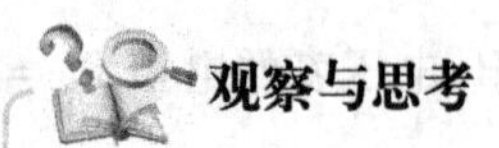

有一壶水,其初始温度为零,当以固定的功率给它加热,则其水温将如何变化?一辆汽车从静止开始,以固定的加速度让汽车行驶,则其速度的变化规律怎样。

在电路中,电容和电感都可能在初始储能为零的情况下进行充电或充磁,这样的响应称为零状态响应。本节要求学生掌握利用三要素求解电路的零状态响应。

7.4.1 *RC* 电路的零状态响应

零状态响应就是电路在零初始状态下(动态元件初始储能为零)由外加独立电源作用产生的响应。

如图7-20(a)所示的电路中,开关S原置于b位已久,电容已充分放电,电压 $u_C(0_-)=0$。$t=0$ 瞬间将开关S从b换接至a接通直流电压源 U_S,如7-20(b)所示。此后电路通过电阻 R 向电容 C 充电。充电开始的初始值 $i(0_+)=\dfrac{U_S}{R}$ 最大,随着时间的推移,电容两端的电压不断增加,充电电流逐渐减小,经过一段时间后,电容上电压接近并将最终稳定为 U_S。

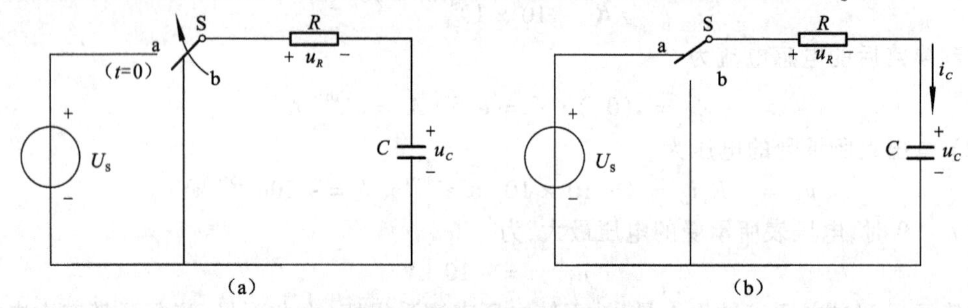

图7-20 *RC* 电路零状态响应

过渡过程中的电压、电流即为直流激励下 *RC* 电路的零状态响应。

电容电压

初始值 $u_C(0_+)=0$,终值 $u_C(\infty)=U_S$

电容电流

初始值 $i_C(0_+)=\dfrac{U_S}{R}$,终值 $i_C(\infty)=0$

时间常数

$$\tau = RC$$

根据三要素法可求解:

$$u_C(t)=U_S+[0-U_S]e^{-\frac{1}{RC}t}=U_S(1-e^{-\frac{1}{RC}t})$$

$$i_C(t)=0+\left(\frac{U_S}{R}-0\right)\cdot e^{-\frac{1}{RC}t}=\left(\frac{U_S}{R}\right)e^{-\frac{1}{RC}t}$$

图 7-21 反映了电容充电时,电流及电压的变化。电容电压开始变化较快,而后逐渐缓慢。理论上可以说,只有当 $t \to \infty$ 时,u_C 才能达到稳定值,充电过程才结束。但在工程上可认为,经过(3 ~ 5)τ 的时间,过渡过程基本结束。

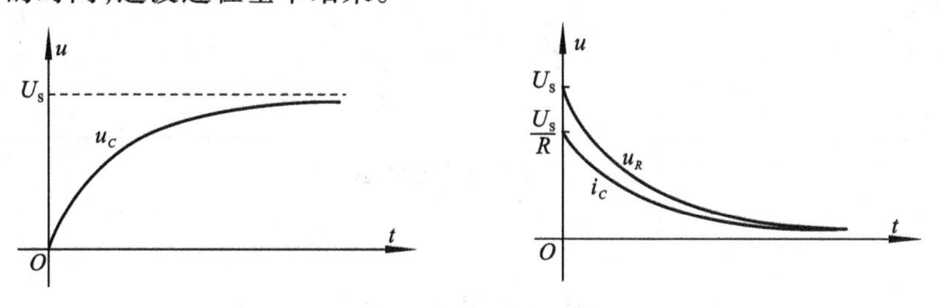

图 7-21 RC 电路零状态响应

【例 7.7】电路如图 7-22(a) 所示,已知:$U_S = 15\ V$,$R_1 = 3\ k\Omega$,$R_2 = 6\ k\Omega$,$C = 5\ \mu F$,$U_C(0_-) = 0$。求开关 S 闭合后,电容电压 u_C。

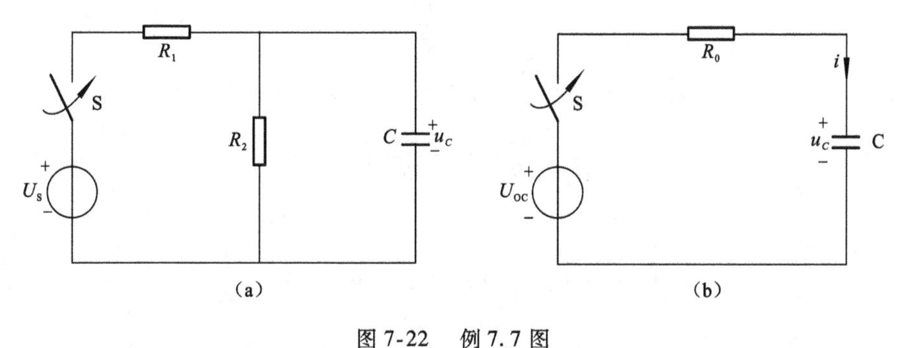

图 7-22 例 7.7 图

解:这里将储能元件以外的电路看做一个有源二端网络,利用戴维南定理将换路后的电路简化成一个简单的 RC 串联电路,然后再利用 7-16 三要素法求出 U_C。

(1) 求等效电源的电压和电阻

$$U_{OC} = \frac{R_2}{R_1 + R_2} \times U_S = \left(\frac{6}{3+6} \times 15\right)\ V = 10\ V$$

$$R_0 = R_1 // R_2 = 2\ k\Omega$$

电路可等效为图 7-22(b) 所示。

(2) 时间常数为

$$\tau = R_0 C = (2 \times 10^3 \times 5 \times 10^{-6})\ s = 10^{-2}\ s$$

(3) 将所得参数代入三要素公式得

$$u_C = 10(1 - e^{-100t})\ V$$

7.4.2 RL 电路的零状态响应

图 7-23 所示电路中,开关 S 未闭合时,电流为零。$t = 0$ 瞬间合上开关 S,RL 串联电路与直流电压源 U_S 接通后,电路进入过渡过程。过渡过程中的电压、电流即为直流激励下 RL 电路的零状态响应。

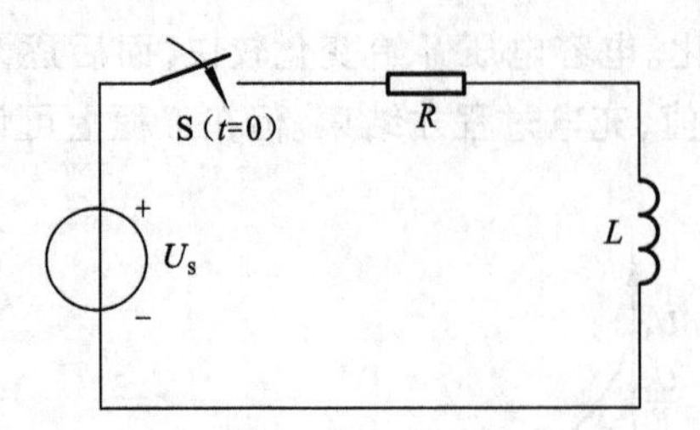

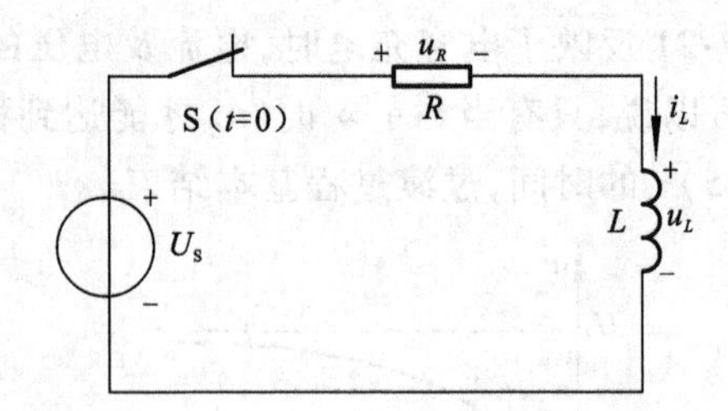

图 7-23　RL 电路零状态响应

$t=0$ 时

$$i(0_+)=i(0_-)=0$$

$t=\infty$ 时

$$i(\infty)=\frac{U_S}{R}\quad（稳态时，电感视为短路）$$

$$\tau=\frac{L}{R}$$

所以

$$i(t)=i(\infty)+[i(0_+)-i(\infty)]\cdot e^{-\frac{t}{\tau}}$$

$$=\frac{U_S}{R}-\frac{U_S}{R}e^{-\frac{t}{\tau}}=\frac{U_S}{R}(1-e^{-\frac{t}{\tau}})$$

同样

$$u_L(0_+)=U_S\qquad u_L(\infty)=0\qquad \tau=\frac{L}{R}$$

$$u_L(t)=u_L(\infty)+[u_L(0_+)-u_L(\infty)]\cdot e^{-\frac{t}{\tau}}$$

$$=U_S\cdot e^{-\frac{R}{L}t}$$

【例 7.8】电路如图 7-24 所示，换路前电路已达稳定，在 $t=0$ 时开关 S 打开，求 $t\geqslant 0$ 时的 i_L 和 u_L。

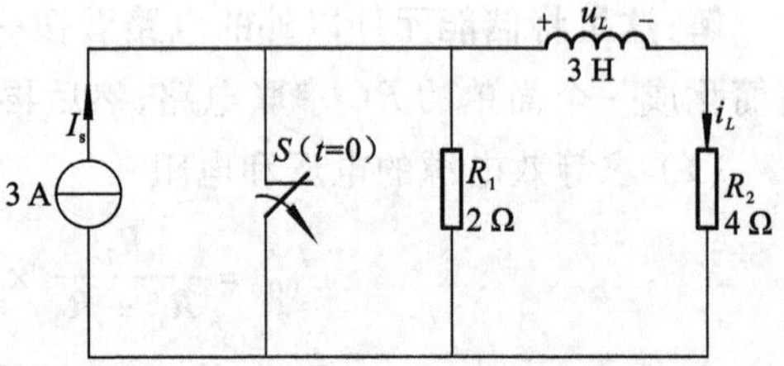

图 7-24　例 7.8 图

解：因为 $i_L(0_-)=0$，故换路后电路的响应为零状态。又因为电路稳定后，电感相当于短路，

所以

$$i(\infty)=\frac{R_1}{R_1+R_2}I_S=\left(\frac{2}{2+4}\times 3\right)\ \text{A}=1\ \text{A}$$

时间常数

$$\tau=\frac{L}{R}=\left(\frac{3}{2+4}\right)\ \text{s}=0.5\ \text{s}$$

得

$$i_L=i_L(\infty)(1-e^{-\frac{t}{\tau}})=(1-e^{-2t})\ \text{A}$$

则

$$u_L=L\frac{di_L}{dt}=(3\times 2e^{-2t})\ \text{V}=6e^{-2t}\ \text{V}$$

7.5　一阶电路的全响应

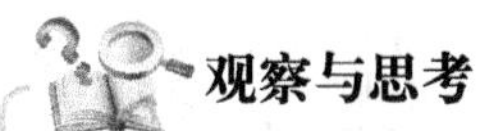

一壶水既有一定的温度，同时又给它加热，那么它的水温将如何变化？一辆汽车既有初始速度，同时又在继续加速，它的速度将如何变化？电路中的电容既有初始储能，同时又给它施加一定的外电压，那么它的响应称为全响应。全响应实际上相当于零输入响应与零状态响应的叠加。

本节要求学生们掌握用三要素法求解电路的全响应。

7.5.1　一阶电路的叠加定理

一阶电路的全响应，即一阶电路在非零初始状态和外加独立电源共同作用下的响应。

图 7-25 示电路中，开关 S 闭合前电容已充电至电压 $u_C(0_-) = U_0$。

$t = 0$ 的瞬间合上开关后，电路的 KVL 方程为

$$RC\frac{du_C}{dt} + u_C = U_S$$

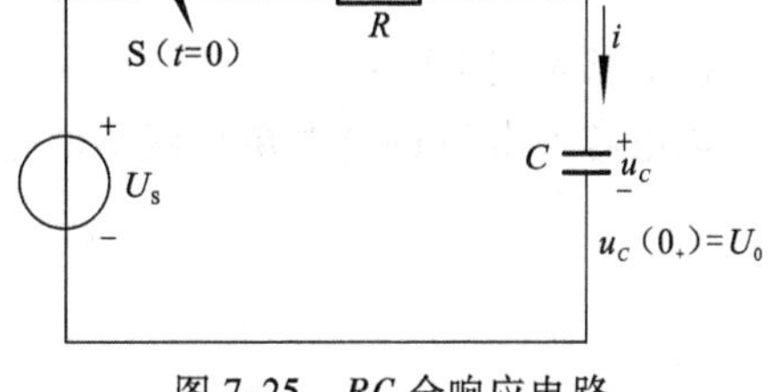

图 7-25　RC 全响应电路

电路的初始状态

$$u_C(0_+) = u_C(0_-) = U_0$$

电路的稳定状态

$$u_c(\infty) = U_S$$

且时间常数

$$\tau = RC$$

可用三要素法求解，得电容电压的全响应：

$$u_C(t) = U_S + (U_0 - U_S)e^{-\frac{t}{\tau}}$$

$$= U_0 e^{-\frac{t}{\tau}} + U_S(1 - e^{-\frac{t}{\tau}})$$

不难发现，上式第一项是 RC 电路的零输入响应，而第二项是零状态响应。

即

$$全响应 = 零输入响应 + 零状态响应$$

说明：一阶电路的全响应等于由电路的初始状态单独作用所引起的零输入响应和由外施激励单独作用所引起的零状态响应之和。这正是叠加定理的体现。

7.5.2　全响应的求解

不仅求零状态响应、零输入响应可用三要素法，求一阶电路过渡过程中的全响应也可用三要素法。若用 $f(t)$ 表示一阶电路的任一响应，$f(0_+)$、$f(\infty)$ 分别表示该响应的初始值和稳态值，则 $f(t) = f(\infty) + [f(0_+) - f(\infty)]e^{-\frac{t}{\tau}}$，即三要素法是求一阶电路过渡过程中任一响应

的公式。

【例7.9】电路如图7-26所示，开关S闭合于a端为时已久。$t=0$瞬间将开关从a换接至b，用三要素法求换路后的电容电压$u_C(t)$。

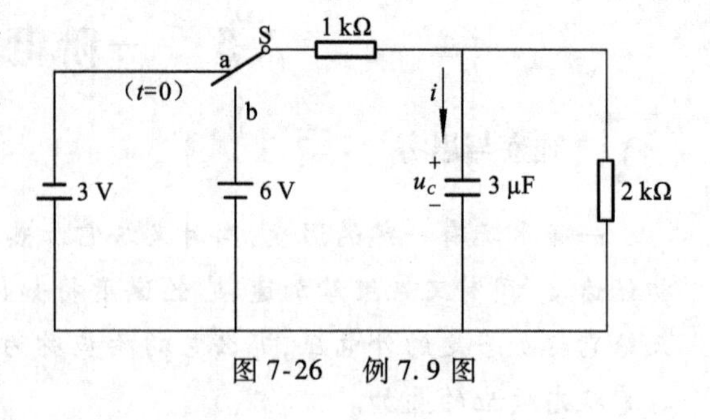

图7-26　例7.9图

解：参考方向如图7-26所示。

(1) 求初始值：

由换路前的电路得

$$u_C(0_-)=\left(-\frac{2}{1+2}\times 3\right)\ \text{V}=-2\ \text{V}$$

根据换路定律可知

$$u_C(0_+)=u_C(0_-)=-2\ \text{V}$$

(2) 求终值：

换路后电路最终达到稳态，电容相当于断路

$$u_C(\infty)=\left(\frac{2}{1+2}\times 6\right)\ \text{V}=4\ \text{V}$$

(3) 求时间常数：

与电容C相联的含源单口网络的输出电阻为

$$R=\frac{1\times 2}{1+2}\ \text{k}\Omega=\frac{2}{3}\ \text{k}\Omega$$

则

$$\tau=RC=\frac{2}{3}\times 3\ \text{ms}=2\ \text{ms}$$

(4) 将三要素带入公式得：$u_C(t)=(4-6\text{e}^{-500t})\ \text{V}$

【例7.10】图7-27所示电路中，直流电流源$I_S=2\ \text{A}$，$R_1=50\ \Omega$，$R_2=75\ \Omega$，$L=0.3\ \text{H}$，开关原为断开。$t=0$瞬间合上开关，用三要素法求换路后的电感电流$i(t)$。

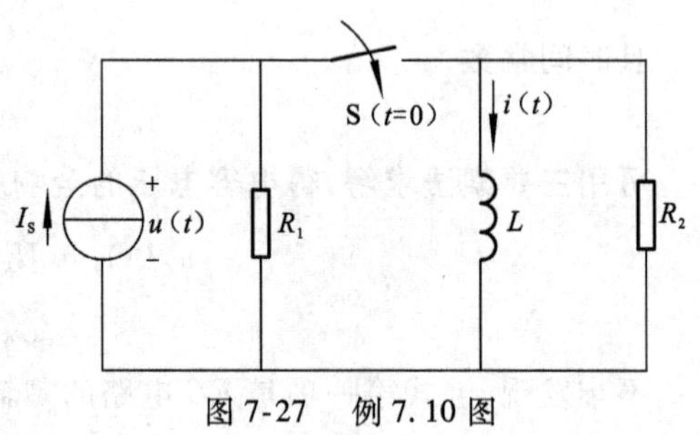

图7-27　例7.10图

解：参考方向如图7-27所示。

(1) 求初始值：

由换路前的电路得

$$i_L(0_-)=0$$

根据换路定律知

$$i_L(0_+)=i_L(0_-)=0$$

(2) 求终值：

换路后电路最终达到稳态，电感相当于短路

$$i(\infty)=I_S=2\ \text{A}$$

(3) 求时间常数：

与电感L相联的含源单口网络的输出电阻为

$$R = \frac{R_1 R_2}{R_1 + R_2} = \frac{50 \times 75}{50 + 75}\ \Omega = 30\ \Omega$$

所以

$$\tau = \frac{L}{R} = \frac{0.3}{30}\ \text{s} = 0.01\ \text{s}$$

(4) 根据三要素法有:$i(t) = [2 + (0 - 2)e^{-\frac{t}{0.01}}]\ \text{A} = (2 - 2e^{-100t})\ \text{A}$

7.5.3 一阶电路的典型应用

在电子技术中,RC 电路构成的微分电路和积分电路常用来实现波形的产生和变换。

微分电路:是指输出电压与输入电压之间成微分关系的电路。微分电路可以由 RC 或 RL 电路构成,最简单的 RC 微分电路如图7-28(a) 所示,其主要作用是:当输入为矩形脉冲 u_i 时,输出 u_o 为正、负尖脉冲,波形如图 7-28(b) 所示。

积分电路是指输出电压与输入电压之间成积分关系的电路。积分电路也可以由 RC 或 RL 电路构成。最简单的 RC 积分电路如图7-29(a) 所示,其主要作用是:当输入为矩形脉冲 u_i 时,输出 u_o 为三角波,波形如图 7-29(b) 所示。

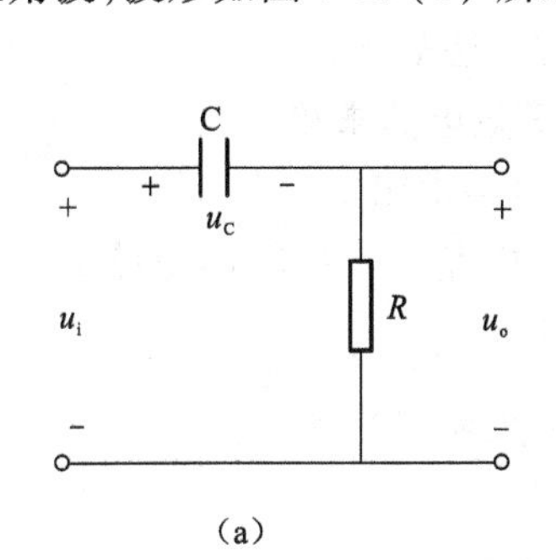

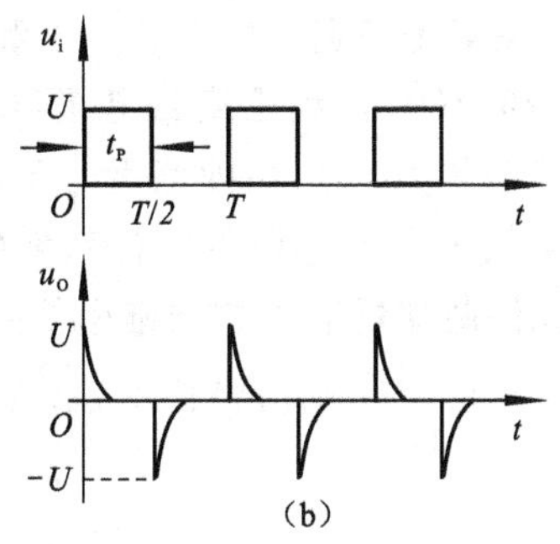

图 7-28 一阶电路应用

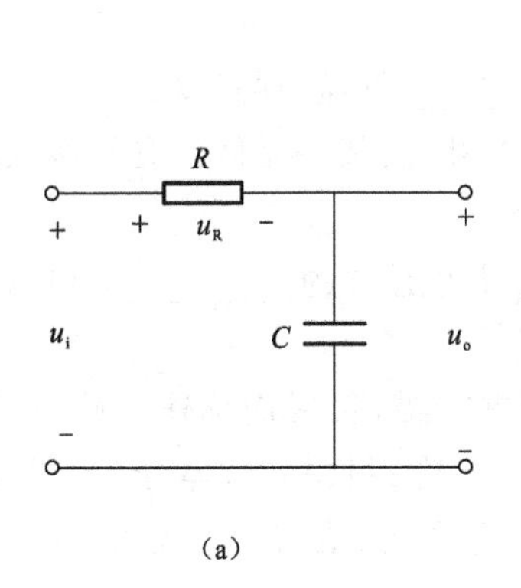

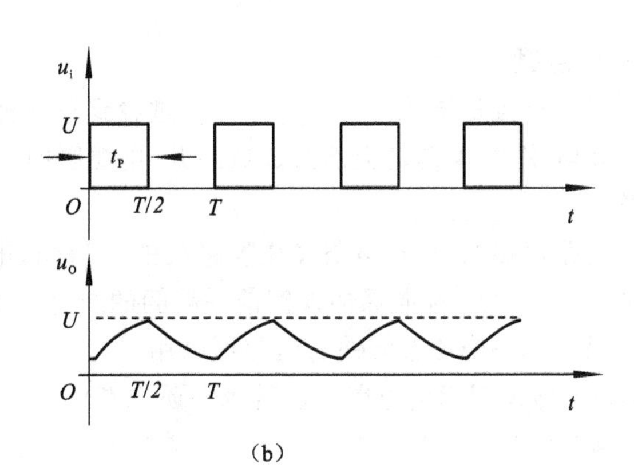

图 7-29 一阶电路应用

小 结

(1) 电容元件和电感元件的 VCR 关系

$$i_C = C\frac{du_C}{dt} \qquad u_L = L\frac{di_L}{dt}$$

电容元件和电感元件的储能关系;

$$W_C = \frac{1}{2}Cu_c^2 \qquad W_L = \frac{1}{2}Li_L^2$$

(2) 电路的接通、断开、电路接线的改变或是电路参数、电源的突然变化等,统称为“换路”,换路是电路产生过渡过程的外因。

换路定则:

$$u_C(0_-) = u_C(0_+) \qquad i_L(0_-) = i_L(0_+)$$

(3) 零输入响应:仅由动态元件的初始储能在电路中引起的响应,与外加的独立电源无关。

零状态响应:动态元件没有初始储能,仅由外加独立电源作用产生的响应。

全响应是初始状态和外加激励共同作用而产生的一阶电路的响应。

全响应 = 零输入响应 + 零状态响应

(4) 一阶电路的三要素法

三要素法的关键是确定$f(0_+)$、$f(\infty)$和τ,其求解方法如下:

① 确定初始值$f(0_+)$,利用换路定理和$t = 0_+$的等效电路求得。

② 确定新稳态值$f(\infty)$,由换路后$t = \infty$的等效电路求出。

③ 求时间常数τ,只与电路的结构和参数有关,RC电路$\tau = RC$,RL电路$\tau = L/R$,其中电阻R是从动态元件两端看进去的戴维南等效电路的内阻。

则:
$$f(t) = f(\infty) + [f(0_+) - f(\infty)]e^{-\frac{t}{\tau}}$$

习　题　七

一、填空题

1. 过渡过程是指从一种__________过渡到另一种__________所经历的过程。

2. 在电路中,电源的突然接通或断开,电源瞬时值的突然跳变,某一元件的突然接入或被移去等,统称为__________。

3. 换路定律指出:在电路发生换路后的一瞬间,电感元件上通过的__________和电容元件上的__________,都应保持换路前一瞬间的原有值不变。

4. 只含有一个动态元件的电路可以用__________方程进行描述,因而称作一阶电路。仅由外加独立电源引起的电路响应称为一阶电路的__________响应;只由元件本身的原始能量引起的响应称为一阶电路的__________响应;既有外加独立电源、又有元件初始能量的作用所引起的电路响应叫做一阶电路的__________响应。

5. 一阶RC电路的时间常数为__________;一阶RL电路的时间常数为__________。时间常数τ的取值决定于电路的__________和__________。

6. 一阶电路全响应的三要素是指待求响应的__________、__________和__________。

二、判断下列说法的正确与错误

1. 换路定律指出:电感两端的电压是不能发生跃变的,只能连续变化。　(　　)

2. 换路定律指出：电容两端的电压是不能发生跃变的，只能连续变化。　　(　　)
3. 一阶电路的全响应，等于其零状态响应和零输入响应之和。　　(　　)
4. 一阶电路中所有的初始值，都要根据换路定律进行求解。　　(　　)
5. RL 一阶电路的零状态响应，u_L 按指数规律上升，i_L 按指数规律衰减。　　(　　)
6. RC 一阶电路的零状态响应，u_C 按指数规律上升，i_C 按指数规律衰减。　　(　　)
7. RL 一阶电路的零输入响应，u_L 按指数规律衰减，i_L 按指数规律衰减。　　(　　)
8. RC 一阶电路的零输入响应，u_C 按指数规律上升，i_C 按指数规律衰减。　　(　　)

三、单项选择题

1. 动态元件的初始储能在电路中产生的零输入响应中(　　)。

A. 仅有稳态分量　　B. 仅有暂态分量　　C. 既有稳态分量，又有暂态分量

2. 在换路瞬间，下列说法中正确的是(　　)。

A. 电感电流不能跃变　　B. 电感电压必然跃变　　C. 电容电流必然跃变

3. 工程上认为 $R = 25\ \Omega$、$L = 50\ \text{mH}$ 的串联电路中发生暂态过程时将持续(　　)。

A. 30 ~ 50 ms　　B. 37.5 ~ 62.5 ms　　C. 6 ~ 10 ms

4. 图 7-30 所示电路换路前已达稳态，在 $t = 0$ 时断开开关 S，则该电路(　　)

A. 电路有储能元件 L，要产生过渡过程

B. 电路有储能元件且发生换路，要产生过渡过程

C. 因为换路时元件 L 的电流储能不发生变化，所以该电路不产生过渡过程

5. 图 7-31 所示电路已达稳态，现增大 R 值，则该电路(　　)。

A. 因为发生换路，要产生过渡过程

B. 因为电容 C 的储能值没有变，所以不产生过渡过程

C. 因为有储能元件且发生换路，要产生过渡过程

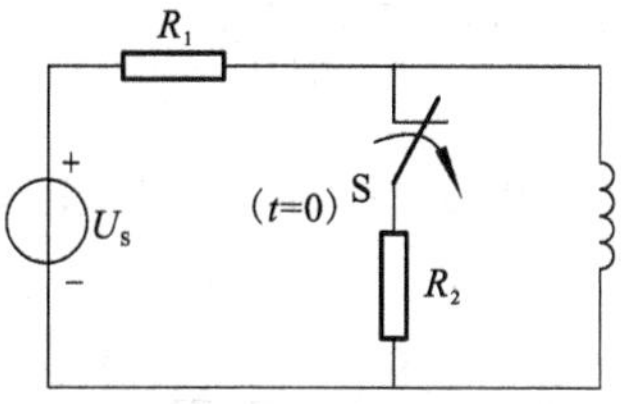

图 7-30　题 4 图

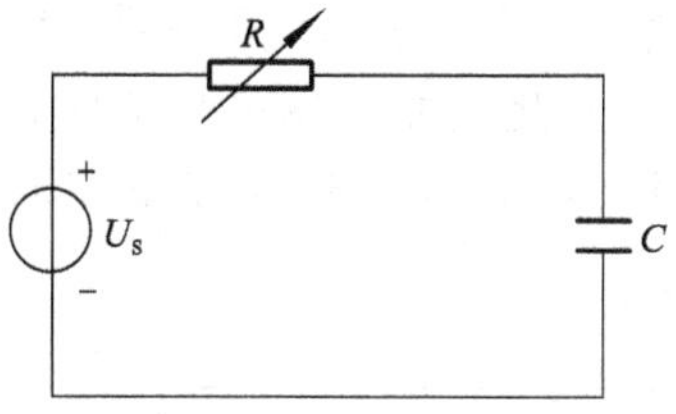

图 7-31　题 5 图

6. 图 7-32 所示电路在开关 S 断开之前电路已达稳态，若在 $t = 0$ 时将开关 S 断开，则电路中 L 上通过的电流 $i_L(0_+)$ 为(　　)

A. 2 A　　B. 0 A　　C. −2 A

7. 图 7-32 所示电路，在开关 S 断开时，电容 C 两端的电压为(　　)。

A. 10 V　　B. 0 V　　C. 按指数规律增加

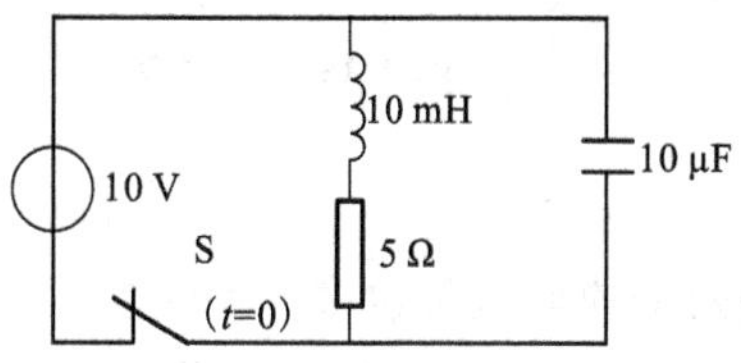

图 7-32　题 6 示图

四、简答题

1. 何谓电路的过渡过程？包含哪些元件的电路存在过渡过程？

2. 什么叫换路？在换路瞬间，电容器上的电压初始值应等于什么？

3. 在 RC 充电及放电电路中,怎样确定电容器上的电压初始值?

4."电容器接在直流电源上是没有电流通过的"这句话确切吗?试完整地说明。

5. RC 充电电路中,电容器两端的电压按照什么规律变化?充电电流又按什么规律变化?RC 放电电路呢?

6. RL 一阶电路与 RC 一阶电路的时间常数相同吗?其中的 R 是指某一电阻吗?

7. RL 一阶电路的零输入响应中,电感两端的电压按照什么规律变化?电感中通过的电流又按什么规律变化?RL 一阶电路的零状态响应呢?

8. 怎样计算 RL 电路的时间常数?试用物理概念解释:为什么 L 越大、R 越小则时间常数越大?

五、计算题

1. 某电路的电流为 $i(t) = 10 + 10e^{-100t}$ A,求该电路的初值,终值及时间常数 τ。

2. 已知 $u_C(0_-) = 4$ V,$R = 4\ \Omega$。试求图7-33所示电路 $t = 0_-$、$t = 0_+$ 及 $t = \infty$ 时的 i、u_R、u_c。

3. 电路如图7-34所示,开关闭合前电路已处于稳态,试求 $t = 0_-$、$t = 0_+$,及 $t = \infty$ 时的 i,u_R、u_c。

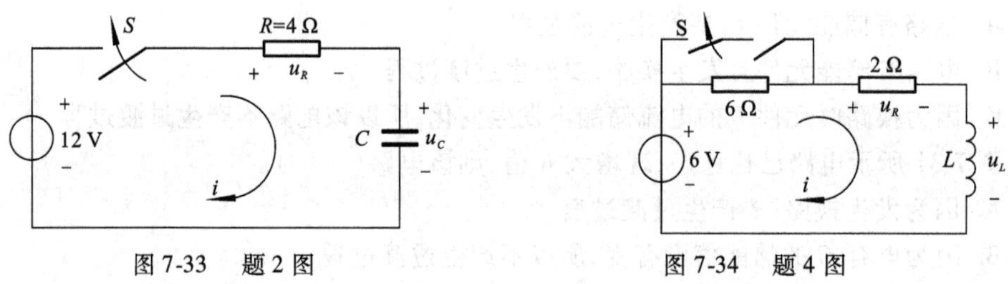

图7-33　题2图　　图7-34　题4图

4. 电路如图7-35所示,开关闭合前电路处于稳态。$t = 0$ 时开关闭合,求 $t \geq 0$ 时的电容电压 $u_C(t)$。(可用三要素公式求其响应)

5. 电路如图7-36所示,开关断开前电路处于稳态,$t = 0$ 时,开关断开,求 $t \geq 0$ 时的电感电流 $i_L(t)$。

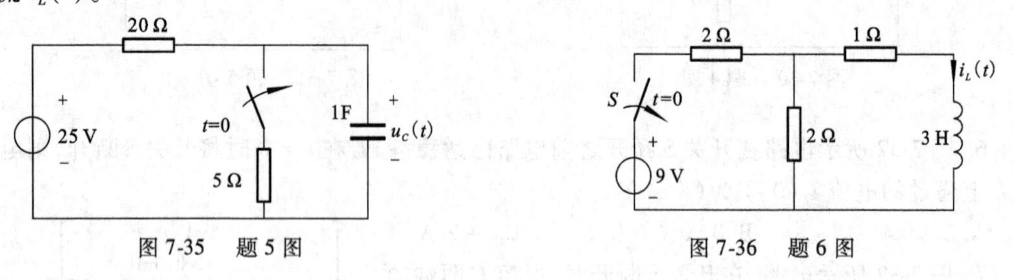

图7-35　题5图　　图7-36　题6图

6. 图7-37中电压表的内阻为1 000 kΩ,试问在开关S打开瞬间电压表所承受的电压和电感两端的电压可达多少伏特?

7. 电路如图7-38所示,已知 $R = 4$ kΩ,$C = 10$ μF,电容器上初始储能为零。求:

(1) 电路的时间常数 τ;

(2) 电路的最大充电的电流。

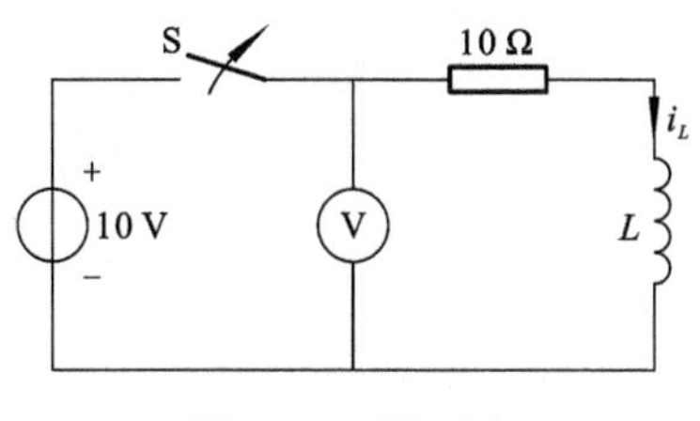

图 7-37　题 7 图

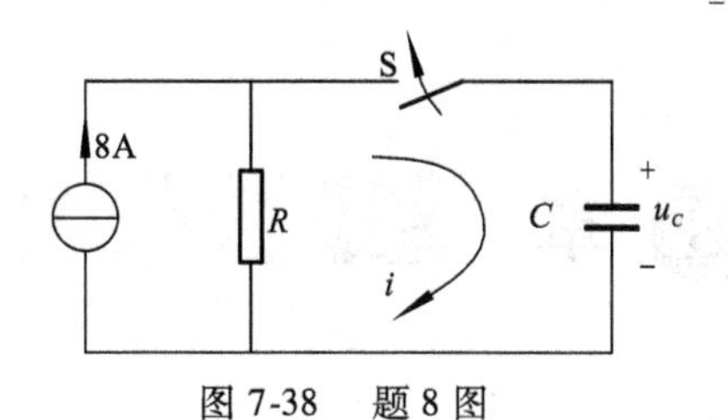

图 7-38　题 8 图

8. 电路如图 7-39 所示，开关闭合前电路已达稳态，求换路后，各支路上电流的响应。

9. 电路如图 7-40 所示，开关断开前电路已达稳态，求换路后，各元件上电压的响应。

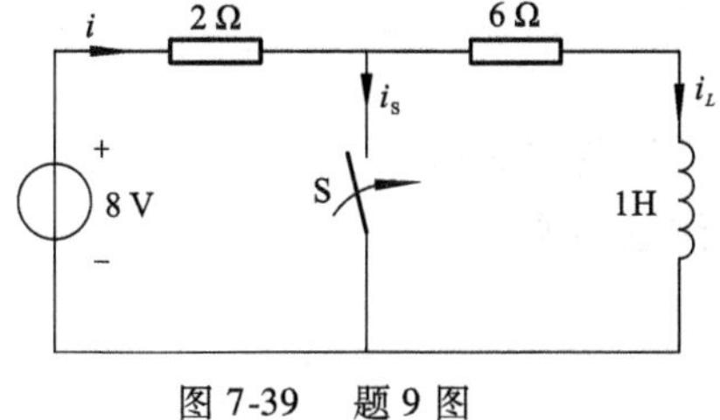

图 7-39　题 9 图

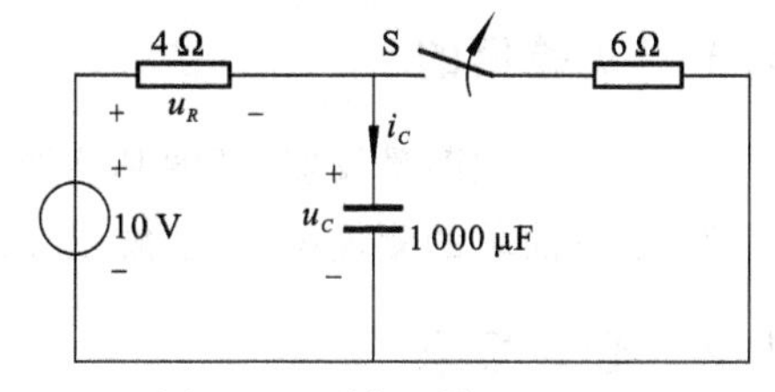

图 7-40　题 10 图

10. 图 7-41 所示为一实际电容器的等效电路，充电后切断电源，电容通过泄漏电阻 R_2 释放其储存的能量，设 $u_C(0_-) = 10^4$ V、$C = 500$ μF、$R_2 = 10$ MΩ。试计算：

（1）电容 C 的初始储能；

（2）放电电流的最大值；

（3）电容电压降到人体安全电压 36 V，所需的时间。

11. 试求图 7-42 所示电路中电容支路电流的全响应。

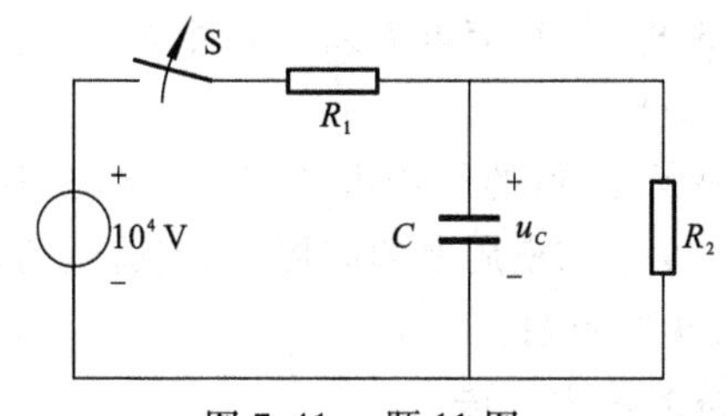

图 7-41　题 11 图

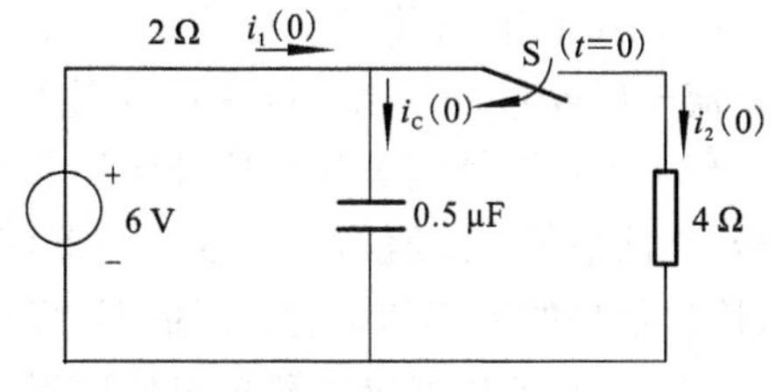

图 7-42　题 12 图

第8章 实验课题

8.1 常用测量仪器的使用

8.1.1 实验目的

(1) 认识常用测量仪器,了解其功能、面板标志、换挡开关与显示。

(2) 通过简单的测量练习,了解仪器的操作要领与注意事项。

8.1.2 预习要求

预习本实验,初步认识测量仪器的功能、接线方法、挡位开关的操作,如果有条件最好能学会阅读仪器的说明书。

8.1.3 实验内容(可根据所学内容或实验设备选做适当课题)

(1) 根据实验室情况,教师对实验室各种测量仪器做功能介绍,包括对仪器的外观、型号、功能、面板标识、参数、仪器接线和测量方法做适当的讲解,并介绍每种仪器的使用注意事项。

(2) 用万用表(指针式或数字式)测量直流电压、交流电压、直流电流以及元件电阻。在测量直流电压或直流电流时应注意万用表表笔的"+""-"极性。

(3) 用示波器测量低频信号源的信号波形,初步掌握示波器的使用方法,测量常用正弦信号,方波信号,三角波信号。在示波器荧光屏上显示3~5个完整周期的波形,调节适当的幅度,读出信号的频率和幅度。详细记录操作过程和可能出现的问题。

(4) 用直流单臂电桥测量阻值适当的电阻,学习电桥的使用方法。

8.1.4 实验习题

(1) 常用测量仪器有哪些种类?

(2) 测量仪器的型号与标识符号有哪些?

(3) 测量仪器面板盘面的符号与含义有哪些?

(4) 功率如何测量?测量原理是什么?

(5) 测量仪器对被测电路的影响有哪些?

(6) 测量误差和仪器的准确程度等级的含义是什么?

8.2　电阻器、电容器的识别、检测及万用表的使用

8.2.1　实验目的

(1) 熟悉电阻器、电容器的外形,型号命名法。
(2) 学习用万用表检测电阻器、电容器的方法。
(3) 学习使用万用表。

8.2.2　实验器材

(1) 万用表:1 只;
(2) 不同型号的电阻器、电容器若干只。

8.2.3　实验内容和步骤

(1) 电阻的识别和检测,将结果填入表 8-1 中。

表 8-1　电阻的识别和检测

序号	标志	识别				测量		是否合格
		材料	阻值	允许误差	功率	量程	阻值	

(2) 色环电阻的识别和检测,将结果记录于表 8-2 中。

表 8-2　色环电阻的识别和检测

序号	色环颜色 (按顺序填写)	识别			测量		是否合格
		阻值	允许误差	功率	量程	阻值	

(3) 电容器的识别和检测,将结果记录于表 8-3 中。

表 8-3　电容器的识别和检测

序号	标志	识别			测量漏电电阻		是否合格
		阻值	允许误差	功率	量程	阻值	

(4) 万用表的使用

将万用表的功能转换开关旋至交流电压挡,按要求测试三相交流电源线电压、相电压值,记录于表 8-4 中。

表 8-4　三相交流电源的电压

项　目 挡　位	线电压			相电压		
	U_{AB}	U_{BC}	U_{CA}	U_{AN}	U_{BN}	U_{CN}
500 V						
250 V						

测量直流电压和电流，按图8-1接好线，测试电源电压，电阻R的电压及回路中的电流，将结果记录于表8-5中。

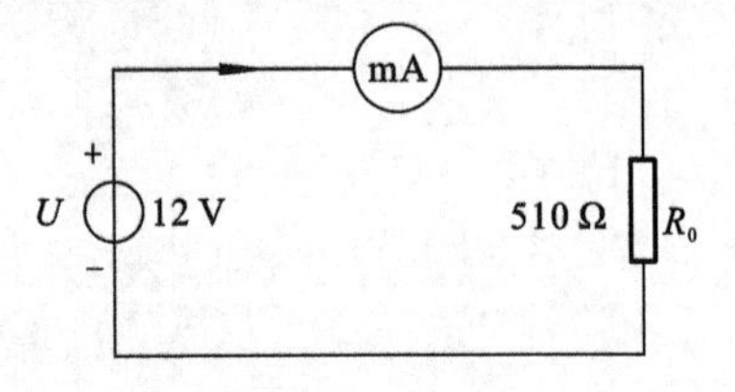

图8-1　直流电流的测量

表8-5　直流电压和电流的测量

电源电压		电阻电压		电流	
挡位	测量值	挡位	测量值	挡位	测量值

8.2.4　报告要求

(1) 画出测试电路。

(2) 整理表中的测试数据。

(3) 总结万用表的使用方法及注意事项。

8.3　基尔霍夫定律的验证

8.3.1　实验目的

(1) 练习电路接线，学习电压表、电流表、稳压电源的使用方法。

(2) 加深对基尔霍夫定律的理解。

(3) 加深对电压、电流参考方向的理解。

8.3.2　实验器材

(1) 直流稳压电源30 V可调　　1台

(2) 电阻20 Ω×(1±5%)、50 Ω×(1±5%)、100 Ω×(1±5%)/1W　　各1只

(3) 直流毫安表0 mA～500 mA　　2只

(4) 0 mA～50 mA～100 mA　　1只

(5) 直流电压表0 V～15 V～30 V　　1只

8.3.3　实验内容和步骤

(1) 电路如图8-2所示（开关S_1、S_2均断开），经教师检查无误后，方可进行下一步。

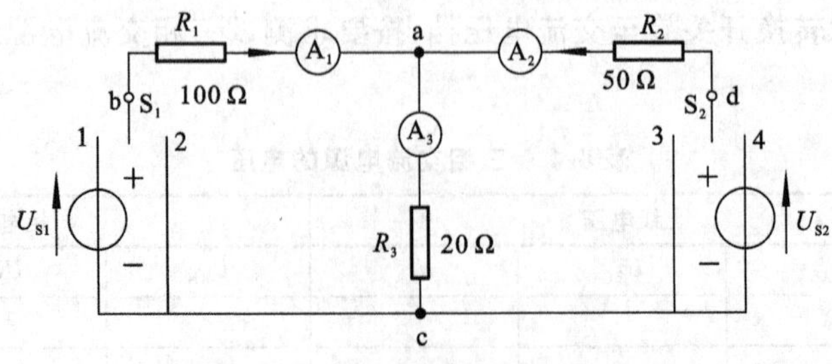

图8-2　基尔霍夫实验电路图

(2) 调节稳压电源第一组的输出为 15 V 作为 U_{S1},第二组的输出电压为 3 V 作为 U_{S2},把 S_1、S_2 分别合向点 1 和点 4。

(3) 将各电流表读数记入表 8-6 中的数据栏内,并验算 a 点电流的代数和 $\sum I=0$?

(4) 用电压表分别测量各元件电压 U_{ab}、U_{bc}、U_{cd}及 U_{da},记录于表 8-7 中,并验算回路 abcda 及 abca 的电压代数和$\sum U=0$?

注意:在电路中串联电流表时,电流表的极性应按图 8-2 所标电流参考方向去接,如果表针反偏,则应将电流表"+""-"接线柱上的导线对换,但其读数应记为负值,这就是参考方向的实际意义,测量电压时也有同样的情况。

表 8-6　数据记录表

电量及有关数值 项　目	数值栏			验算栏
	I_1/mA	I_2/mA	I_3/mA	节点 a 电流的代数和 $\sum I=0$
理论计算值				
测量值				

表 8-7　数据记录表

电量及有关数值 项　目	数值栏					验算栏	
	U_{ab}	U_{bc}	U_{cd}	U_{da}	U_{ca}	回路 abcda $\sum U=0$?	回路 abca $\sum U=0$?
理论计算值							
测量值							

注意:接线时,必须将电源 U_{S1} 和 U_{S2} 关闭,以免稳压电源因输出端短路烧坏。

8.3.4　报告要求

(1) 画出验证电路图,简述实验过程。

(2) 将各理论计算值及各实测值列表说明。

(3) 用表 8-6、表 8-7 中的数据,验证基尔霍夫定律的正确性。

8.4　叠加定理的验证

8.4.1　实验目的

(1) 练习电路接线,学习电压表、电流表、稳压电源的使用方法。

(2) 加深对叠加定理的理解。

(3) 加深对电压、电流参考方向的理解。

8.4.2　实验器材

(1) 直流稳压电源 30 V 可调:1 台;

(2) 电阻 20 Ω × (1 ± 5%)、50 Ω × (1 ± 5%)、100 Ω × (1 ± 5%)/1W:各 1 只;

(3) 直流毫安表 0 mA ~500 mA:2 只;

(4) 0 mA ~50 mA ~100 mA:1 只;

(5) 直流电压表 0 V ~15 V ~30 V:1 只。

8.4.3 实验内容和步骤

(1) 验证电路见图 8-2 所示。将开关 S_1 合到点 1,开关 S_2 合到点 4,即电压源 U_{S1}、U_{S2} 共同作用在电路的情况,将电流表测出的电流值及电压表测出的电压值填入表 8-8 中。

(2) 将开关 S_1 合到点 1,开关 S_2 合到点 3,即电压源 U_{S1} 单独作用于电路的情况,将电流表测出的电流值及电压表测出的电压值填入表 8-8 中。

(3) 将 S_1 合到点 2,开关 S_2 合到点 4,即电压源 U_{S2} 单独作用于电路的情况,也将所测得的电流值和电压值填入表 8-8 中。

表 8-8 数据记录表

电量及数值 作用情况	电流			电压		
	I_1/mA	I_2/mA	I_3/mA	U_{ac}/V	U_{ba}/V	U_{da}/V
U_{S1}、U_{S2} 共同作用						
U_{S1} 单独作用						
U_{S2} 单独作用						

注意:接线时,必须将电源 U_{S1} 和 U_{S2} 关掉,以免稳压电源因输出端短路烧坏。

8.4.4 报告要求

(1) 画出验证电路图,简述实验过程。

(2) 将各理论计算值及各实测值列表说明。

(3) 用表 8-8 中的数据,验证叠加定理的正确性。

8.5 戴维南定理的验证

8.5.1 实验目的

(1) 初步掌握有源线性二端网络的参数的测定方法。

(2) 加深对戴维南定理的理解。

8.5.2 实验器材

(1) 双路直流稳压电源:1 台;

(2) 直流毫安表 0 mA ~50 mA ~100 mA:1 块;

(3) 电阻 1 kΩ、510 Ω、100 Ω、2 kΩ/0.5 W:各 1 只;

(4) 电位器 470 Ω/1W:2 只;

(5) 数字万用表或指针式万用表:1 块。

8.5.3　实验技术知识

(1) 线性有源二端网络参数 U_{OC} 的测定方法。U_{OC} 采用直接测量法:当所用万用表的内阻 R_V 远大于等效电阻 R_0 时,可直接将电压表并联在有源线性二端网络两端,电压表的指示值即为开路电压 U_{OC},如图 8-3 所示。

(2) R_0 的测量方法有:开路短路法、附加电阻法、附加电源法。

① 开路短路法:由戴维南定理和诺顿定理可知,$R_0 = \dfrac{U_{OC}}{I_{SC}}$,利用 R_A 很小的电流表测出 I_{SC}。这种方法不适合, 因为二端网络是不允许直接短路的,如图 8-4 所示。

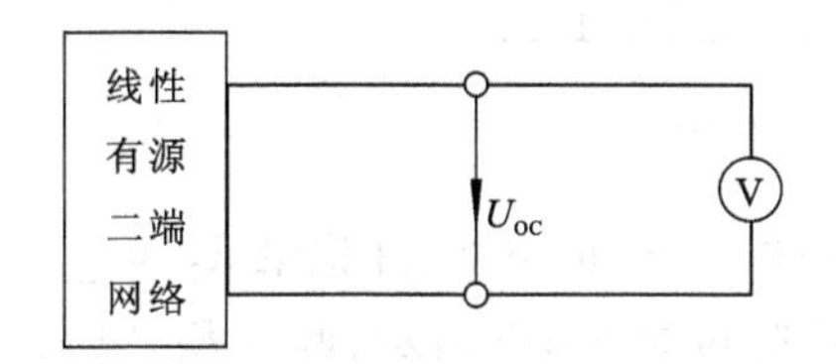

图 8-3　戴维南定理实验图(1)

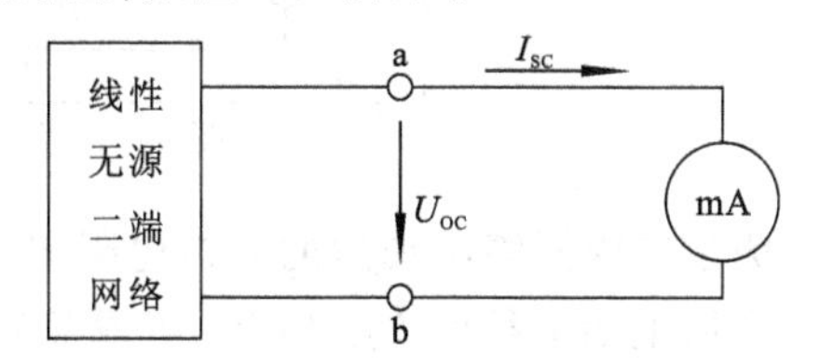

图 8-4　戴维南定理实验图(2)

② 附加电阻法:测出二端网络的开路电压以后,在端口处接一负载电阻 R_L,然后测出负载电阻 R_L 两端的电压 U_L,如图 8-5 所示。

因为

$$U_L = \frac{U_{OC}}{R_0 + R_L} \times R_L$$

则等效电阻 R_0 为

$$R_0 = \left(\frac{U_{OC}}{U_L} - 1\right) R_L$$

③ 附加电源法:令有源二端网络中的所有独立源置零,然后在端口处加一个给定电压为 U 的电压源,测得入口电流 I,如图 8-6 所示,则

$$R_0 = \frac{U}{I}$$

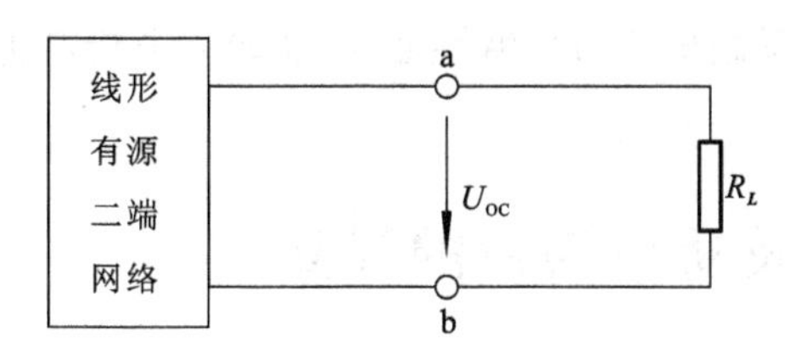

图 8-5　戴维南定理实验图

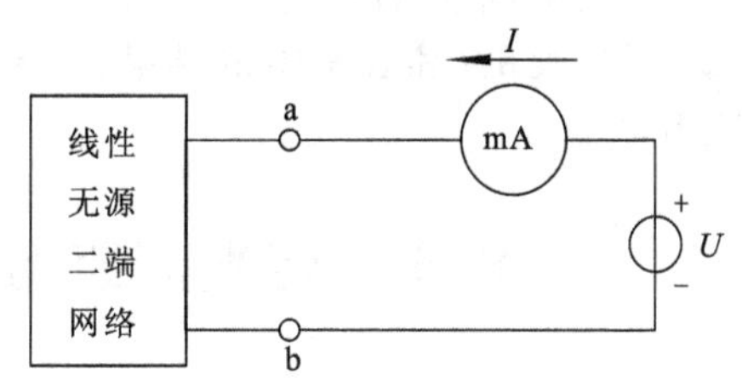

图 8-6　戴维南定理实验图

8.5.4　实验内容及步骤

(1) 测试有源二端网络(虚线框内电路)的外特性 $U = f(I)$。按图 8-7 接线,调节 R_P 的大小,测出电压 U 和电流 I,将数据填入表 8-9 中。

表 8-9　有源二端网络外特性测量数据

I/mA							
U/V							

（2）按图 8-3 测开路电压 U_{OC} 的方法，测出图 8-7 中有源二端网络的开路电压 U_{OC} = ____ V。

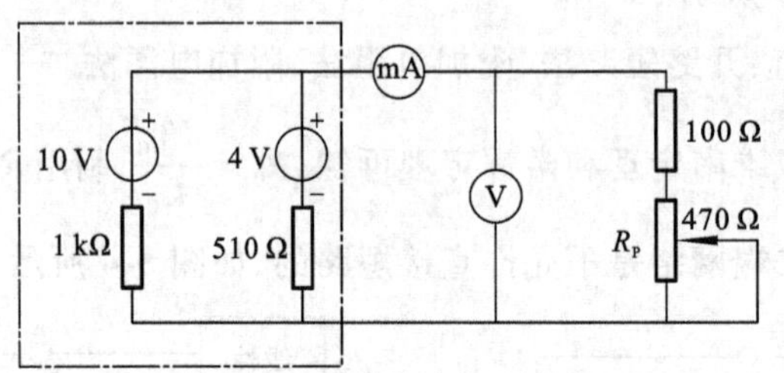

图 8-7　戴维南定理实验图

（3）测量二端网络除源后的等效电阻 R_0。任选一种测 R_0 的方法，并记录 R_0 = ____ Ω。

（4）利用上面测得的 U_{OC} 和 R_0，组成戴维南等效电路如图 8-8 所示，调节 R_P，测定其外特性 $U' = f(I')$，将测得的数据填入表 8-10 中。

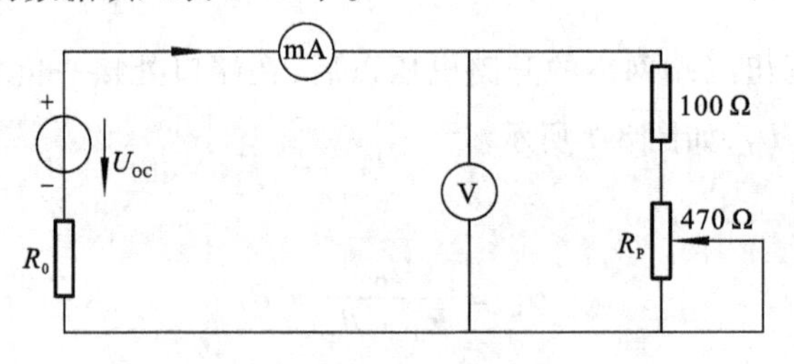

图 8-8　戴维南定理实验图

表 8-10　等效二端网络外特性测量数据

I'/mA							
U'/V							

8.5.5　报告要求

（1）绘出测试电路图，简述实验过程。

（2）根据表 8-9 和表 8-10 的结果，在同一坐标系画出两条外特性曲线，比较并分析产生误差的原因。

8.6　荧光灯照明电路及功率因数的提高

8.6.1　实验目的

（1）熟悉荧光灯照明电路的接线，了解荧光灯的工作原理。

（2）了解提高功率因数的意义和方法。

（3）学习用实验的方法求线圈的参数。

（4）学习使用功率表。

8.6.2　实验器材

(1) 荧光灯(40 W) 照明电路接线板:1 块;

(2) MF-47 万用表:1 块;

(3) 交流毫安表 0 ～500 mA:3 块;

(4) 多量程功率表:1 块。

8.6.3　实验技术知识

1. 荧光灯电路的组成

荧光灯电路由灯管、镇流器和辉光启动器(俗称启辉器) 三部分组成。

灯管是一根细长的玻璃管。内壁均匀涂有荧光粉。管内充有汞蒸气和稀薄的惰性气体。在管子的两端装有灯丝,在灯丝上涂有受热后易发射电子的氧化物。镇流器是一个带有铁心的电感线圈。

2. 荧光灯的启辉过程

当接通电源以后,由于荧光灯没有点亮,电源电压全部加在辉光启动器的两端,使辉光管内两个电极放点,放电产生的热量使双金属片受热趋向伸直,与固定触点接通。这时荧光灯的灯丝与辉光管的电极、镇流器构成一个回路。灯丝因通过电流而发热,从而使氧化物发射电子。同时,辉光管内两个电极接通时电极之间的电压为零,辉光放电停止。双金属片因温度下降而复原,两电极脱离。在电极脱开的瞬间,回路中的电流因突然切断,立即使镇流器两端感应电压比电源电压高得多。这个感应电压连同电源电压一起加在灯管两端,使灯管内惰性气体分子分离而产生弧光放电,管内温度逐渐升高,汞蒸气游离,并猛烈地撞击惰性气体分子而放电,同时辐射出不可见的紫外线,而紫外线激发灯管壁的荧光物质发出可见光。

荧光灯点亮后两端电压较低,灯管两端的电压不足以使辉光启动器辉光放电。因此,辉光启动器只在荧光灯启辉时起作用。一旦荧光灯点亮,辉光启动器处于断开状态。此时镇流器、灯管构成一个电流通路,由于镇流器与灯管串联并且感抗很大,因此可以限制和稳定电路的工作电流。

3. 多量程功率表的使用

功率表的电压线圈,电流线圈标有 * 的一端是同极性端,连线时要连在电源的同一端。

读数方法:功率表上不注明瓦数,只标出分格数,每分格代表的功率值由电压、电流量限 U_N 和 I_N 确定,即分格常数:$C = \dfrac{U_N I_N}{\alpha_m}$。

功率表的指示值 $P = C\alpha$(α 为指针所指的格数)。

注意:电路中,功率表电流线圈的电流、电压线圈的电压都不能超过所选的量限 U_N 和 I_N。

8.6.4　实验内容和步骤

1. 荧光灯电路参数的测量

按电路图 8-9 接好线。断开电容支路的开关 S,点燃荧光灯,测量电源电压 U,灯管两端的电压 U_R,镇流器两端的电压 U_{rL} 及 I_1,功率表的指示值 P 等,记入表 8-11 中。

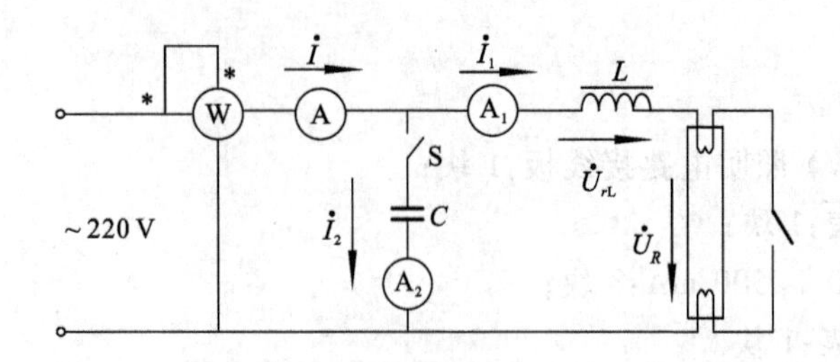

图 8-9　实验电路图

表 8-11　荧光灯电路数据记录表

项　目	测　量　数　据					计　算　数　据			
	U	U_{rL}	U_R	I	P	$\cos\varphi$	R	r	L
测量值									

2. 改善荧光灯电路的功率因数

合上电容支路的开关 S,将电容从零开始增加,使电路从感性变成容性,电容每改变一次,测出荧光灯支路的电流 I_1,电容支路的电流 I_2,总电流 I,电路的功率 P,记入表 8-12 中。

表 8-12　改善功率因数的荧光灯电路数据记录表

项目	给　定		测　量　数　据				计　算　数　据	
	U/V	C/μF	I	I_1	I_2	P	$\cos\varphi$	Q
1	220	1						
2	220	2						
3	220	3						
4	220	4						
5	220	5						

8.6.5　报告要求

1. 完成表格中的计算值。
2. 做出 $I = f(C)$ 曲线,功率因数曲线 $\cos\varphi = f(C)$ 。
3. 说明功率因数提高的原因和意义。

附录A 电工生产实习项目指导

学习目标

- 现场给学生展示常用电工工具及仪表，让学生认识、观摩其种类和外形。同时使学生认识到电工工具及仪表在电工技术中的重要性。
- 引导学生学习常用电工工具的使用方法，并给学生示范每种工具的操作要领。
- 引导学生学习常用电工仪表的使用方法，并给学生示范各种仪表的测量要领及注意事项。
- 引导学生识别常用电工用导线，展示导线的连接方法及绝缘恢复模型。
- 让学生分组训练项目："万用表的正确使用""常用绝缘导线剖削、连接及绝缘恢复"、"单相电路有功功率和电能的测量演练"。
- 总结归纳常用电工工具及仪表的使用方法，每人写出项目实习报告。

A.1 常用电工工具及仪表的使用

A.1.1 常用电工工具认识

1. 低压验电器

低压验电器又称电笔，是检测电气设备、电路是否带电的一种常用工具。普通低压验电器的电压测量范围为60 ~500 V，高于500 V额电压则不能用普通低压验电器来测量。使用低压验电器时要注意下列几个方面：

① 使用低压验电器之前，首先要检查其内部有无安全电阻、是否有损坏，有无进水或受潮，并在带电体上检查其是否可以正常发光，检查合格后方可使用。如图 A-1 所示。

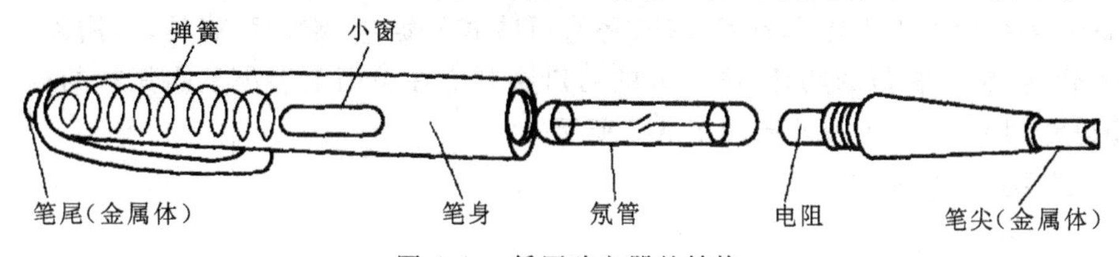

图 A-1 低压验电器的结构

② 测量时手指握住低压验电器笔身，食指触及笔身尾部金属体，低压验电器的小窗口应该朝向自己的眼睛，以便于观察，如图 A-2 所示。

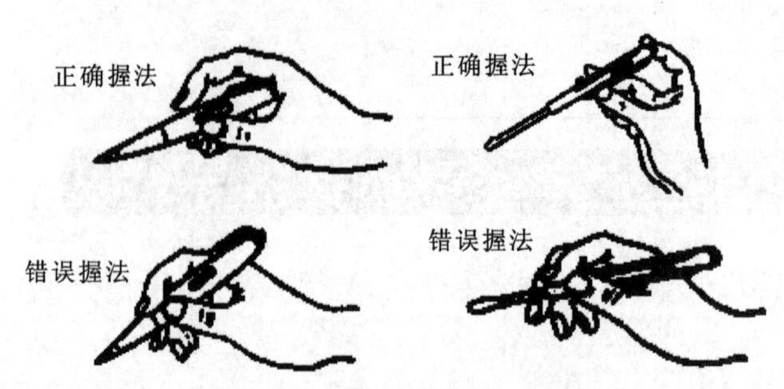

图 A-2　验电器的手持方法

2. 高压验电器

高压验电器又称高压测电器，其结构如图 A-3 所示。

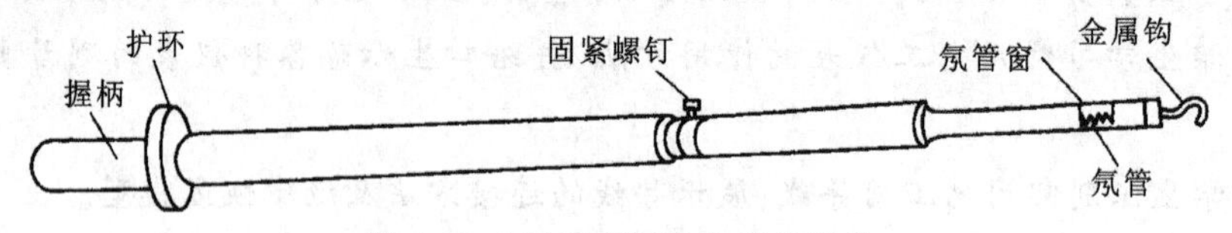

图 A-3　10 kV 高压验电器的结构

使用时要注意以下几方面：

① 高压验电器在使用前应经过检查，确定其绝缘完好，氖管发光正常，与被测设备电压等级相适应。

② 进行测量时，应使高压验电器逐渐靠近被测物体，直至氖管发亮，然后立即撤回。

③ 使用高压验电器时，必须在气候条件良好的情况下进行，在雪、雨、雾、湿度较大的情况下不宜使用，以防发生危险。

④ 使用高压验电器时，必须戴上符合要求的绝缘手套，而且必须有人监护，测量时要防止发生相间或对地短路事故。

⑤ 进行测量时，人体与带电体应保持足够的安全距离，10 kV 高压的安全距离为 0.7 m 以上。高压验电器应每半年作一次预防性试验。

⑥ 在使用高压验电器时，应特别注意手握部位应在护环以下，如图 A-4 所示。

3. 电工刀

电工刀是一种切削工具，主要用于剖削导线绝缘层、削制木榫、切削木台、绳索等。电工刀有普通型和多用型两种，按刀片尺寸的大小分为大、小两号，大号的刀片长度为 112 mm，小号的为 88 mm。多用型电工刀除具有刀片外，还有可收式的锯片、锥针和旋具，可用以锯割电线槽板、胶木管、锥钻木螺钉的底孔。电工刀的刀口磨制应在单面上磨出呈圆弧状的刃口，刀刃部分要磨得锋利一些。电工刀外形如图 A-5 所示。

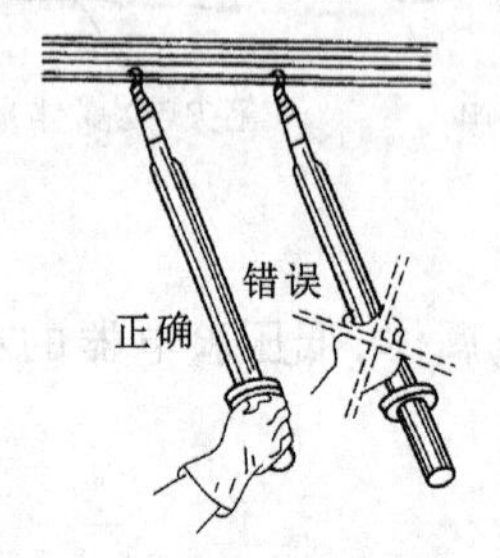

图 A-4　高压验电器的手持方法

图 A-5　电工刀外形

使用电工刀时要注意下列几个方面：

① 在剖削电线绝缘层时，可把刀略微翘起一些，用刀刃的圆角抵住线芯，这样不易削伤线芯。切忌把刀刃垂直对着导线切割绝缘，以免削伤线芯。

② 使用电工刀时，刀口应朝外进行操作。

③ 电工刀的刀柄结构没有绝缘，不能在带电体上使用电工刀进行操作，以免触电。

4. 螺钉旋具

螺钉旋具俗称为起子或改锥，主要用来紧固或拆卸螺钉。按头部形状的不同，常用螺钉旋具有一字形和十字形两种，如图 A-6 所示。一字形螺钉旋具用来紧固或拆卸带一字槽的螺钉，其规格用柄部以外的长度来表示，常用的规格有 50 mm、100 mm、150 mm 和 200 mm 等，其中电工必备的是 50 mm 和 150 mm 两种。十字形螺钉旋具专供紧固或拆卸十字槽的螺钉，常用的规格有 4 种，Ⅰ 号适用于螺钉直径为 2 ~ 2.5 mm，Ⅱ 号为 3 ~ 5 mm，Ⅲ 号为 6 ~ 8 mm，Ⅳ 号为 10 ~ 12 mm。

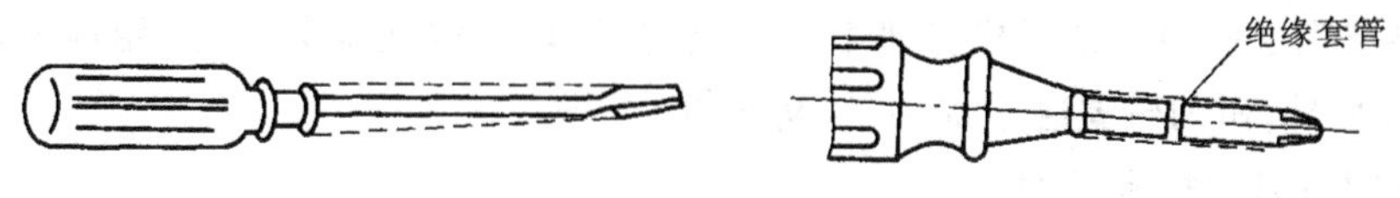

图 A-6　螺钉旋具

使用螺钉旋具时应该注意的几个方面：

① 螺钉旋具的手柄应该保持干燥、清洁、无破损且绝缘完好。

② 电工不可使用金属杆直通柄顶的螺钉旋具，在实际使用过程中，不应让螺钉旋具的金属杆部分触及带电体，也可以在其金属杆上套上绝缘塑料管，以免造成触电或短路事故。

③ 不能用锤子或其他工具敲击螺钉旋具的手柄，或当作錾子使用。

螺钉旋具的使用方法如图 A-7 所示。

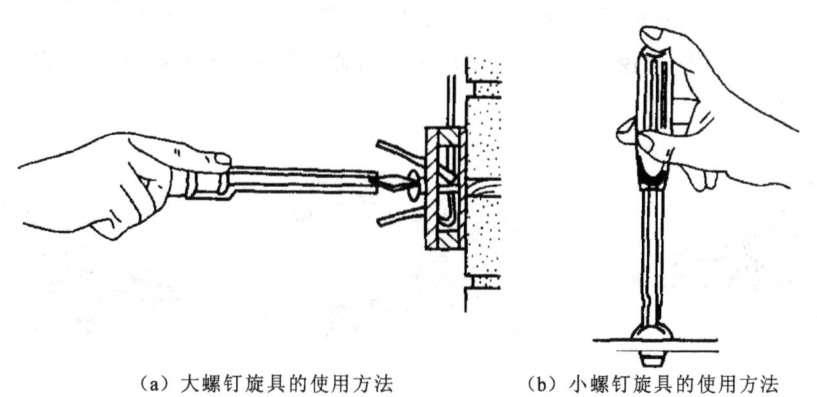

(a) 大螺钉旋具的使用方法　　(b) 小螺钉旋具的使用方法

图 A-7　螺钉旋具的使用方法

5. 钢丝钳

钢丝钳主要用于剪切、绞弯、夹持金属导线，也可用作紧固螺母、切断钢丝。其结构和使用方法如图 A-8 所示。电工应该选用带绝缘手柄的钢丝钳，其绝缘性能为 500 V。常用钢丝钳的规格有 150 mm、175 mm 和 200 mm 三种。

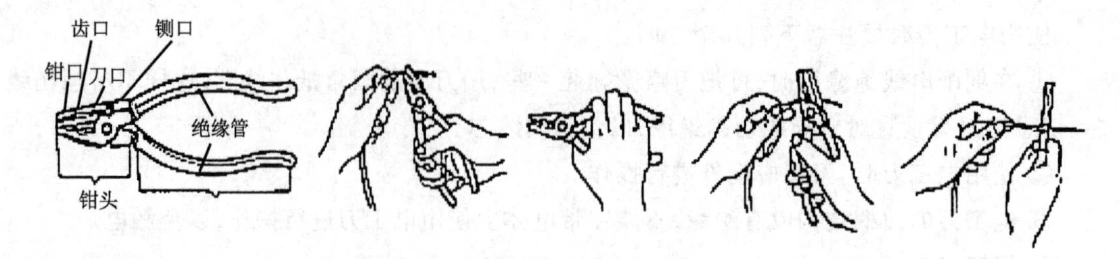

图 A-8　钢丝钳的结构及使用方法

使用钢丝钳时应注意以下几个方面：

① 在使用电工钢丝钳以前，首先应该检查绝缘手柄的绝缘是否完好，如果绝缘破损，进行带电作业时会发生触电事故。

② 用钢丝钳剪切带电导线时，既不能用刀口同时切断相线和零线，也不能同时切断两根相线，而且，两根导线的断点应保持一定距离，以免发生短路事故。

③ 不得把钢丝钳当作锤子敲打使用，也不能在剪切导线或金属丝时，用锤或其他工具敲击钳头部分。另外，钳的轴要经常加油，以防生锈。

6. 尖嘴钳、斜口钳、剥线钳

尖嘴钳的头部尖细，适用于在狭小的工作空间操作。主要用于夹持较小物件，也可用于弯曲导线，剪切较细导线和其他金属丝。电工使用的是带绝缘手柄的一种，其绝缘手柄的绝缘性能为 500 V，尖嘴钳按其全长分为 130 mm、160 mm、180 mm、200 mm 四种。其外形如图 A-9 所示。

斜口钳专用于剪断各种电线电缆，如图 A-10 所示。对粗细不同、硬度不同的材料，应选用大小合适的斜口钳。

剥线钳是用于剥除较小直径导线、电缆绝缘层的专用工具，其手柄是绝缘的，绝缘性能为 500 V，其外形如图 A-11 所示。剥线钳的使用方法十分简便，确定要剥削的绝缘长度后，即可把导线放人相应的切口中（直径 0.5 ～ 3 mm），用手将钳柄握紧，导线的绝缘层即被拉断后自动弹出。

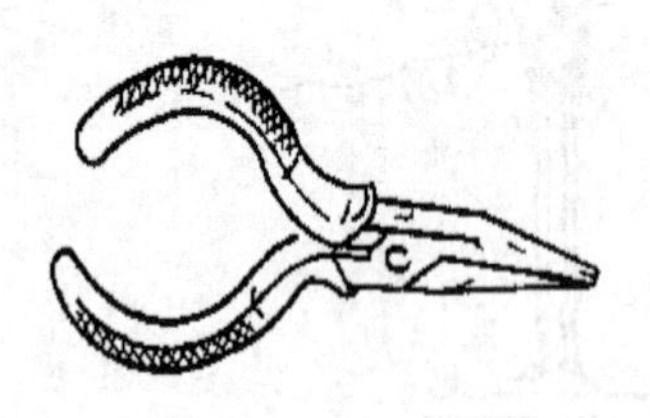

图 A-9　尖嘴钳外形

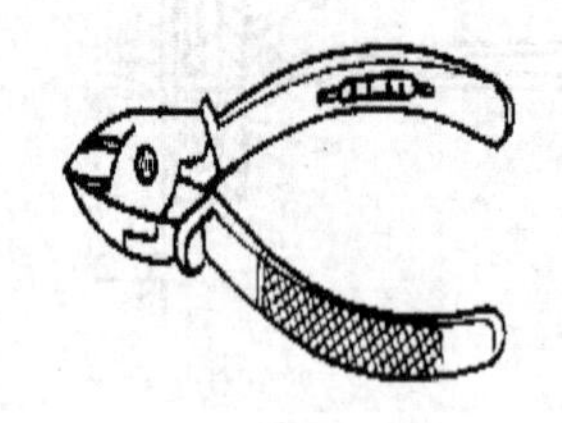

图 A-10　斜口钳外形

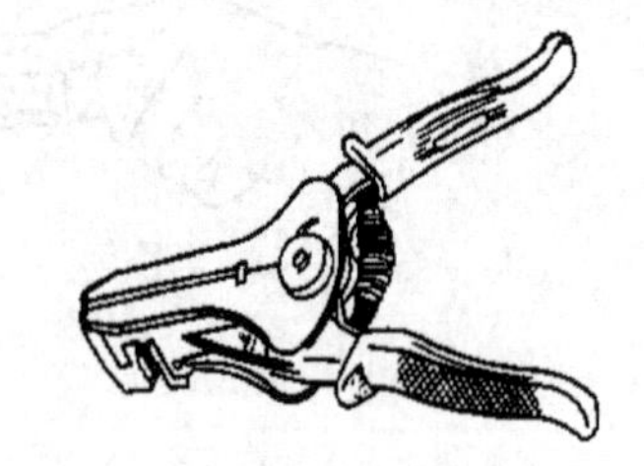

图 A-11　剥线钳外形

A.1.2　常用电工仪表认识

1. 常用电工仪表的基本知识

测量各种电学量和各种磁学量的仪表统称为电工测量仪表。电工测量仪表的种类繁多，最常见的是测量基本电学量的仪表。

(1) 常用电工仪表的分类

一般按其测量方法、结构、用途等方面的特性总体可分为指示仪表、比较仪表、数字仪表和巡回检测装置、记录仪表和示波器、扩大量程装置和变换器等五大类。按测量对象不同,可分为电流表、电压表、功率表、电度表、欧姆表等。按其工作原理不同可分为磁电式、电磁式、电动式、铁磁电动式、感应式及流比计(比率计)等。按准确度的等级不同可分为 0.1 级、0.2 级、0.5 级、1.0 级、1.5 级、2.5 级和 4.0 级七个等级。按使用性质和装置方法的不同分为固定式和便携式等。

(2) 电工仪表的等级

电工仪表的等级是表示仪表精确度的级别。通常 0.1 级和 0.2 级仪表用作标准表,0.5 ~ 1.5 级仪表用于实验,1.5 ~ 4.0 级仪表用于工程。所谓仪表的等级是指在规定条件下使用时,可能产生的误差占满刻度的百分数。表示级别的数字越小,精确度就越高。例如用 0.1 级和 4.0 级两只 10 A 量程的电流表分别去测 8 A 的电流,0.1 级表可能产生的误差为 10A × 0.1% = 0.01A,而 4.0 级表可能产生的误差为 10 A × 4% = 0.4 A。另外值得注意的是,同一只仪表使用的量程恰当与否也会影响测量的精确度。因此,对同一只仪表而言,在满足测量要求的前提下,用小的量程测量比用大的量程测量精确度高。所以选择量程时应使读数占满刻度 2/3 左右为宜。

(3) 电工仪表的型号

电工仪表的产品型号是按规定的标准编制的,对于安装式和可携式指示仪表的型号各有不同的编制规则。常用开关板仪表的型号表示意义如图 A-12 所示。例如,42L6-W 型功率表,“42”为形状代号,按形状代号可从有关标准中查出仪表的外形和尺寸,“L”表示整流系仪表,“6”为设计序号,“W”表示用来测量功率。

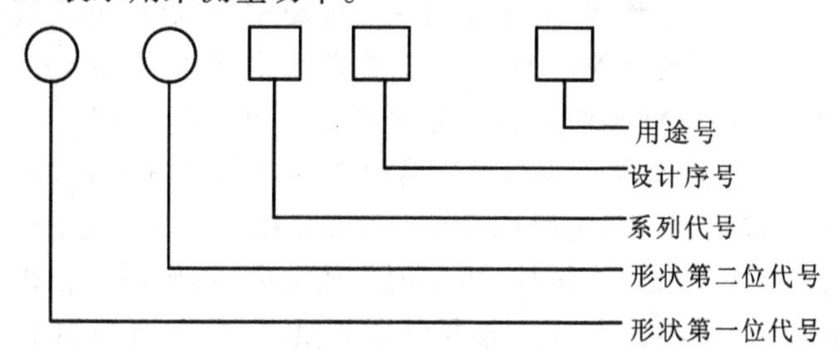

图 A-12　安装式仪表型号的编制规则

2. 电流表和电压表

(1) 电流表和电压表的工作原理

常见的电流表和电压表按工作原理的不同分为磁电式、电磁式和电动式三种,以磁电式仪表为例其工作原理如下所示。

磁电系仪表原理结构如图 A-13 所示。它的固定磁路系统由永久磁铁、极靴和圆柱形铁心组成。它的可动部分由绕在铝框上的线圈、线圈两端的、半轴、指针、平衡重物、游丝等组成。圆柱形铁心固定在仪表支架上,用来减小磁阻,并使极靴和铁心间的卒气隙中产生均匀的辐射磁场。整个可动部分被支承在轴承上,可动线圈处于永久磁铁的气隙磁场中。

当线圈中有被测电流流过时,通过电流的线圈在磁场中受力并带动指针而偏转,当与弹簧反作用力矩平衡时,指针便停留在相应位置,并存面板刻度标尺上指出被测数据。

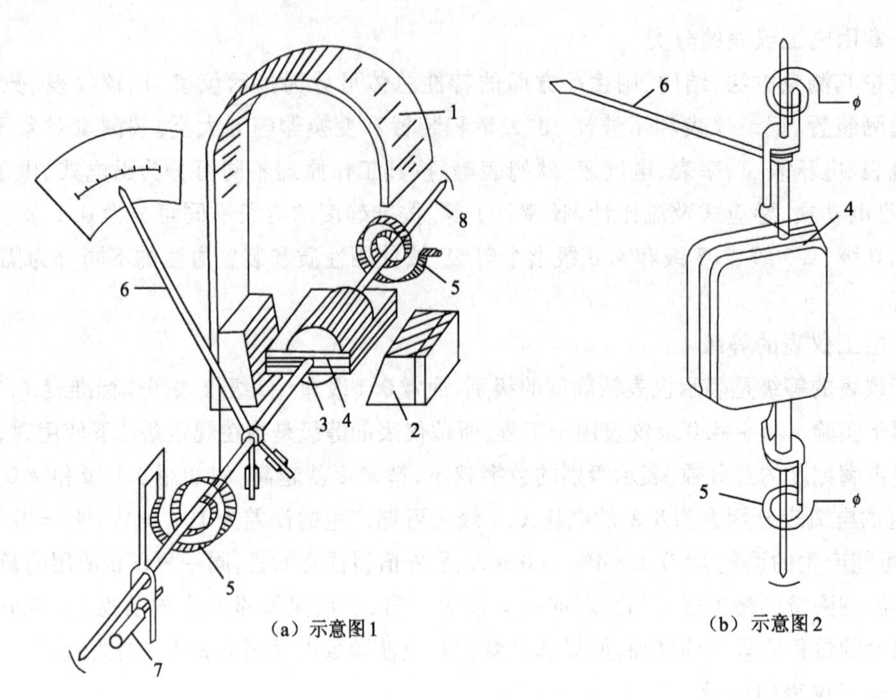

图 A-13　磁电式仪表结构

1— 永久磁铁， 2— 极掌， 3— 圆柱形铁心， 4— 可动线圈，

5— 游丝， 6— 指针， 7— 校正器， 8— 转轴

(2) 电流的测量

测量电流用的仪表，称为电流表。为了测量一个电路中的电流，电流表必须和这个电路串联。为了使电流表的接入不影响电路的原始状态，电流表本身的内阻抗要尽量小，或者说与负载阻抗相比要足够小。否则，被测电流将因电流表的接入而发生变化。

① 直流电流的测量。用直流电流表测量直流电流的电路如图 A-14(a) 所示。

接线时电流表的正端钮接被测电路的高电位端，负端钮接被测电路的低电位端，在仪表允许量程范围内测量。如要扩大仪表量程，用以测量较大电流，则应在仪表上并联低阻值的分流器，如图 A-14(b) 所示。在用含有分流器的仪表测量时，应将分流器的电流端钮接入电路中，由表头引出的外附定值导线应接在分流器的电位端钮上。一般外附定值导线是与仪表、分流器一起配套的。如果外附定值导线不够长，可用不同截面积和长度的导线替代，但应使替代导线的电阻小于 0.035 Ω。

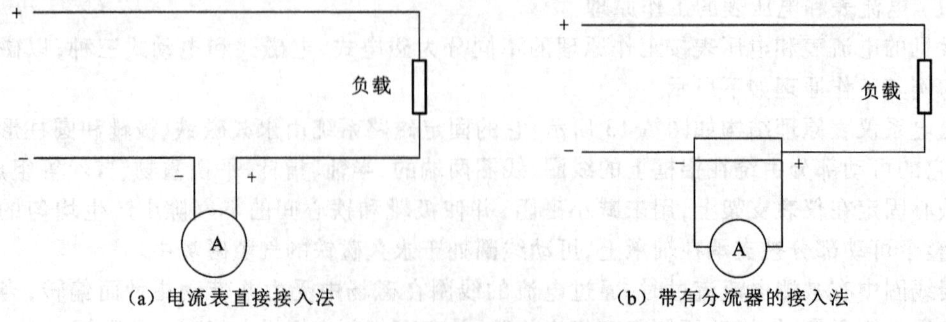

(a) 电流表直接接入法　　(b) 带有分流器的接入法

图 A-14　直流电流的测量电路图

② 交流电流的测量

用交流电流表测量交流电流时，电流表不分极性，只要在测量量程内将其串入被测电路即可。如图 A-15(a) 所示。因交流电流表的线圈和游丝截面积很小，故不能测量较大电流。如须扩大量程，无论是磁电式、电磁式或电动式电流表，均须加接电流互感器，其接线原理如图 A-15(b) 所示。通常电气工程上配电流互感器用的交流电流表，量程为 5 A。但表盘上读数在出厂前已按电流互感器比率(变流比) 标出，可直接读出被测电流值。

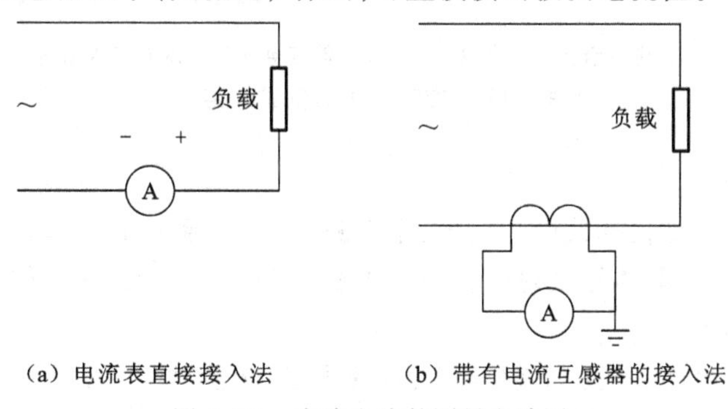

(a) 电流表直接接入法　　(b) 带有电流互感器的接入法

图 A-15　交流电流的测量电路图

(3) 电压的测量

用来测量电压的仪表称为电压表。测量时电压表应跨接在被测元件的两端，即和被测的电路或负载并联。为了不影响电路的工作状态，电压表本身的内阻抗要尽量大，或者说与负载的阻抗相比要足够大，以免由于电压表的接人而使被测电路的电压发生变化，形成较大误差。

① 直流电压的测量。直接测量电路两端直流电压的线路如图 A-16(a) 所示。电压表正端钮必须接被测电路高电位点，负端钮接低电位点，在仪表量程允许范围内测量。如须扩大量程，无论是磁电式、电磁式或电动式仪表，均可在电压表外串联分压电阻，如图 A-16(b) 所示。所串联的分压电阻越大，量程越大。

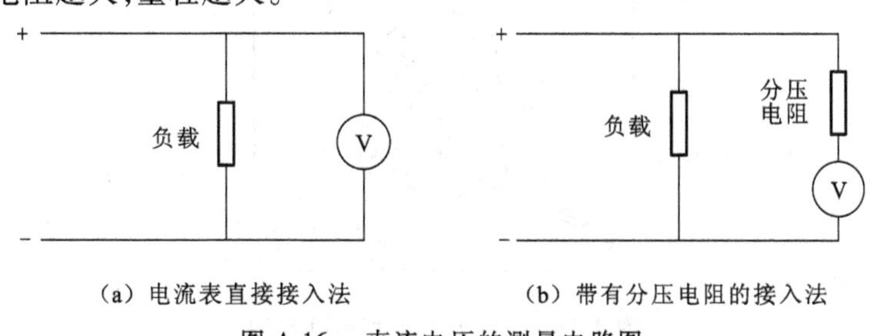

(a) 电流表直接接入法　　(b) 带有分压电阻的接入法

图 A-16　直流电压的测量电路图

② 交流电压的测量。用交流电压表测量交流电压时，电压表不分极性，只须在测量量程范围内直接并联上被测电路即可，如图 A-17(a) 所示。如须扩大交流电压表量程，无论是磁电式、电磁式或电动式仪表，均可加接电压互感器，如图 A-17(b) 所示。电气工程上所用电压互感器按测量电压等级不同，有不同的标准电压比率，如 3 000/100 V、10 000/100 V 等，配合互感器的电压表量程一般为 100 V，选择时根据被测电路电压等级和电压表自身量程合理配合使用。读数时，电压表表盘刻度值已按互感器比率折算过，可直接读取。

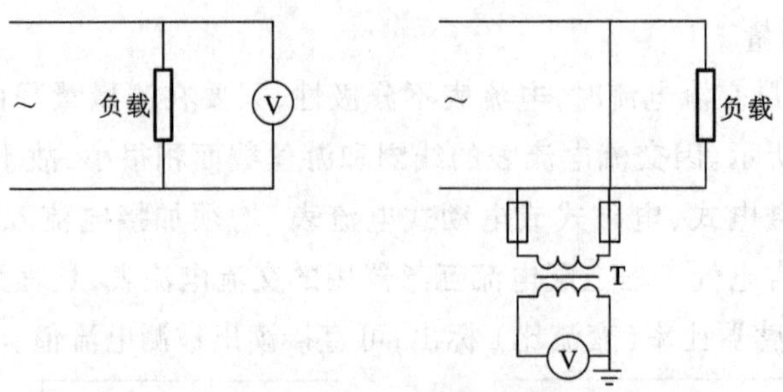

（a）电压表直接接入法　（b）带有电压互感器的接入法

图 A-17　交流电压的测量电路图

3. 指针式万用表

万用表是一种多功能便携式电工仪表，用以测量交、直流电压、电流、直流电阻等。有的万用表还可以测量电容量、晶体管共射极直流放大系数 *h*FE 和音频电平等参数。图 A-18 所示为指针式万用表的外形图。

万用表的结构主要由表头（测量机构）、测量线路、转换开关、面板及表壳等部分组成。万用表的工作原理比较简单，采用磁电系仪表为测量机构。测量电阻时，使用内部电池做电源，应用电压、电流法；测量电流时，用并联电阻分流以扩大量限；测量电压时，采用串联电阻分压的方法以扩大电压量限。

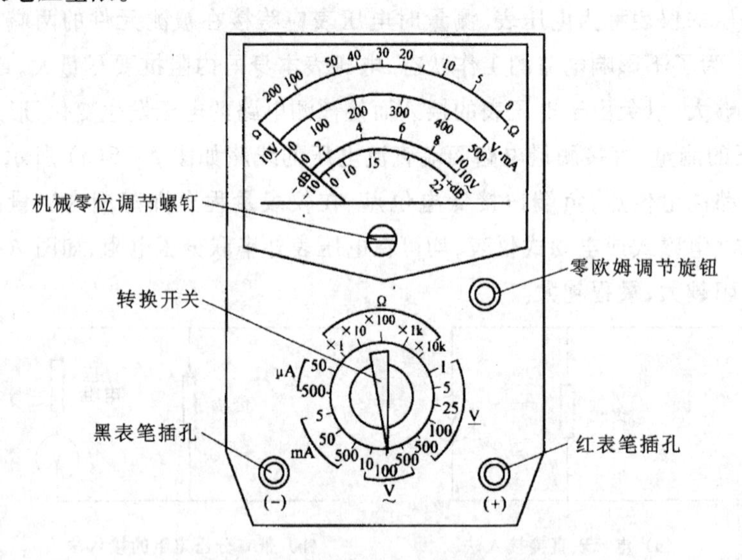

图 A-18　MF-30 型万用表外形图

① 使用前认真阅读说明书，充分了解万用表的性能，正确理解表盘上各种符号和字母的含义及各标度尺的读法。熟悉转换开关旋钮和插孔的作用。

② 使用前，先观察表头指针是否处于零位（电压、电流标度尺的零点），然后再检查表内电池是否完好。检查的方法是将转换开关置于电阻挡，倍率转换开关置于 $R\times1$ 挡（测 1.5 V 电池），置于 $R\times10\text{k}$ 挡（测量较高电压电池）。将表笔相碰看指针是否指在零位，调整旋钮后，指针仍不能指在零位，需要更换新电池。

③ 测量前，要根据被测电学量的项目和大小，把转换开关置于合适的位置。量程的选择，

应尽量使表头指针偏转到刻度尺满刻度偏转的2/3左右。如果事先无法估计被测量的大小，可在测量中从最大量程挡位逐渐减小到合适的挡位。

④ 测量时，不要用手触摸表笔的金属部分，以保证安全和测量的准确性。

⑤ 测量高电压（如 220 V）或大电流（如 0.5 A）时，不能在测量时旋动转换开关，避免转换开关的触头产生电弧而损坏开关。

⑥ 测量结束后，应将转换开关旋至最高电压挡或空挡。测量含有感抗的电路中的电压时，应在切断电源以前先断开万用表，以防自感现象产生的高压损坏万用表。

⑦ 应在干燥、无震动、无强磁场、环境温度适宜的条件下使用和保存万用表。长期不用的万用表，应将表内电池取出，以防电池因存放过久变质而漏出的电解液腐蚀表内元件。

4. 功率表

功率表用于测量直流电路和交流电路的功率，又称为电力表或瓦特表。功率表大多采用电动式仪表的测量机构。它有两组线圈，一组是电流线圈，一组是电压线圈。它的指针偏转（读数）与电压、电流以及电压与电流之间的相角差的余弦的乘积成正比。因此，可用它测量电路的功率。由于它的读数与电压、电流之间的相角差有关，因此电流线圈与电压线圈的接线必须按照规定的方式连接才能正确使用。

1）功率表的接线规则

功率表的接线必须遵守“发电机端”规则，即：功率表标有“ * ”号的电流端钮必须接到电源的一端，而另一电流端钮接到负载端，电流线圈串联接入电路中。功率表标有“ * ”号的电压端钮，可以接到电流端钮的任意一端，而另一电压端钮则跨接到负载的另一端。图 A-19 所示为功率表的两种正确接线方式。

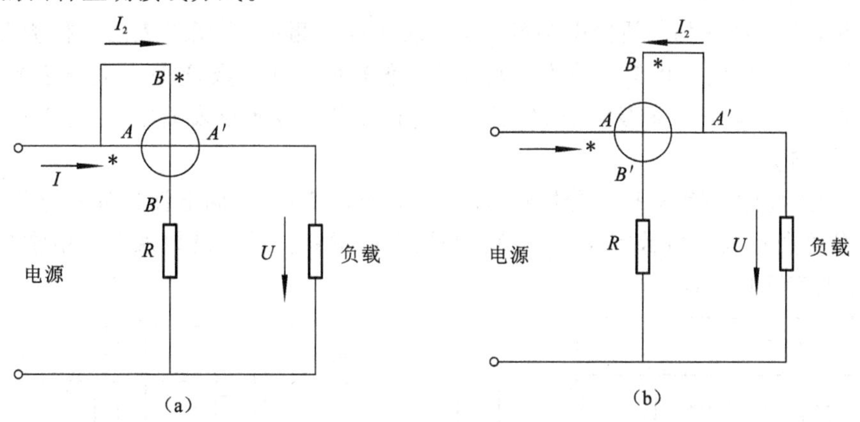

图 A-19　功率表两种正确接线方法

2）功率的测量方法

直流有功功率的测量，可以用分别测量电压、电流的间接方法测量，也可以用功率表直接测量。单相交流有功功率的测量，在频率不很高时采用电动系或铁磁电动系功率表直接测量。在频率较高时，采用热电系或整流系功率表直接测量。三相有功功率的测量，可采用三相有功功率表进行测量，也可采用几个单相有功功率表进行测量。

① 直接式接法。被测电路功率小于功率表量程时，功率表可直接接入电路。用单相有功功率表测量三相有功功率的方法有三种：一表法、二表法、三表法。如图 A-20 所示。

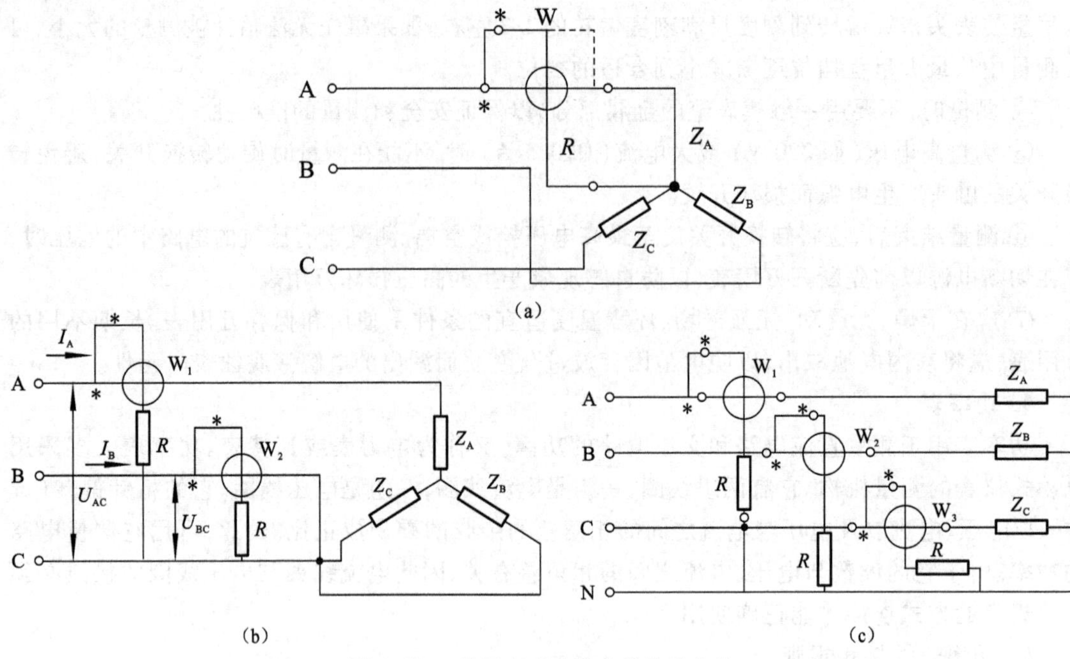

图 A-20　单相有功功率表的接线方法

② 用电流互感器和电压互感器扩大功率表量程的接线。被测电路功率如果大于功率表量程,必须加接电流互感器和电压互感器,扩大其量程。接线方法如图 A-21 所示。

3）使用功率表时的注意事项

① 负载不对称的三相四线制电路不能用二表法进行测量。在用二表法进行测量时,如果被测电路的功率因数低于 0.5,就会发现功率表反偏转而无法读数。这时可将该表的电流线圈接头反接,但不可将电压线圈反接,以免引起静电误差甚至导致仪表损坏(也可以换用低功率因素表进行测量)。

② 功率表的表盘刻度只标明分格数,往往不标明瓦特数。不同电流量程和电压量程的功率表,每个分格所代表瓦特数不一样,在测量时,应将指针所示分格数乘上分格常数,才能得到被测电路的实际功率数。

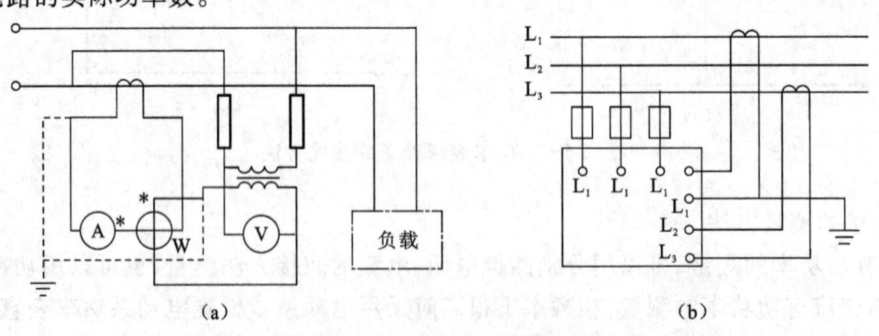

图 A-21　用电流互感器和电压互感器扩大功率表量程

5. 电度表

电度表是用来测量电能的仪表,其种类繁多。按其准确度分类有 0.5 级、1.0 级、2.0 级、

2.5 级、3.0 级等。按其结构和工作原理又可分为电子数字式电度表、磁电系电度表、电动系和感应系电度表等。其中测量交流电能用的感应系电度表是一种使用数量最多,应用范围最广的电工仪表。

(1) 电度表型式的选择

根据测量任务的不同,电度表型式的选择也会有所不同。对于单相、三相、有功和无功电能的测量,都应选取与之相适应的仪表。在国产电度表中,型号中的前后字母和数字均表示不同含义。其中的第一个字母 D 代表电度表,第二个字母中的 D 则表示单相、S 表示三相三线、T 表示三相四线、X 表示无功,后面的数字代表产品设计定型编号。

(2) 额定电流、电压的选择

在电度表的铭牌上,均标有额定电压、标定电流和额定最大电流。其中的标定电流,只作计算负载的基数,而在额定最大电流下,应能长期工作,其误差和温升等应能完全满足规定的要求,并用括号形式将额定最大电流值标在标定电流值的后面。例如某厂生产的 DD28 型电度表,在铭牌中标有 2(4)A 字样,则该表的标定电流为 2 A,额定最大电流为 4 A。当后者小于前者的 150% 时,通常只标明前者。因此,我们对电度表的额定电流、电压进行合理选择的原则是,应使电度表的额定电压、额定最大电流等于或大于负载的电压、电流。但电度表也不允许安装在 10% 额定负载以下的电路中使用。

(3) 电度表的正确接线

电度表的正确接线同功率表一样,必须遵守发电机端的接线原则,即应将电度表的电流线圈和电压线圈中带“ * ”号的一端,共同接至电源的同一极性上。单相电度表和三相电度表的接线方法如图 A-22 所示。

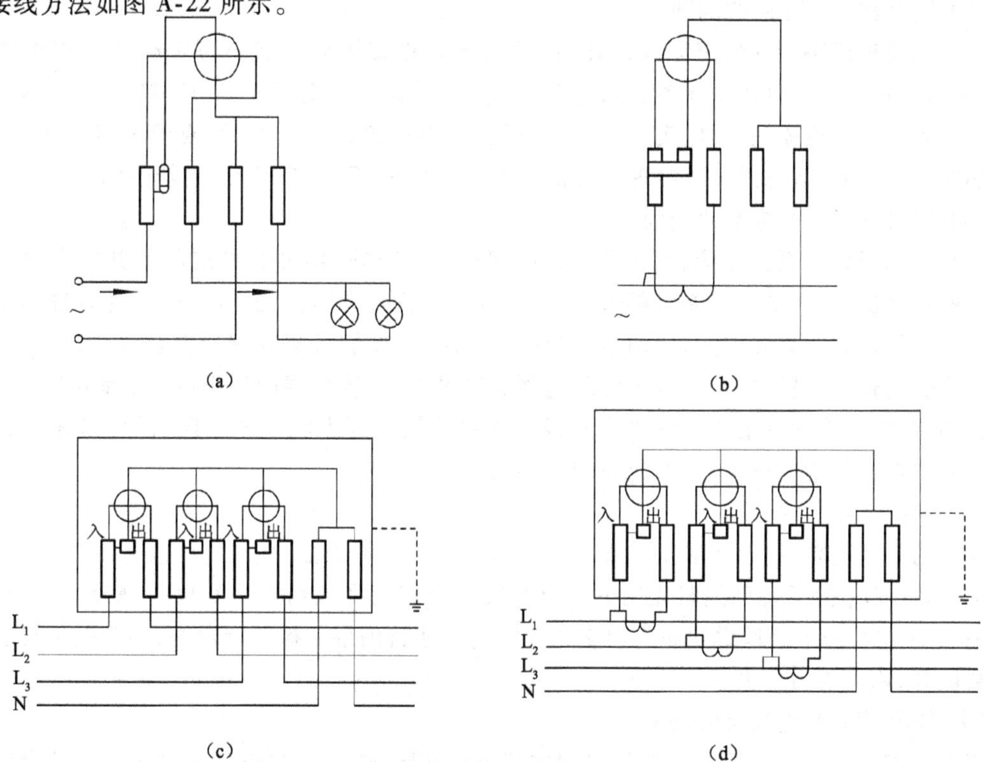

图 A-22 电度表的接线方法

A.1.3 常用导线剖削、连接及绝缘恢复演练

演练步骤：

1）取不同规格的绝缘导线进行剖削

在连接前，必须先剖削导线绝缘层，要求剖削后的芯线长度必须适合连接需要，不应过长或过短，且不应损伤芯线。

（1）塑料硬线绝缘层的剖削

塑料硬线绝缘层的剖削有如下两种方法。

① 钢丝钳剖削塑料硬线绝缘层。线芯截面积 4 mm^2 及以下的塑料硬线，一般可用钢丝钳剖削，方法如下：按连接所需长度，用钳头刀口轻切绝缘层，用左手捏紧导线，右手适当用力捏住钢丝钳头部，然后两手反向同时用力即可使端部绝缘层脱离芯线。在操作中注意，不能用力过大，切痕不可过深，以免伤及线芯，如图 A-23 所示。

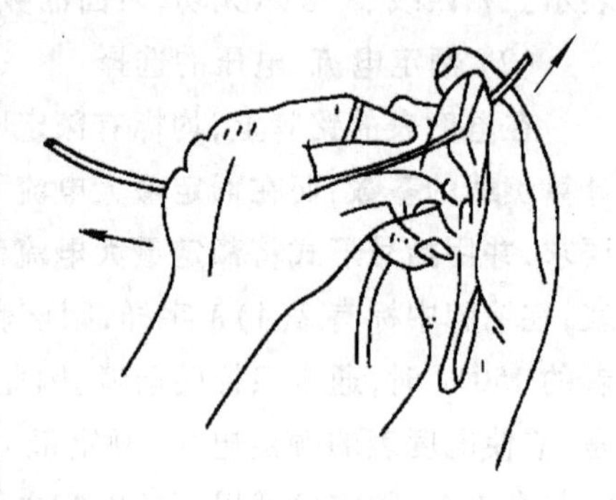

图 A-23 用钢丝钳剥去导线绝缘层

② 用电工刀剖削塑料硬线绝缘层。按连接所需长度，用电工刀刀口对导线成45°角切入塑料绝缘层，使刀口刚好削透绝缘层而不伤及线芯，然后压下刀口，夹角改为约15°后把刀身向线端推削，把余下的绝缘层从端头处与芯线剥开，接着将余下的绝缘层扳翻至刀口根部后，再用电工刀切齐。

（2）塑料软线绝缘层的剖削

塑料软线绝缘层剖削除用剥线钳外，仍可用钢丝钳直接剖削截面为 4 mm^2 及以下的导线，方法与用钢丝钳剖削塑料硬线绝缘层时相同。塑料软线不能用电工刀剖削，因其太软，线芯又是由多股铜丝组成的，用电工刀极易伤及线芯。软线绝缘层剖削后，要求不存在断股（一根细芯线称为一股）和长股（即出现端头长短不齐）现象。否则应切断后重新剖削。

（3）塑料护套线绝缘层的剖削

塑料护套线只有端头连接，不允许进行中间连接。其绝缘层分为外层的公共护套层和内部芯线的绝缘层。公共护套层通常都采用电工刀进行剖削。常用方法有两种：一种方法是用刀口从导线端头两芯线夹缝中切入，切至连接所需长度后，在切口根部割断护套层。另一种方法是按线头所需长度，将刀尖对准两芯线凹缝划破绝缘层，将护套层向后扳翻，然后用电工刀齐根切去。芯线绝缘层的剖削与塑料绝缘硬线端头绝缘层剖削方法完全相同，但切口相距护套层长度应根据实际情况确定，一般应在 10 mm 以上。

（4）花线绝缘层的剖削

花线的结构比较复杂，多股铜质细芯线先由棉纱包扎层裹捆，接着是橡胶绝缘层，外面还套有棉织管（即保护层）。剖削时先用电工刀在线头所需长度处切割一圈拉去，然后在距离棉织管 10 mm 左右处用钢丝钳按照剖削塑料软线的方法将内层的橡胶层勒去，将紧贴于线芯处棉纱层散开，用电工刀割去。

（5）橡套软电缆绝缘层的剖削

用电工刀从端头任意两芯线缝隙中割破部分护套层。然后把割破已分成两片的护套层连

同芯线(分成两组)一起进行反向分拉来撕破护套层,直到所需长度。再将护套层向后扳翻,在根部分别切断。

橡套软电缆一般作为田间或工地施工现场临时电源馈线,使用机会较多,因而受外界拉力较大,所以护套层内除有芯线外,还有 2 ~ 5 根加强麻线。这些麻线不应在护套层切口根部剪去,而应扣结加固,余端也应固定在插头或电具内的防拉板中。芯线绝缘层可按塑料绝缘软线的方法进行剖削。

(6) 铅包线护套层和绝缘层的剖削

铅包线绝缘层分为外部铅包层和内部芯线绝缘层。剖削时先用电工刀在铅包层上切下一个刀痕,再用双手来回扳动切口处,将其折断,将铅包层拉出来。内部芯线绝缘层的剖削与塑料硬线绝缘层的剖削方法相同,操作过程如图 A-24 所示。

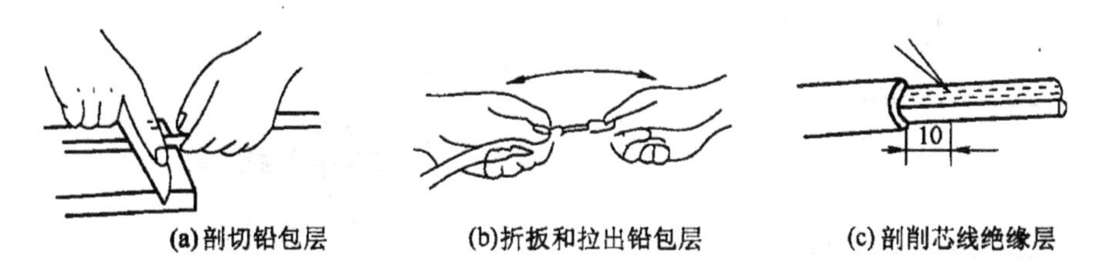

图 A-24　铅包线绝缘层的剥削

2) 单股和多股导线连接

(1) 对导线连接的基本要求

对导线连接的基本要求如下所示。

① 接触紧密,接头电阻小且稳定性好。与同长度、同横截面积导线的电阻比应不大于 1 Ω。

② 接头的机械强度应不小于导线机械强度的 80% 。

③ 耐腐蚀。对于铝与铝连接,如采用熔焊法,主要防止残余熔剂或熔渣的化学腐蚀。对于铝与铜连接,主要防止电化腐蚀。在接头前后,要采取措施,避免这类腐蚀的存在,否则,在长期运行中,接头有发生故障的可能。

④ 接头的绝缘层强度应与导线的绝缘强度一样。

(2) 铜芯线的连接

铜芯线的连接有以下几种:

① 单股铜芯线的直接连接。先按芯线直径约 40 倍长剥去线端绝缘层,并勒直芯线再按以下步骤进行。

a. 把两根线头在离芯线根部的 1/3 处呈 X 状交叉,如图 A-25(a) 所示。

b. 把两线头如麻花状互相紧绞两圈,如图 A-25(b) 所示。

c. 先把一根线头扳起与另一根处于下边的线头保持垂直,如图 A-25(c) 所示。

d. 把扳起的线头按顺时针方向在另一根线头上紧缠6 ~ 8 圈,圈间不应有缝隙,且应垂直排绕。缠毕切去芯线余端,并钳平切口,不准留有切口毛刺,如图 A-25(d) 所示。

e. 另一端头的加工方法,按上述步骤 c、d 操作。

② 单股铜芯线与多股铜芯线的分支连接。先按单股铜芯线直径约 20 倍的长度剥除多股

线连接处的中间绝缘层,按多股线的单股芯线直径的100倍左右剥去单股线的线端绝缘层,并勒直芯线。再按以下步骤进行。

a. 在离多股线的左端绝缘层切口 3 ~ 5 mm 处的芯线上,用一字形螺钉旋具把多股芯线分成较均匀的两组(如 7 股线的芯线以 3、4 分开),如图 A-26(a) 所示。

b. 把单股铜芯线插入多股铜芯线的两组芯线中间,但单股铜芯线不可插到底,应使绝缘层切口离多股铜芯线 3 mm 左右。同时应尽可能使单股铜芯线向多股铜芯线的左端靠近,以达到距多股线绝缘层的切口小于 5 mm。再用钢丝钳把多股线的插缝钳平、钳紧,如图 A-26(b) 所示。

c. 把单股铜芯线按顺时针方向紧缠在多股铜芯线上,务必使每圈直径垂直于多股铜芯线轴心,并使各圈紧挨密排绕足 10 圈,然后切断余端,钳平切口毛刺,如图 A-26(c) 所示。

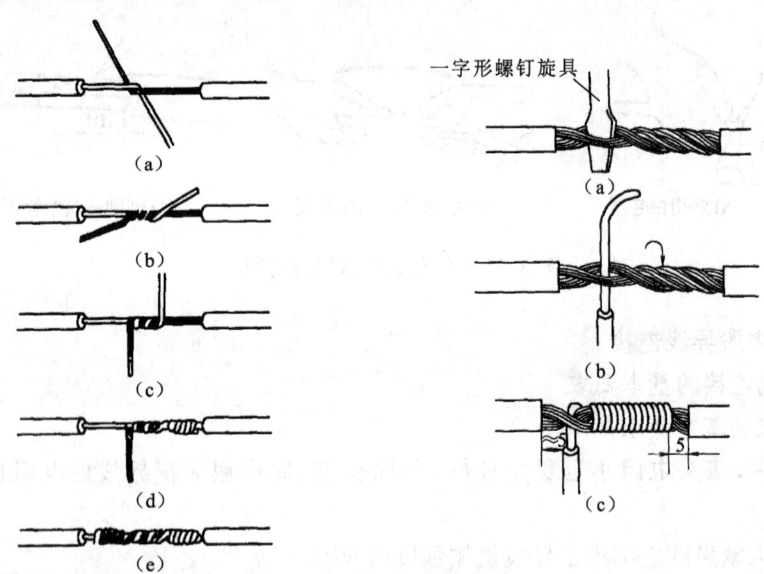

图 A-25　单股铜芯线的连接法　　　图 A-26　单股线与多股线的连接

③ 多股铜芯线的直接连接,按以下步骤进行:

a. 先将剖去绝缘层的芯线头拉直,接着把芯线头全长的 1/3 根部进一步绞紧,然后把余下的 2/3 根部的芯线头,按如图 A-27(a) 所示方法,分散成伞骨状,并将每股芯线拉直。

b. 把两导线的伞骨状线头隔股对叉,然后捏平两端每股芯线,如图 A-27(b)、(c) 所示。

c. 先把一端的多股芯线分成三组,接着把第一组股芯线扳起,垂直于芯线,如图 A-27(d) 所示。然后按顺时针方向紧贴并缠两圈,再扳成与芯线平行的直角,如图 A-27(e) 所示。

d. 按上一步骤相同的方法继续紧缠第二和第三组芯线,但在后一组芯线扳起时,应把扳起的芯线紧贴前一组芯线已弯成直角的根部,如图 A-27(f)、(g) 所示。第三组芯线应紧缠三圈,如图 A-27(h) 所示。每组多余的芯线端应剪去,并钳平切口毛刺。导线的另一端连接方法相同。

④ 多股铜芯线的分支连接。先将干线在连接处按支线的单股铜芯线直径约 60 倍长剥去绝缘层。支线线头绝缘层的剥离长度约为干线单股铜芯线直径的 80 倍左右,再按以下步骤进行:

a. 把支线线头离绝缘层切口根约 1/10 的一段芯线进一步绞紧,并把余下的约 9/10 芯线头松散,并逐根勒直后分成较均匀且排成并列的两组(如 7 股线按 3、4 分开),如图 A-28(a) 所示。

b. 在干线芯线中间略偏一端部位,用一字形螺钉旋具插入芯线股间,分成较均匀的两组。把支路略多的一组芯线头插入干线芯线的缝隙中,并插到底。同时移动位置,使干线芯线约以2/5 和3/5 分留两端,即2/5 一段供支线3 股芯线缠绕,3/5 一段供4 股芯线缠绕,如图 A-28(b)所示。

c. 先钳紧干线芯线插口处,接着把支线 3 股芯线在干线芯线上按顺时针方向垂直地紧紧排缠至三圈,剪去多余的线头,钳平端头,修去毛刺,如图 A-28(c) 所示。

d. 按步骤 c 的方法缠绕另 4 股支线芯线头,但要缠足四圈,芯线端口也应不留毛刺,如图 A-28(d) 所示。

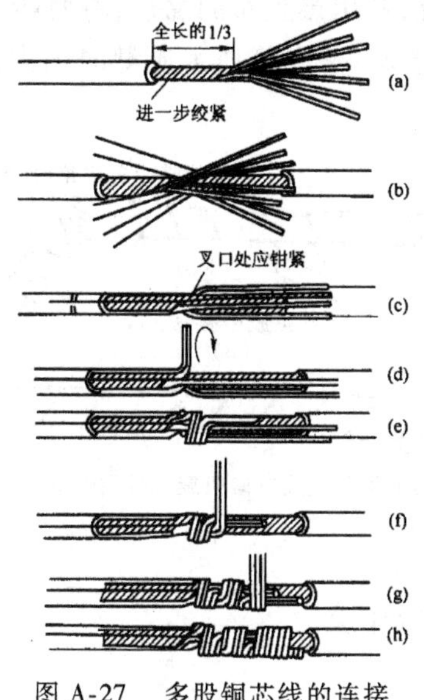

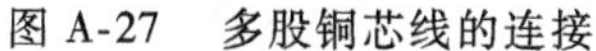
图 A-27　多股铜芯线的连接

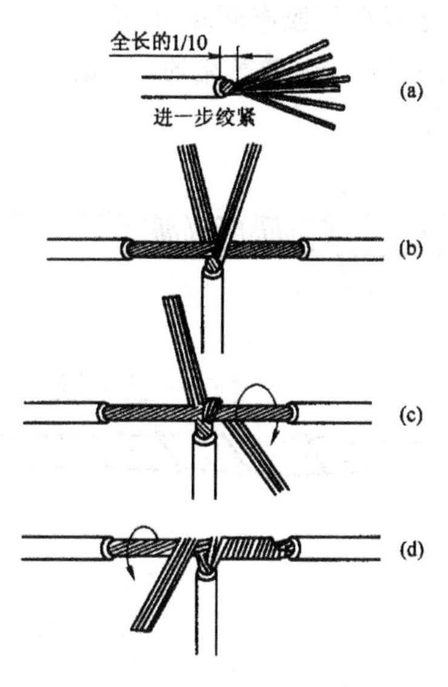

图 A-28　多股铜芯线的分支连接

(3) 铝芯线的连接

铝芯线的连接有以下几种:

① 小规格铝芯线的连接方法:

a. 横截面积在 4 mm^2 字以下的铝芯线,允许直接与接线柱连接,但连接前必须经过清除氧化铝薄膜的技术处理。方法:在芯线端头上涂抹一层中性凡士林,然后用细钢丝刷或铜丝刷擦芯线表面,再用清洁的棉纱或破布抹去含有氧化铝膜屑的凡士林,但不要彻底擦干净表面的所有凡士林。

b. 各种形状接点的弯制和连接方法,均与小规格铜质导线的连接方法相同,均可参照应用。

c. 铝芯线质地很软,压紧螺钉虽应紧压住线头,不能松动,但也应避免一味拧紧螺钉而把铝芯线压扁或压断。

② 铜芯线与铝芯线的连接。由于铜与铝在一起,日久铝会产生电化腐蚀,因此,对于较大负荷的铜芯线与铝芯线连接应采用铜铝过渡连接管。使用时,连接管的铜端插入铜导线,连接管的铝端插入铝导线,利用局部压接法压接。

(4) 连接线头的绝缘层恢复

绝缘导线的绝缘层,因连接需要被剥离后,或遭到意外损伤后,均需恢复绝缘层,而且经恢复的绝缘性能不能低于原有的标准。在低压电路中,常用的恢复材料有黄蜡布带、聚氯乙烯塑料带和黑胶布等多种。一般采用20 mm的规格,其包缠方法如下:

① 包缠时,先将绝缘带从左侧的完好绝缘层上开始包缠,应包入绝缘层30 ~ 40 mm,包缠绝缘带时要用力拉紧,带与导线之间应保持约45°倾斜,如图A-29(a)所示。

② 进行每圈斜叠缠包,后一圈必须压叠住前一圈的1/2带宽,如图A-29(b)所示。

③ 包至另一端也必须包入与始端同样长度的绝缘带,然后接上黑胶布,并应使黑胶布包出绝缘带层至少半根带宽,即必须使黑胶布完全包没绝缘带,如图A-29(c)所示。

④ 黑胶布也必须进行1/2叠包,包到另一端也必须完全包没绝缘带,收尾后应用双手的拇指和食指紧捏黑胶布两端口,进行一正一反方向拧旋,利用黑胶布的黏性,将两端口充分密封起来,尽可能不让空气流通。这是一道关键的操作步骤,决定着加工质量的优劣,如图A-29(d)所示。

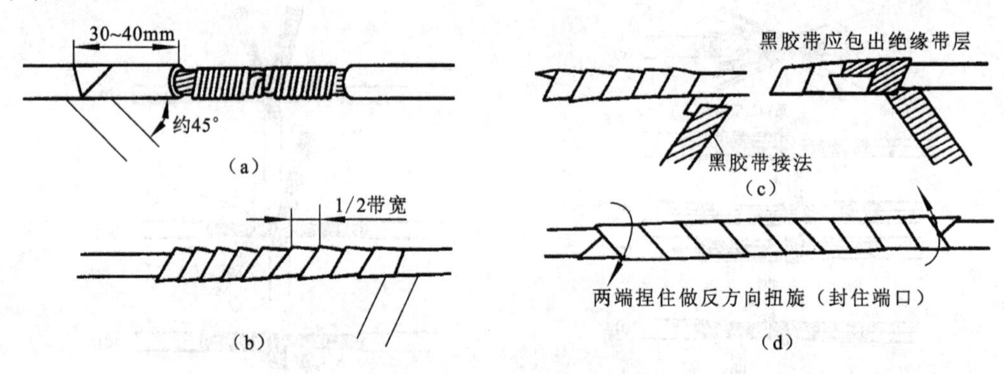

图 A-29　对接接点绝缘层的恢复

A.2　护套线照明电路的安装

学习目标

- 现场给学生展示护套线照明线路板、室内配电板外观,让学生观摩思考,并认识到护套线照明线路板及配电板在室内照明布线的重要性。
- 学习护套线照明线路及配电板的基本知识点。
- 学习护套线照明线路的安装与调试方法,并给学生现场示范基本操作要领。
- 学习配电板的安装与调试方法。
- 总结归纳室内布线电路的安装与调试方法,写出项目报告。

A.2.1　室内配线的基本知识

1. 室内配线的基本要求和工序

1)室内配线的基本要求

室内配线不仅要求安全可靠,而且要求线路布局合理、整齐、牢固。

(1)配线时要求导线额定电压应大于线路的工作电压,导线绝缘状况应符合线路安装方式和环境敷设条件,导线截面应满足供电负荷和机械强度要求。

(2) 接头的质量是造成线路故障和事故的主要因素之一，所以配线时应尽量减少导线接头。在导线的连接和分支处，应避免受到机械力的作用。穿管导线和槽板配线中间不允许有接头，必要时可采用接线盒(如线管较长)或分线盒(如线路分支)。

(3) 明线敷设要保持水平和垂直。敷设时，导线与地面的最小距离应符合规定，否则应穿管保护，以利安全和防止受机械损伤。配线位置应便于检查和维护。

(4) 绝缘导线穿越楼板时，应将导线穿入钢管或硬塑料管内保护。保护管上端口距地面不应小于 1.8 m，下端口到楼板下为止。

(5) 导线穿墙时，也应加装保护管(瓷管、塑料管、竹管或钢管)。保护管伸出墙面的长度不应小于 10 mm，并保持一定的倾斜度。

(6) 导线通过建筑物的伸缩缝或沉降缝时，敷设导线应稍有余量。敷设线管时，应装设补偿装置。

(7) 导线相互交叉时，为避免相互碰触，应在每根导线上加套绝缘管，并将套管在导线上固定牢靠。

(8) 为确保安全，室内外电气管线和配电设备与各种管道间以及与建筑物、地面间的最小允许距离应满足一定要求。

2) 室内配线的工序

室内配线主要包括以下工作内容：

(1) 首先熟悉设计施工图，做好预留预埋工作(主要内容有：电源引入方式的预留预埋位置；电源引入配电箱的路径；垂直引上、引下以及水平穿越梁、柱、墙等的位置和预埋保护管)。

(2) 按设计施工图确定灯具、插座、开关、配电箱及电气设备的准确位置，并沿建筑物确定导线敷设的路径。

(3) 在土建粉刷前将配线中所有的固定点打好眼孔，预埋件埋齐，并检查有无遗漏和错位。

(4) 装设绝缘支撑物、线夹或线管及开关箱、盒。

(5) 敷设导线、连接导线、将导线出线端与电器元件及设备连接。

(6) 检验工程是否符合设计和安装工艺要求。

2. 绝缘子配线

绝缘子配线有如下方法：

绝缘子机械强度大，适用于用电量较大而又比较潮湿的场合，绝缘子一般有鼓形绝缘、蝶形绝缘子、针式绝缘子和悬式绝缘子等，其外形如图 A-30 所示。

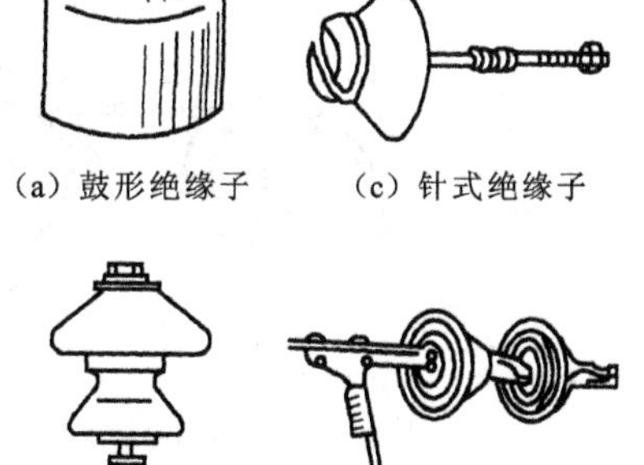

(a) 鼓形绝缘子　(c) 针式绝缘子

(b) 蝶形绝缘子　(d) 悬式绝缘子

图 A-30　绝缘子外形图

1) 绝缘子配线方法

绝缘子配线有如下方法：

(1) 绝缘子的固定。在木结构上只能固定鼓形绝缘子，可用木螺钉直接拧入，如图 A-31(a) 所示。在砖墙或混凝土墙上，可利用预埋的木榫和木螺钉来固定鼓形绝缘子，如图 A-31(b) 所示；或用预埋的支架和螺栓来固定鼓形绝缘子、蝶形绝缘子和针式绝缘子等，如图 A-31(c) 所示。此外,还可用缠有铁丝的木螺钉和膨胀螺栓来固定鼓形绝缘子。在混凝土墙上还可用环氧树脂黏合剂来固定绝缘子,如图 A-31(d) 所示。

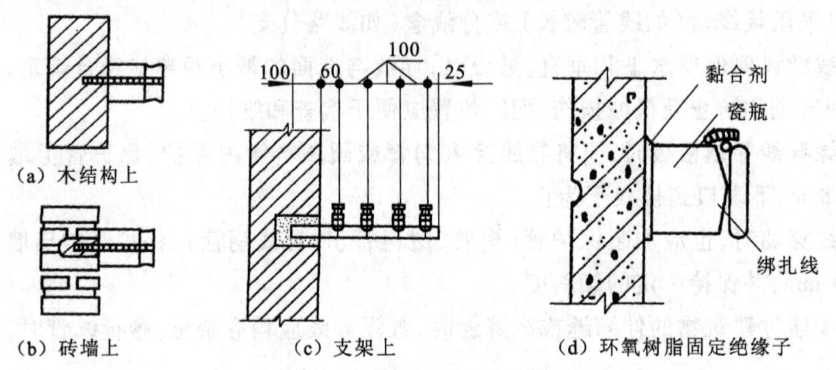

图 A-31　绝缘子的固定外形图

(2) 敷设导线及导线的绑扎。在绝缘子上敷设导线,也应从一端开始,先将一端的导线绑扎在绝缘子的颈部,然后将导线的另一端绑扎固定,最后把中间导线也绑扎固定。导线在绝缘子上绑扎固定的方法为:导线终端可用回头线绑扎,绑扎线宜用绝缘线。

鼓形和蝶形绝缘子在直线段常采用单绑法或双绑法。截面在 6 mm^2 及以下的导线采用单绑法,步骤如图 A-32(a) 所示;截面为 10 mm^2 以上的导线采用双绑法,步骤如图 A-32(b) 所示。

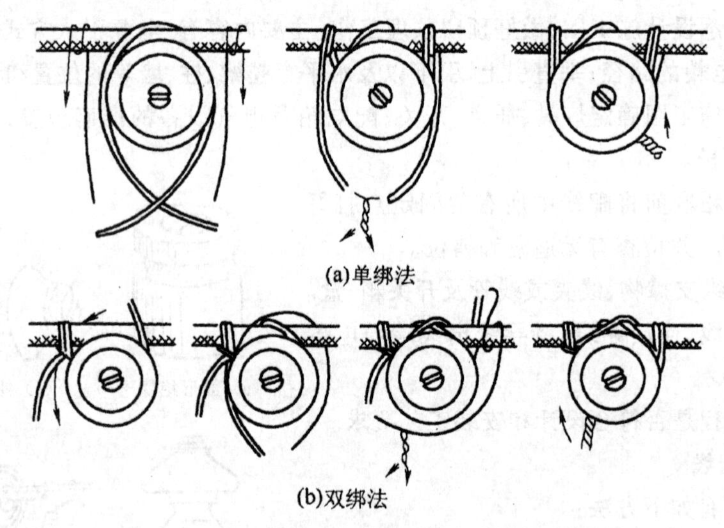

图 A-32　鼓形、蝶形绝缘子在直线段导线的绑扎

2) 绝缘子配线的要求

(1) 在建筑物的侧面或斜面配线时,必须将导线绑扎在绝缘子的上方。

(2) 导线在同一平面内如有曲折时,绝缘子必须装设在导线曲折角的内侧。

(3) 导线在不同的平面上曲折时,在凸角的两面上应装设两个绝缘子。

(4) 导线分支时,必须在分支点处设置绝缘子,用以支撑导线;导线互相交叉时,应在距建筑物近的导线上套瓷管保护。

(5) 平行的两根导线,应放在两绝缘子的同一侧或在两绝缘子的外侧,不能放在两绝缘子的内侧。

(6) 绝缘子沿墙壁垂直排列敷设时，导线弛度不得大于5 mm；沿屋架或水平架敷设时，导线弛度不得大于 10 mm。

3. 塑料护套线配线

塑料护套线是一种具有塑料护套层的双芯或多芯绝缘导线，可直接敷设在空心板、墙壁等物体表面上，用铝片线卡（或塑料线卡）作为导线的支撑物。

1) 塑料护套线配线的方法

(1) 画线定位。按照线路的走向、电器的安装位置，用弹线袋画线，并按护套线的安装要求每隔 150 ~ 300 mm 画出铝片线卡的位置，靠近开关插座和灯具等处均须设置铝片线卡。

(2) 凿眼并安装圆木。錾打线路中的圆木孔，并安装好所有的圆木。

(3) 固定铝片线卡。按固定的方式不同，铝片线卡的形状有用小钉固定和用黏合剂固定两种。在木结构上，可用铁钉固定铝片线卡；在抹灰浆的墙上，每隔 4 ~ 5 挡，进入木台和转弯处须用小铁钉在圆木上固定铝片线卡；其余的可用小铁钉直接将铝片线卡钉入灰浆中；在砖墙和混凝土墙上可用圆木或环氧树脂粘合剂固定铝片线卡。

(4) 敷设导线。勒直导线，将护套线依次夹入铝片线卡。

(5) 铝片线卡的夹持。护套线均置于铝片线卡的钉孔位后，即可按图 A-33 所示的方法将铝片线卡收紧夹持护套线。

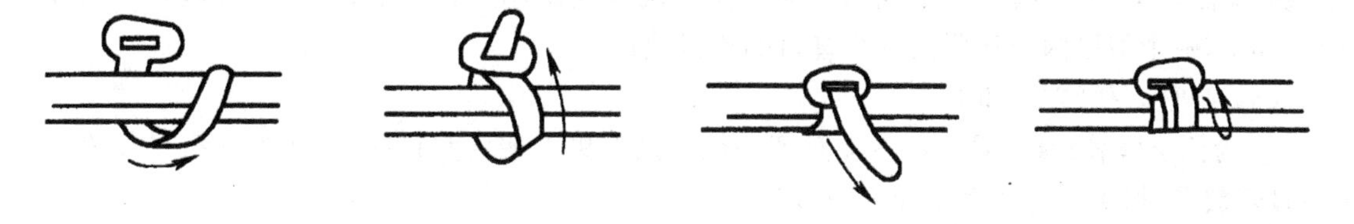

图 A-33 铝片线卡夹住护套线操作

2) 塑料护套线配线的要求

(1) 护套线的接头应在开关、灯头盒或插座等外，必要时可装接线盒，使其整齐美观。

(2) 导线穿墙和楼板时，应穿保护管，其凸出墙面距离为 3 ~ 10 mm。

(3) 与各种管道紧贴交叉时，应加装保护套。

(4) 当护套线暗设在空心楼板孔内时，应将板孔内清除干净、中间不允许有接头。

(5) 塑料护套线转弯时，转弯角度要大，以免损伤导线，转弯前后应各用一个铝片线卡夹住，如图 A-34(a) 所示。

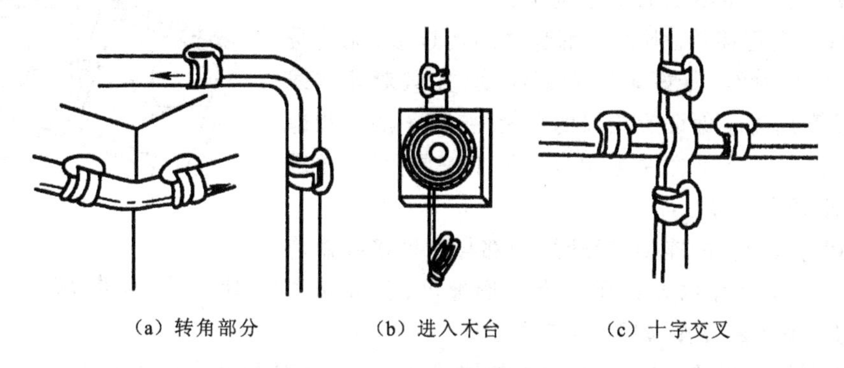

(a) 转角部分　(b) 进入木台　(c) 十字交叉

图 A-34 铝片线卡的安装

(6) 塑料护套线进入木台前应安装一个铝片线卡,如图 A-34(b) 所示。

(7) 两根护套线相互交叉时,交叉处要用四个铝片线卡夹住,如图 A-34(c) 所示。护套线应尽量避免交叉。

(8) 护套线路的离地最小距离不得小于0.15 m,在穿越楼板及离地低于0.15 m的一段护套线,应加电线管保护。

4. 线管配线

把绝缘导线穿在管内配线称为线管配线。线管配线有明配和暗配两种:明配是把线管敷设在墙上以及其他明露处,要配置得横平竖直,要求管距短,弯头小;暗配是将线管置于墙等建筑物内部,线管较长。

1) 线管配线的方法有如下几种:

(1) 线管选择。根据敷设的场所来选择敷设线管类型,如潮湿和有腐蚀气体的场所应采用管壁较厚的白铁管;干燥场所采用管壁较薄的电线管;腐蚀性较大的场所采用硬塑料管。

根据穿管导线截面和根数来选择线管的管径。一般要求穿管导线的总截面(包括绝缘层)不应超过线管内径截面的40%。

(2) 落料。落料前应检查线管质量,有裂缝,凹陷及管内有杂物的线管均不能使用。按两个接线盒之间为一个线段,根据线路弯曲转角情况来决定用几根线管接成一个线段,并确定弯曲部位。一个线段内应尽可能减少管口的连接接口。

(3) 弯管。弯管方法如下:

① 为便于线管穿线,管子的弯曲角度一般应大于90°。明管敷设时,管子的曲率半径 $R \geqslant 4d$;暗管敷设时,管子的曲率半径 $R \geqslant 6d$。

② 直径在50 mm以下的线管,可用弯管器进行弯曲。在弯曲时,要逐渐移动弯管器棒,且一次弯曲的弧度不可过大,否则要弯裂或弯瘪线管。凡管壁较薄且直径较大的线管,弯曲时管内要灌满沙,否则要把钢管弯瘪;如果加热弯曲,要用干燥无水分的沙灌满,并在管两端塞上木塞。弯曲硬塑料管时,先将塑料管用电炉或喷灯加热,然后放到木胚具上弯曲成型。

(4) 锯管。按实际长度需要用钢锯锯管,锯割时应使管口平整,并要锉去毛刺和锋口。

(5) 套丝。为了使管子与管子之间或管子与接线盒之间连接起来,就需在管子端部套丝,钢管套丝时可用管子套丝绞板。

(6) 线管连接。各种连接方法如下:

① 钢管与钢管连接。钢管与钢管之间的连接,无论是明配管线或暗配管线,最好采用管箍连接(尤其对埋地线管和防爆线管)。为了保证管接口的严密性,管子的丝扣部分应顺螺纹方向缠上麻丝,并在麻丝上涂上一层白漆,再用管箍拧紧,使两管端部吻合。

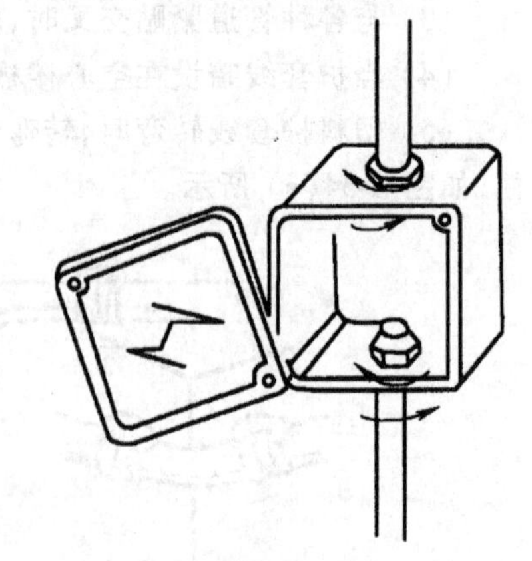
图 A-35 线管与接线盒的连接

② 钢管与接线盒的连接。钢管的端部与各种接线盒连接时,应采用在接线盒内外各用一个薄形螺母(又称纳子或锁紧螺母)来夹紧线管,如图 A-35 所示。

③ 硬塑料管之间的连接。硬塑料管的连接分为插人法连接和套接法连接。

插入法连接。连接前先将待连接的两根管子的管口分别做内倒角和外倒角,然后用汽油或酒精把管子的插接段的油污和杂物擦干净，接着将一个管子插接段放在电炉或喷灯上加热至 145℃ 左右，呈柔软状态后，将另一个管子插入部分涂一层胶合剂（过氧乙烯胶）后迅速插入柔软段，立即用湿布冷却，使管子恢复原来的硬度。

套接法连接。连接前先将同径的硬塑料管加热扩大成套管，然后把需要连接的两管端倒角，用汽油或酒精擦干净，待汽油挥发后，涂上胶合剂，迅速插入热套管中。

（7）线管的接地。线管配线的钢管必须可靠接地。为此，在钢管与钢管、钢管与配电箱及接线盒等连接处用直径 6 ~ 10 mm 圆钢制成的跨接线连接，并在线的始末端和分支线管上分别与接地体可靠连接，使线路所有线管都可靠接地。

（8）线管的固定。线管明线敷设时应采用管卡支持，线管进入开关、灯头、插座、接线盒孔前 300 mm 处，以及线管弯头两边均需用管卡固定，如图 A-36 所示。管卡均应安装在木结构或圆木上。

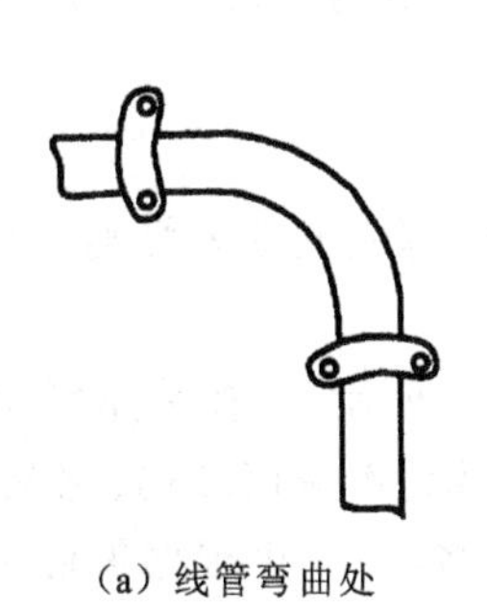

（a）线管弯曲处

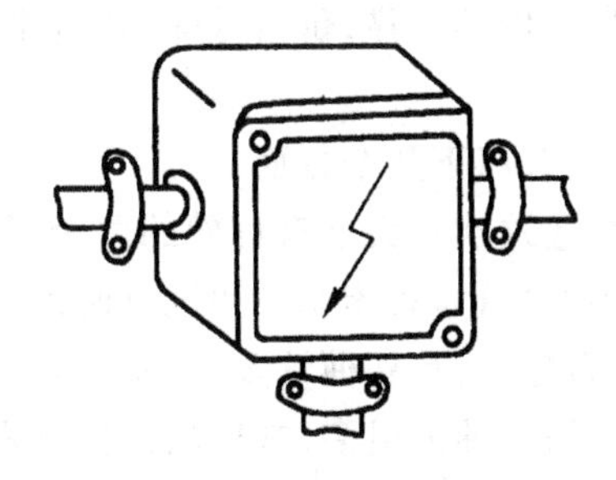

（b）与接线盒连接处

图 A-36　管卡固定

线管在砖墙内暗线敷设时，一般在土建砌砖时预埋，否则应先在砖墙上留槽或开槽，然后在砖缝里打入圆木并钉钉子，再用铁丝将线管绑扎在钉子上，进一步将钉子钉入。

线管在混凝土内暗线敷设时可用铁丝将管子绑扎在钢筋上，也可用钉子钉在模板上，将管子用垫块垫高 15 mm 以上，使管子与混凝土模板间保持足够的距离，防止浇灌混凝土时管子脱开。

（9）扫管穿线。穿线前先清扫线管，用压缩空气或用在钢线上绑扎擦布的办法，将管内杂物和水分清除。穿线的方法如下所示。

选用直径 1.2 mm 的钢线做引线。当线管较短且弯头较少时，可把钢丝引线直接由管子的一端送向另一端。如果线管较长或弯头较多，将钢丝引线从一端穿入管子的另一端有困难时，可以从管的两端同时穿入钢丝引线，引线端弯成小钩。当钢丝引线在管中相遇时，用手转动引线使其钩在一起，然后把一根引线拉出，即可将导线牵引入管。

导线穿入线管前，线管口应先套上护圈，接着按线管长度，加上两端连接所需的长度余量截取导线，剥离导线两端的绝缘层，并同时在两端头标有同一根导线的记号。再将所有导线和钢丝引线缠绕。穿线时，一个人将导线理顺往管内送，另一个人在另一端抽拉钢丝引线，这样便可将导线穿入线管。

2）线管配线的要求

（1）穿管导线的绝缘强度应不低于 500 V；规定导线最小截面铜芯线为 1 mm^2，铝芯线为 2.5 mm^2。

(2) 线管内导线不准有接头,也不准穿入绝缘破损后经过包缠恢复绝缘的导线。

(3) 管内导线不得超过 10 根,不同电压或进入不同电能表的导线不得穿在同一根线管内,但一台电动机内包括控制和信号回路的所有导线及同一台设备的多台电动机线路,允许穿在同一根线管内。

(4) 除直流回路导线和接地导线外,不得在钢管内穿单根导线。

(5) 线管转弯应采用弯曲线管的方法,不宜采用成品的月亮弯,以免造成管口连接处过多。

(6) 线管线路应尽可能少转角或弯曲,因转角越多,穿线越困难。

(7) 在混凝土内暗线敷设的线管,必须使用壁厚为 3 mm 的电线管。当电线管的外径超过混凝土厚度约 1/3 时,不准将电线管埋在混凝土内,以免影响混凝土的强度。

5. 白炽灯的安装与维修

白炽灯结构简单,使用可靠,价格低廉,其电路便于安装和维修,应用十分广泛。

1) 灯具的选用

灯具的选用应注意以下几个方面:

(1) 灯泡。在灯泡颈状端头上有灯丝的两个引出线端,电源由此通入灯泡内的灯丝。灯丝出线端的构造,分为插口(也称卡口)和螺口两种。

(2) 灯座可称为灯头,其品种较多。常用的灯座如图 A-37 所示,可按使用场所进行选择。

(3) 开关。开关的品种也很多,常用的开关如图 A-38 所示。按应用结构,它又可分为单联开关和双联开关。近几年出现的明装、暗装开关,市面机电商场都有,可根据需要选用。

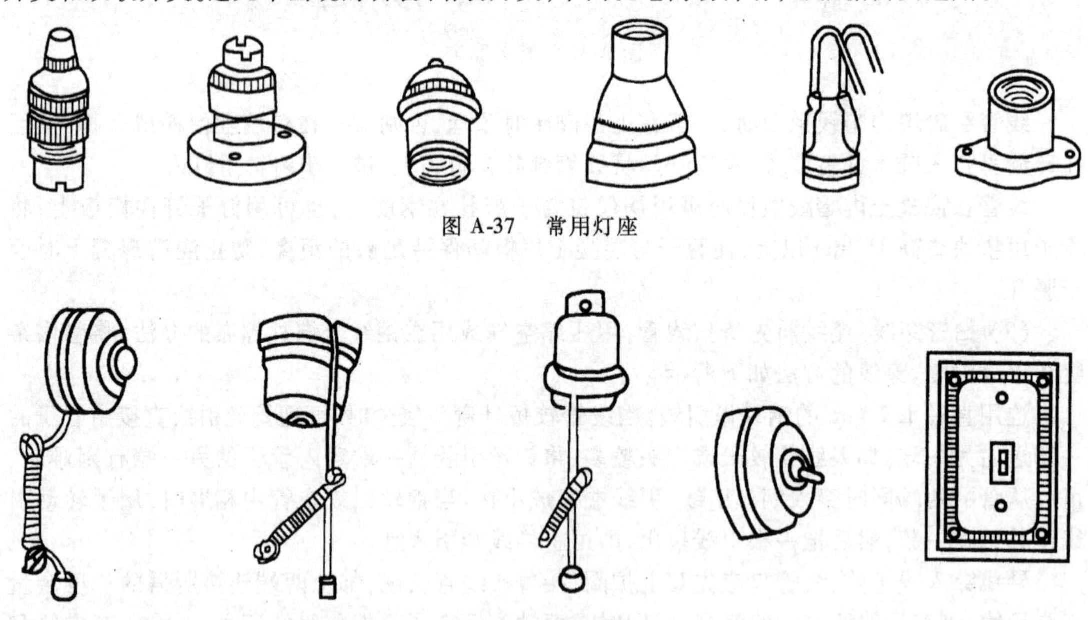

图 A-37 常用灯座

图 A-38 常用开关

2) 白炽灯照明线路原理图

白炽灯照明线路原理图有如下两种。

(1) 单联开关控制白炽灯。它是由一只单联开关控制一只白炽灯,接线原理如图 A-39 所示。

(2) 双联开关控制白炽灯。它由两只双联开关来控制一只白炽灯，接线原理如图 A-40 所示。

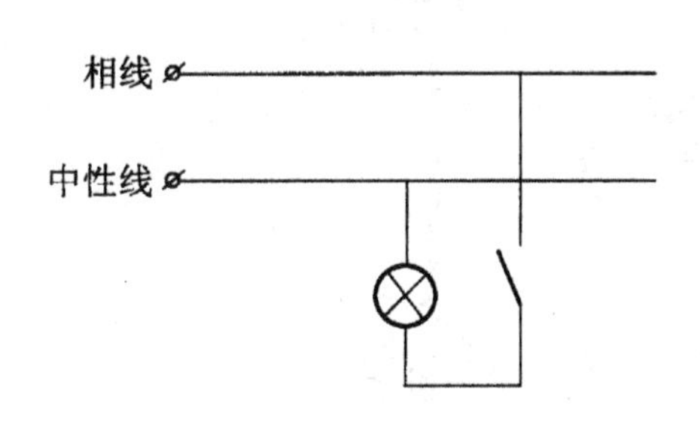

图 A-39　单联开关控制白炽灯接线原理图

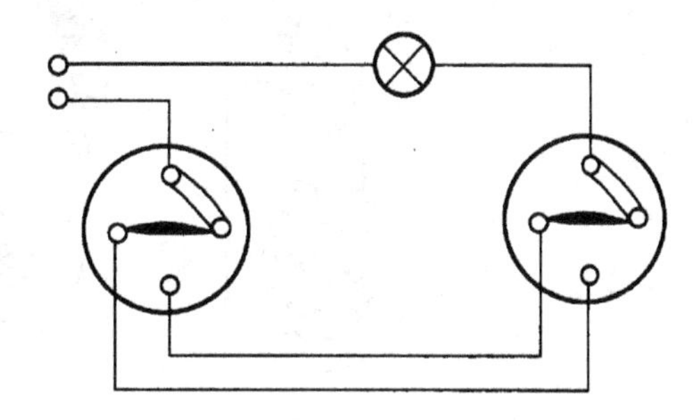

图 A-40　双联开关控制

3) 白炽灯照明线路的安装

白炽灯照明线路的安装应注意如下两方面：

(1) 灯座的安装

① 灯座上的两个接线端子，一个与电源的中性线(俗称零线) 连接，另一个与来自开关的一根连接线(即通过开关的相线，俗称火线) 连接。

插口灯座上的两个接线端子，可任意连接上述两个线头，但是螺口灯座上的接线端子，为了使用安全，切不可任意乱接，必须把中性线线头连接在连通螺纹圈的接线端子上，而把来自开关的连接线线头，连接在连通中心铜簧片的接线端子上，如图 A-41 所示。

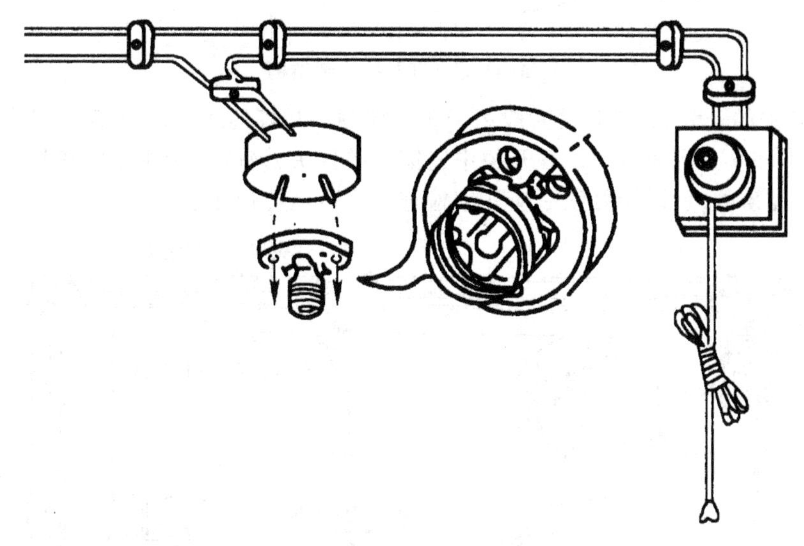

图 A-41　螺口灯座安装

② 吊灯灯座必须采用塑料软线(或花线)，作为电源引线。两线连接前，均应先削去线头的绝缘层，接着将一端套入挂线盒罩，在近线端处打个结，另一端套入灯座罩盖后，也应在近线端处打个结，如图 A-42 所示，其目的是不使导线线芯承受吊灯的重量。然后分别在灯座和挂线盒上进行接线(如果采用花线，其中一根带花纹的导线应接在与开关连接的线上)，最后装上罩盖和遮光灯罩。安装时，把多股的线芯拧绞成一体，接线端子上不应外露线芯。挂线盒应安装在木台上。

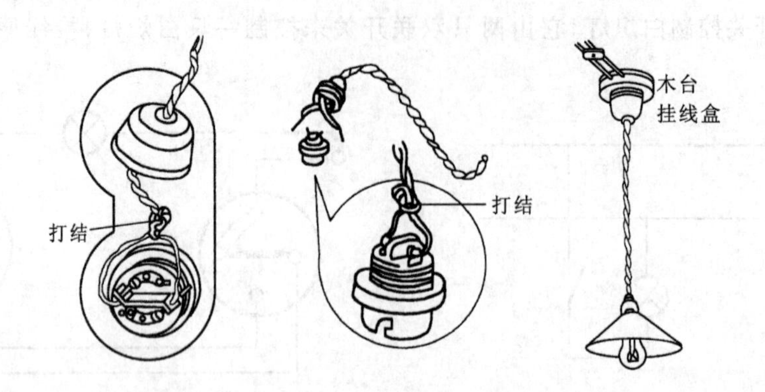

图 A-42　避免线芯承受吊灯重量的方法

③ 平灯座要装在木台上，不可直接安装在建筑物平面上。

（2）开关的安装。

① 单联开关的安装。在墙上准备装开关的地方装木榫，将一根相线一根开关线穿过木台两孔，并将木台固定在墙上，同时将两根导线穿过开关两孔眼，接着固定开关并进行接线，装上开关盖子即可。单联开关内部结构如图 A-43 所示。

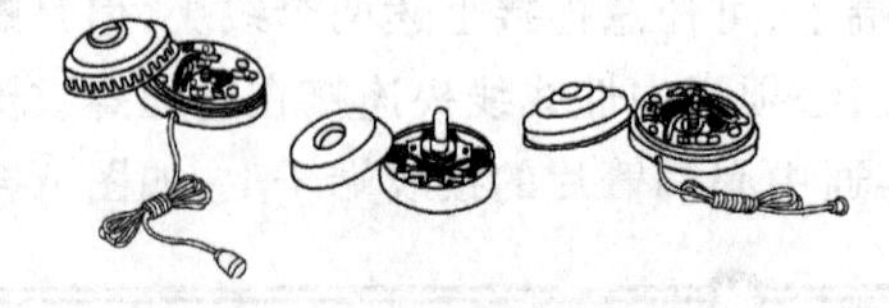

图 A-43　电灯开关内部结构

② 双联开关的安装。双联开关一般用于两处控制一只灯的线路，其安装方法如图 A-44 所示。图中号码 1 和 6 分别为两只双联开关中连铜片的接头，该两个接头不能接错，双联开关接错时会发生短路事故，所以接好线后应仔细检查后方可通电使用。

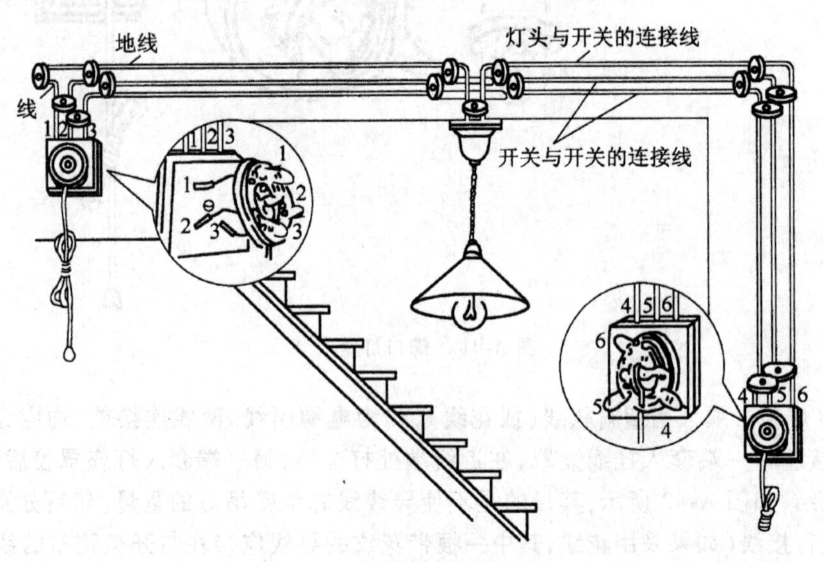

图 A-44　双联开关安装方法

A.2.2　配电板安装的基本知识

把电度表、电流互感器、控制开关、短路和过载保护等电器安装在同一块板上，这块板就称为配电板，如图 A-45 所示。一般总熔断器不安装在配电板上，而是安装在进户管的墙上。

1. 总熔断器盒的安装

常用的总熔断器盒分铁皮盒式和铸铁壳式。铁皮盒式分 1 ~ 4 型四个规格，1 型最大，盒内能装三只 200 A 熔断器；4 型最小，盒内能装三只 10 A 或一只 30 A 熔断器及一只接线桥。铸铁壳式分 10 A，30 A，60 A，100 A 或 200 A 五个规格，每只内均只能单独装一只熔断器。

总熔断器盒有防止下级电力线路的故障蔓延到前级配电干线上而造成更大区域停电的作用，且能加强计划用电的管理(因低压用户总熔断器盒内的熔体规格，由供电单位置放，并在盖上加封)。

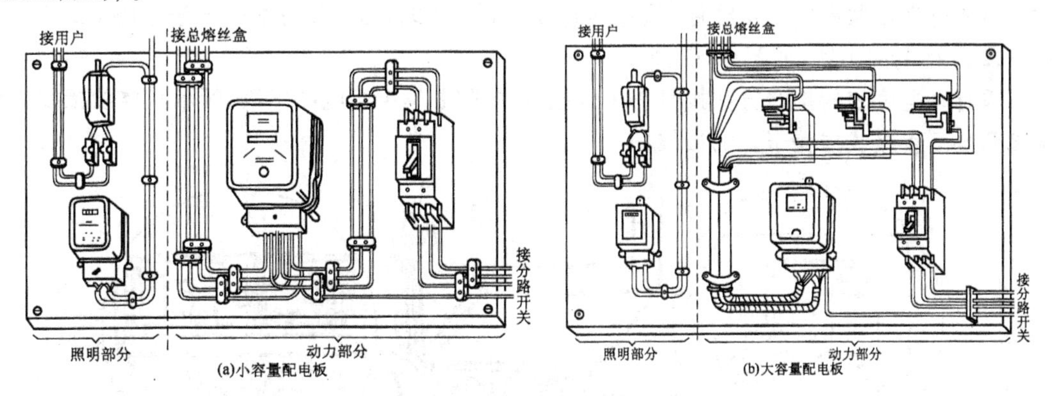

图 A-45　配电板的安装

总熔断器盒安装必须注意以下几点。

① 总熔断器盒应安装在进户管的户内侧。

② 总熔断器盒必须安装在实心木板上，木板表面及四沿必须涂以防火漆。安装时，1 型铁皮盒式和 200 A 铸铁壳式的木板，应用穿墙螺栓或膨胀螺栓固定在建筑物墙面上，其余各种木板，可用木螺钉来固定。

③ 总熔断器盒内熔断器的上接线柱，应分别与进户线的电源火线连接，接线桥的上接线柱应与进户线的电源中性线连接。

④ 总熔断器盒后如安装多具电度表，则在电度表前级应分别安装分熔断器盒。

2. 电流互感器的安装

电流互感器的安装要注意如下几点。

① 电流互感器副边标有“K_1”或“+”的接线柱要与电度表电流线圈的进线柱连接，标有“K_2”或“-”的接线柱要与电度表的出线柱连接，不可接反。电流互感器的原边标有“L_1”或“+”的接线柱，应接电源进线，标有“L_2”或“-”的接线柱应接电源出线，如图 A-46 所示。

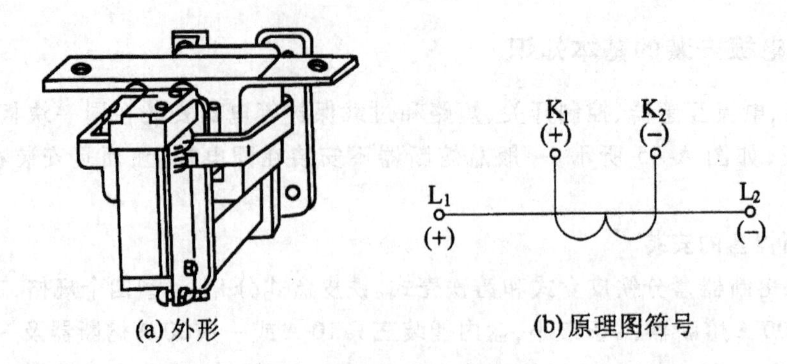

(a) 外形　　(b) 原理图符号

图 A-46　电流互感器

② 电流互感器副边的"K_2"或"-"接线柱、外壳和铁心都必须可靠地接地。

③ 电流互感器应装在电度表的上方。

3. 单相电度表的安装

单相电度表共有四个接线柱，从左到右按1、2、3、4编号。接线方法一般按号码1、3接电源进线，2、4接电源出线，如图A-47所示。

也有些电度表的接线方法按号码1、2接电源进线，3、4接电源出线，所示具体的接线方法应参照电度表接线柱盖子上的接线图。

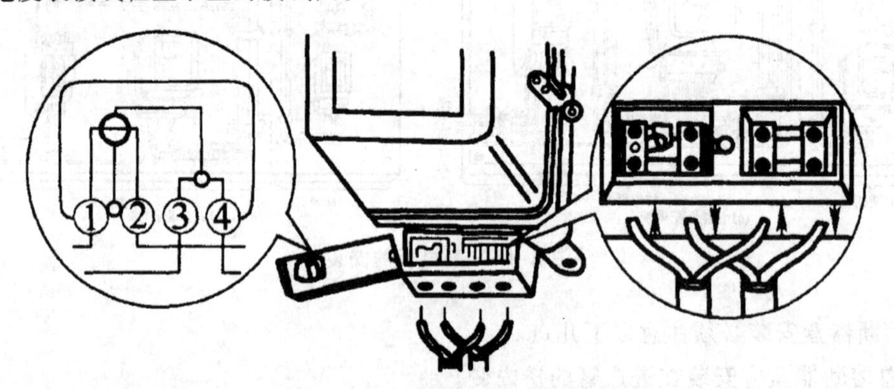

图 A-47　单相电度表的安装接线

4. 三相电度表的安装

三相电度表分为三相三线和三相四线电度表两种：又可分为直接式和间接式三相电度表两类。直接式三相电度表常用的规格有10 A，20 A，30 A，50 A，75 A和100 A等多种，用于电流较小的电路中；间接式三相电度表常用的规格为5 A，与电流互感器连接，用于电流较大的电路上。

（1）直接式三相四线电度表的接线。这种电度表共有11个接线柱头，从左到右按1 ~ 11编号；其中1、4、7是电源相线的进线柱头，用来连接从总熔断器盒下柱头引来的三根相线；3、6、9是相线的出线柱头，分别接总开关的三个进线柱头；10、11是电源中性线的进线柱头和出线柱头；2、5、8三个接线柱可空着，如图A-48所示。

（2）直接式三相三线电度表的接线。这种电度表共有8个接线柱头，其中1、4、6是电源相线进线柱头；3、5、8是相线出线柱头；2、7两个接线柱可空着，如图A-49所示。

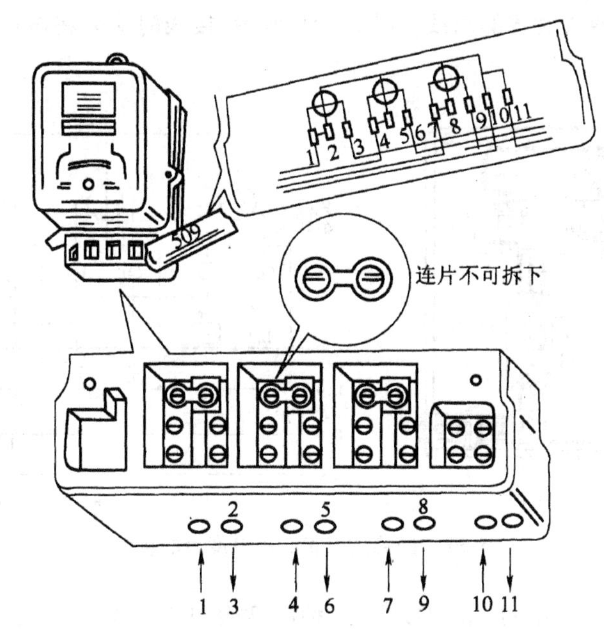

图 A-48　直接式三相四线电度表的接线

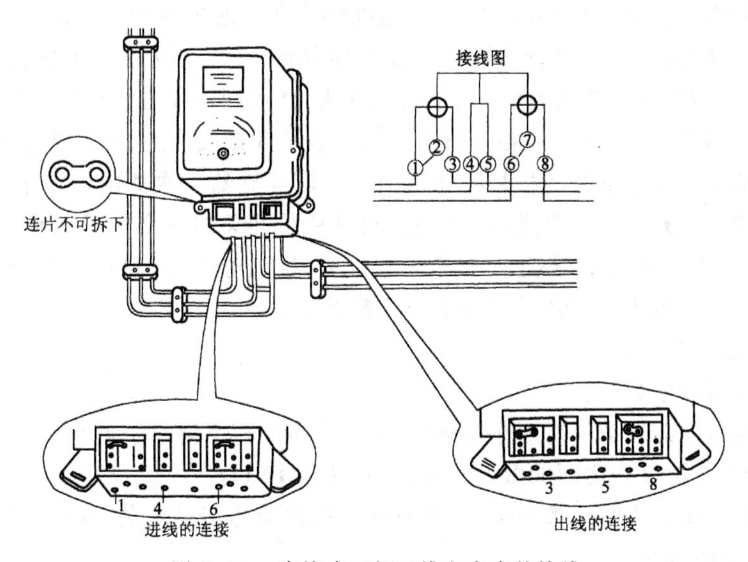

图 A-49　直接式三相三线电度表的接线

(3) 间接式三相四线电度表的接线。这种三相电度表须配用三只同规格的电流互感器，接线时须把从总熔断器盒下接线柱头引来的三根相线，分别与三只电流互感器一次侧的“+”接线柱头连接。同时用三根绝缘导线从这三个“+”接线柱引出，穿过钢管后分别与电度表的2、5、8三个接线柱连接。接着用三根绝缘导线，从电流互感器二次侧的“+”接线柱头引出，穿过另一根保护钢管与电度表1、4、7三个进线柱头连接。然后用一根绝缘导线穿过后一个保护钢管，一端并连三只电流互感器二次侧的“-”接线柱头，另一端并连电度表的3、6、9三个出线柱头，并把这根导线接地。最后用三根绝缘导线，把三只电流互感器一次侧的“-”接线柱头分别与总开关三个进线柱头连接起来，并把电源中性线穿过前一根钢管与电度表10进线柱连接，接线柱11用来连接中性线的出线，如图A-50所示，接线时应先将电度表接线盒内的三块连片都拆下来。

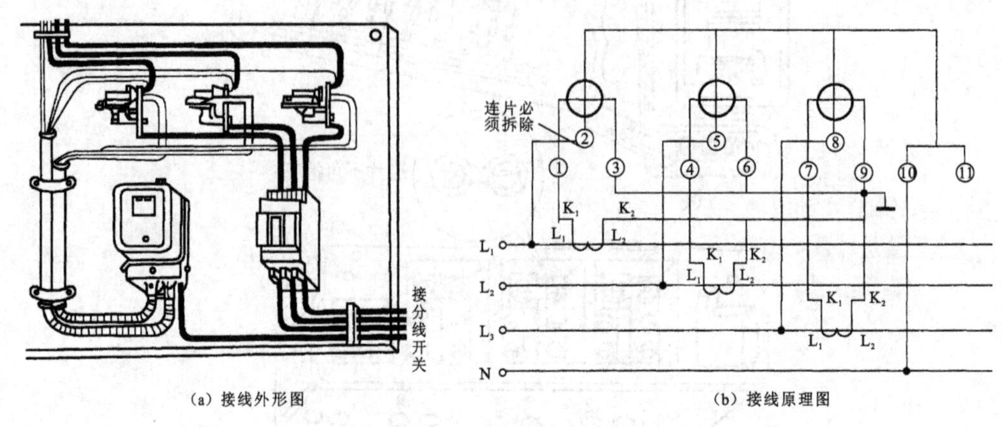

图 A-50　间接式三相四线电度表的接线

(4) 间接式三相三线制电度表的接线。这种电度表只须配两只同规格的电流互感器，接线时把从总熔断器盒下接线柱头引出来的三根相线中的两根相线分别与两只电流互感器一次侧的“+”接线柱头连接。同时从两个“+”接线柱头用铜芯塑料硬线引出，并穿过钢管分别接到电度表2、7接线柱头上，接着从两只电流互感器的“+”接线柱用两根铜芯塑料硬线引出，并穿过另一根钢管分别接到电度表1、6接线柱头。然后用一根导线从两只电流互感器二次侧的“-”接线柱头引出，穿过后一根钢管接到电度表3、8接线头上，并应把这根导线接地。最后将总熔断器盒下柱头余下的一根相线和从两只电流互感器一次侧的“-”接线柱头引出的两根绝缘导线接到总开关的三个进线柱头上，同时从总开关的一个进线柱头(总熔断器盒引入的相线柱头)引出一根绝缘导线，穿过前一根钢管，接到电度表4接线柱上，如图A-51所示。同时注意应将三相电度表接线盒内的两个连片都拆下。

5. 电度表的安装要求

电度表的安装要求如下：

(1) 电度表总线必须采用铜芯塑料硬线，其最小截面积不得小于1.5 mm^2，中间不准有接头，从总熔断器盒至电度表之间的敷设长度，不宜超过10 m。

(2) 电度表总线必须明线敷设，采用线管安装时线管也必须明装。在进入电度表时，一般以“左进右出”原则接线。

(3) 电度表必须安装得垂直于地面，表的中心离地高度应在1.4 ~ 1.5 m之间。

6. 配电板的安装要求

(1) 控制箱内外的所有电气设备和电气元件的编号，必须与电原理图上的编号完全一致、安装和检查时都要对照原理图进行。

(2) 安装接线时为了防止差错，主、辅电路要分开先后接线，控制电路应一个小回路一个小回路地接线，安装好一部分，检测一部分，就可避免在接线中出现差错。

(3) 接线时要注意，不可把主电路用线和辅助电路用线搞错。

(4) 为了使今后不致因一根导线损坏而全部更新导线，在导线穿管时，应多穿入一两根备用线。

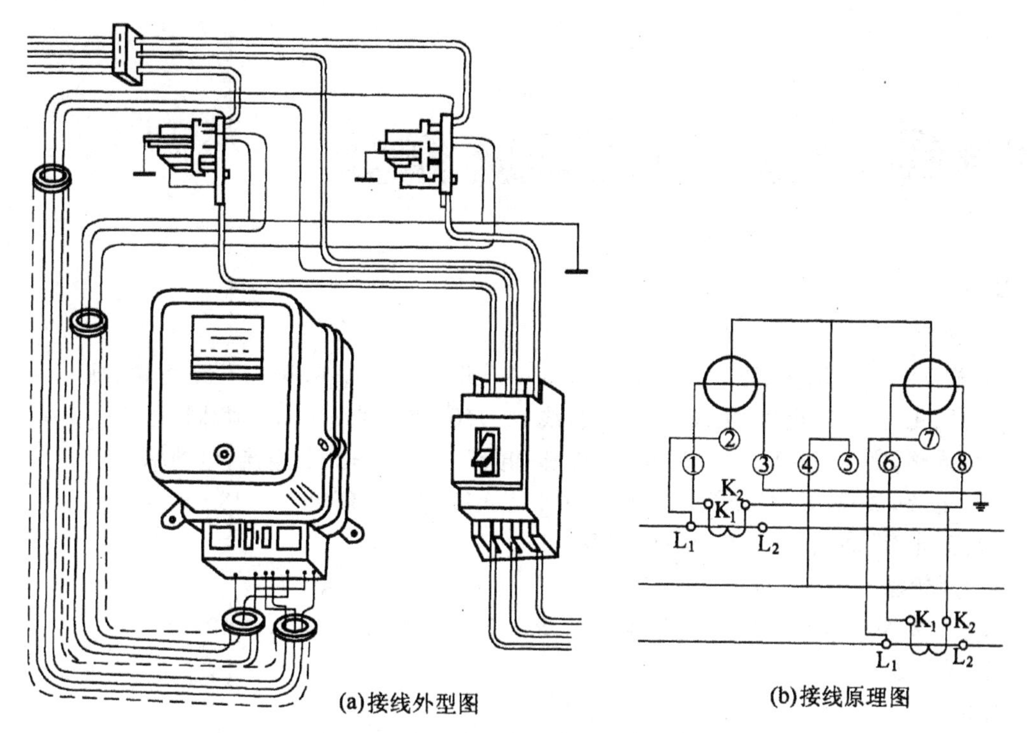

图 A-51 间接式三相三线电度表的接线

(5) 配电板明配线时要求线路整齐美观,导线去向清楚,便于查找故障。当板内空间较大时可采用塑料线槽配线方式。塑料线槽布置在配电板四周和电器元件上下。塑料线槽用螺钉固定在底板上。

(6) 配电板暗配时,在每一个电器元件的接线端处钻出比连接导线外径略大的孔,在孔中插进塑料套管即可穿线。

(7) 连接线的两端根据电气原理图或接线图套上相应的线号。线号的种类有:用压印机压在异形塑料管上的线号;印在白色塑料套管上的线号;人上书写的线号。

(8) 根据接线端子的要求,将削去绝缘的导线线头按螺钉拧紧方向弯成圆环或直接接上,多股线压头处应镀上焊锡。

(9) 同一接线端子上压两根以不同截面积导线时,大截面积的放在下层,小截面积的放在上层。

(10) 所有压接螺栓需配置镀锌的平垫圈、弹簧垫圈,并要牢固压紧,以防止松动。

(11) 接线完毕后,应根据原理图、接线图仔细检查各无器件与接线端子之间及它们相互之间的接线是否正确。

附录B 部分习题参考答案

习题一

一、填空

1. 相反　2. 0，负，正　3. C，-3　4. 并联　5. 串联　6. 电位，高

7. 负，正　8. 负极，正极　9. 直线　10. 非常小　11. 相同，相反

12. 通路，断路，短路　13. 电阻，电感，电容　14. 电压，电流，电功率

15. 电源，负载，导线，开关　16. 相同　17. 短路，额定　18. 直线

19. 正电荷，相反　20. 串联，并联。

二、判断题

1. √　2. √　3. √　4. ×　5. ×　6. ×　7. ×　8. ×　9. ×　10. ×

三、选择题

1. B　2. C　3. B　4. B　5. A

6. A　7. B　8. B　9. C　10. D

11. B　12. B　13. D　14. D　15. A

四、计算题

1. $U_{ab} = -8\ V, U_{ac} = 11\ V, U_{bc} = 19\ V$

2. $V_A = -5\ V$

3. $V_A = -4\ V, V_B = -4\ V, V_C = -3\ V$

4. (a) $U = 10\ V, I = 2.5\ A; P_{U_S} = 25\ W, P_{I_S} = -50\ W, P_R = 25\ W$

(b) $U = 50\ V, I = 5\ A; P_{U_S} = 25\ W, P_{I_S} = -275\ W, P_R = 250\ W$

5. (1) $I_{N_1} = \frac{4}{11}\ A, I_{N_2} = \frac{6}{11}\ A$；(2) $R_1 = \frac{605}{2}\ \Omega, R_2 = \frac{605}{3}\ \Omega$；(3) 不能

6. $U_{AB} = 25\ V$

7. (1) 100 V，1 A；(2) 110 V，0 A；(3) 0 V，11 A

8. $U_S = 6\ V, R_0 = 0.5\ \Omega$

9. (1) $I_2 = -5\ A$；(2) $I_2 = 0\ A$

10. $U_S = 3\ V$

11. (a) $U = U_S - IR_0$；(b) $U = U_S + IR_0$

12. $I_3 = 3\ A, I_4 = 14\ A, I_6 = 17\ A$

习题二

1. (a) $R_{ab} = 14\ \Omega$；(b) $R_{ab} = 30\ \Omega$

2. $R_{ab} = 9\ \Omega; R_{cd} = \frac{8}{3}\ \Omega$

3. $R_{ab} = 8\ \Omega$

4. $R_{ab} = 10\ \Omega$

5. (1) $U_2 = 176\ V$；　(2) $U_2 \approx 173.2\ V$

(3) 电流表及电阻 R_1 上的电流均超过其额定值，会导致其烧毁。

6. 略

7. 略

8. 略

习题三

1. 略

2. $I_1 = 1\ A, I_2 = 1\ A, I_3 = 0\ A$

3. $I = 0.4\ A$

4. $I = 1.5\ A$

5. $I = -\frac{5}{6}\ A$

6. $U_A = -0.4\ V, I_1 = -0.1\ A, I_2 = -0.1\ A; U_A = -0.4\ V, I_1 = -0.1\ A, I_2 = -0.1\ A$

7. $U = \left(U_{S_1}\frac{1}{R_1} - U_{S_2}\frac{1}{R_2} + U_{S_3}\frac{1}{R_3}\right) \div \left(\frac{1}{R_1} + \frac{1}{R_2} + \frac{1}{R_3} + \frac{1}{R_4}\right)$

8. $I = \frac{30}{11} A$

9. (1) $I = 5\ A$，　(2) $U_S = -9\ V$

10. $\frac{6}{13}\ A, \frac{12}{13}\ A, \frac{18}{13}\ A, \frac{30}{13}\ A, \frac{48}{13}\ A$

11. 略

12. $I = \frac{30}{11}\ A$

13. 略

14. $I = \frac{60}{10 + R} A$；当 $R = 10\ \Omega$ 时，$P_{L\max} = 160\ W$

15. 当 $R = 8\ \Omega$ 时，$P_{L\max} = 32\ W$

习题四

1. $u = 311\sin(314t - \frac{\pi}{4})\ V$，图略

2. $I_m = 10\sqrt{2}\ A, \omega = 100\pi rad/s, f = 50\ Hz, T = 0.02s, \theta = -\frac{\pi}{3}$，

3. $\theta_1 = \frac{\pi}{6}, \theta_2 = \frac{\pi}{2}$

4. $I_m = 100\ A, I = 50\sqrt{2}\ A, U_m = 220\ V, U = 110\sqrt{2}\ V$，

5. (1) $5\angle \arctan\frac{4}{3}$，　(2) $5\angle(\pi - \arctan\frac{4}{3})$，　(3) $10\angle -\arctan\frac{4}{3}$

(4) $10\sqrt{2}\angle\frac{5\pi}{4}$，　(5) $10\angle\frac{\pi}{2}$，　(6) $10\angle 0°$

6. $\dot{U}_1 = 220\angle120°$ V, $\dot{I} = 10\angle60°$ A

7. (1) $u = 100\sqrt{2}\sin\left(100\pi t + \frac{\pi}{6}\right)$ V, (2) $i = 10\sqrt{2}\sin(100\pi t - 50°)$ A

8. $Z_1 + Z_2 = 13 + j(6 - 5\sqrt{3})$; $Z_1Z_2 = 100\angle -23°$; $Z_1/Z_2 = 1\angle97°$

9. (1) $\dot{I}_1 = 10\sqrt{2}\angle0°$ A, $\dot{I}_2 = 10\sqrt{2}\angle90°$ A, $\dot{I} = 20\angle45°$ A

(2) A1 的读数为 14.1 A；A2 的读数为 14.1 A；A 的读数为 20 A

(3) 图略

10. 略

11. 略

12. $i = 5\sin(314t + 60°)$ A

13. $i = 11\sqrt{2}\sin(100t - 120°)$ A

14. $i = 11\sqrt{2}\sin(1000t + 120°)$ A

15. (a) 0;　(b) $20\sqrt{2}$ A

16. (1) $Z = (10 - j10)\Omega$，容性电路；　(2) $\dot{I} = 10\sqrt{2}\angle75°$ A

$\dot{U}_R = 100\sqrt{2}\angle75°$ V; $\dot{U}_L = 50\sqrt{2}\angle165°$ V; $\dot{U}_C = 150\sqrt{2}\angle -15°$ V

17. (1) $\dot{U} = 20\sqrt{2}\angle75°$ V, (2) $\cos\varphi = \frac{\sqrt{2}}{2}$, (3) $P = 40W$, $Q = 40$ var, $S = 40\sqrt{2}$ V·A

习题五

一、单项选择题

1. C　　2. D　　3. C　　4. C　　5. A

二、填空题

1. 三角形，40 Ω　　2. 火线，零线，线电压，火线，零线

3. 0.8，176 W，132 Var，220 VA

4. 火力发电，水力发电，风力发电，核能发电

5. 380 V，220 V，36 V

三、判断题

1. √　　2. √　　3. ×　　4. ×　　5. √　　6. √

四、计算题

1. 略

2. (1) 略，(2) $U_1 = 220$ V, $U_p = \frac{220}{\sqrt{3}}$ V, $|Z| = 50\ \Omega$, $I_p = \frac{U_p}{|Z|} = \frac{220/\sqrt{3}}{50} = \frac{4.4}{\sqrt{3}}$A，(3) 略

3. (1) $I_1 = \frac{19}{9}\sqrt{6}$ A, (2) $I_p = \frac{19}{9}\sqrt{2}$ A, (3) $U_p = 380$ V

习题六

一、判断题

1. √　　2. ×　　3. √　　4. √　　5. ×　　6. √　　7. ×　　8. ×

9. √　　10. √　　11. √　　12. ×　　13. √　　14. ×　　15. ×

二、单项选择题

1. B　2. A　3. A　4. B　5. A　6. B　7. A　8. B

9. B　10. B　11. D　12. D　13. D　14. D　15. C

三、填空题

1. 磁场　2. 磁滞回线　3. 磁路　4. 不变,减小

5. 磁滞, 涡流　6. 发热,绝缘　7. 顺串,反串;同侧,异侧

8. 线圈,铁心　9. 一次,二次　10. n^2

四、计算题

1. ① 与 ④ 端为同名端

$$\begin{cases} u_1 = L_1 \dfrac{di_1}{dt} - M \dfrac{di_2}{dt} \\ u_2 = -M \dfrac{di_1}{dt} + L_2 \dfrac{di_2}{dt} \end{cases}$$

2. (a) $\begin{cases} u_1 = L_1 \dfrac{di_1}{dt} - M \dfrac{di_2}{dt} \\ u_2 = -M \dfrac{di_1}{dt} + L_2 \dfrac{di_2}{dt} \end{cases}$　(b) $\begin{cases} u_1 = L_1 \dfrac{di_1}{dt} + M \dfrac{di_2}{dt} \\ u_2 = -M \dfrac{di_1}{dt} - L_2 \dfrac{di_2}{dt} \end{cases}$

(c) 同(a)

3. $Z_{ab} = j\omega(L_1 - M) + (j\omega M + Z_2) \parallel j\omega(L_2 - M)$

4. $n = 5$ 时,负载获得最大功率

5. (1) $M = \sqrt{5}$ mH,　(2) $k = \dfrac{3}{10}\sqrt{5}$,　(3) $M = 2\sqrt{5}$ mH

6. 略　7. 略

习题七

一、填空题

1. 稳定状态,稳定状态　2. 换路　3. 电流、电压

4. 一阶微分,零状态,零输入,全响应.

5. $\tau = RC$　$\tau = \dfrac{L}{R}$　结构和参数

6. 初值、终值、时间常数。

二、判断题

1. ×　2. √　3. √　4. ×　5. ×　6. √　7. √　8. ×

三、单项选择题

1. B　2. A　3. C　4. C　5. B　6. A　7. A

四、简答题(略)

五、计算题(略)

附录C 电工考证复习题

一、单相交流电路的基本概念，可作为填空题题型

1. 常用的照明电压是指交流电的有效值，数值为 220 V，在工厂车间车床用的电压为 380 V，这是指交流电的有效值。我国使用的工频交流电的频率是 50 Hz。换算成角频率为：314 rad/s。我国使用的工频交流电，其频率和周期分别是 50 Hz 和 0.02 s。

2. 交流电的有效值是与其热效应相当的直流值。

3. 交流电流表、电压表所指示的数值是交流电的有效值。

4. 示波器所显示的交流电的波形中可以读出最大值、周期、频率等参数。

5. 交流电器设备铭牌上的额定电压值是指有效值。

6. 两个正弦交流电信号需要比较相位差，应该满足的条件是频率相同。

7. 某电路元件电参数为：$u = 10\sqrt{2}\sin(100\pi t + 30°)$ V，$i = 2\sqrt{2}\sin(100\pi t - 60°)$ A，则交流电压的三要素分别为：最大值是14.1 V，有效值是10 V，频率是50 Hz，初相位是30°。该元件的电压与电流的相位关系为：电压超前电流 90°，该电路元件的性质为：纯电感。

8. 日光灯电路可以等效为电阻和电感串联的电路，其中启辉器相当于自动开关，先闭合，后断开。

9. 日关灯电路主要由灯管、镇流器和启辉器等组成。

10. 日关灯电路中镇流器的主要作用是在启辉器断开瞬间产生很高电压，以促使灯管点燃。

11. 对阻值相同的电阻电路，分别施加 5 A 的直流电流和最大值为 6 A 的正弦交流电流，在相同的时间内，前者发热量大于后者，因为后者有效值小于前者。

12. 电路与电源能量交换的最大规模称为无功功率。

13. 输送同一功率，功率因数越大，则线路中电流越小，线路中的功率损失也越小。

14. 为了提高电源的利用率，感性负载电路中应并联适当的电容，以提高电路的功率因数。

15. 已知 $u_1 = 14.1\sin(314t + 30°)$ V，$u_2 = 10\sin(314t - 60°)$ V，则 u_2 滞后 u_1 90°。

16. 已知 $u_1 = 14.1\sin(100\pi t - 45°)$ V，$u_2 = 10\sin(100\pi t + 45°)$ V，则 u_1 滞后 u_2 90°。

17. 已知一电路电流表达式为 $t_2 = 10\sin(100\pi t + 45°)$ V，则相量 $\dot{I}_m = 10\angle 45°$ A，有效值 $I = 5\sqrt{2}$ A，频率 $f = 50$ Hz。

18. 已知工频正弦交流电路的电压相量为 $\dot{U} = 10\angle -30°$ V，则其正弦电压表达式为：$u = 14.1\sin(314t - 30°)$ V。

19. 已知工频正弦交流电路的电压相量为 $\dot{U} = 220\angle -30°$ V，则电压最大值为：$220\sqrt{2}$ V，初相位为 −30°。

20. 一个额定电压为220 V，额定功率为100 W 的电烙铁，接在 $U = 220$ V，$f = 50$ Hz 的电

源上，该电烙铁的电流为：0.45 A，该电路的功率因数为：1。

21. 由 L-C 并联电路，当外加电源的频率为电路谐振频率时，电路呈现电阻性，且电路相当于断路。

22. 在 RLC 并联电路中，发生谐振的条件是：$X_L = X_C$，谐振频率为：$f = \frac{1}{2\pi\sqrt{LC}}$。

23. 在 RLC 并联电路中，发生谐振时电路中阻抗达到最大值，并联谐振又称为电流谐振。

24. 在 RLC 串联电路中，发生谐振时电感和电容两端的电压相等，串联谐振又称为电压谐振。

25. 在分析正弦串联电路中所画的阻抗三角形、电压三角形、功率三角形，它们之间存在：相似的关系。

26. 正弦电压 $u = 14.1\sin(314t - 30°)V$，其初相位为：$-30°$，有效值为：10 V，频率为：50 Hz，周期为：0.02 s。

27. 最大值、角频率、初相位合称为描述正弦交流电的三要素。

二、三相电路的基本概念，可作为填空题题型

1. 不对称负载作星形(Y)连接具有中性线连接的电路中，线电压 ∶ 相电压 $=\sqrt{3}:1$，线电流 ∶ 相电流 $=1:1$。

2. 不对称三相有功功率为各相有功功率之和。

3. 对称负载作三角形连接的电路中，线电压 ∶ 相电压 $=1:1$，线电流 ∶ 相电流 $=\sqrt{3}:1$。

4. 对称负载作星形(Y)连接的电路中，线电压∶相电压 $=\sqrt{3}:1$，线电流∶相电流 $=1:1$。

5. 对称三相有功功率的计算公式为：$P = 3U_{相} I_{相} \cos\varphi$。

6. 接地(接零)线规格应不小于相线，在其上不得装开关或熔断丝，也不得有接头。

7. 三相对称电动势的特点是：频率相同，最大值相等，相位上互差 120° 电角度。

8. 三相对称电动势，已知 $u_{AB} = 380\sqrt{2}\sin(\omega t - 30°)$ V，则 $u_{BC} = 380\sqrt{2}\sin(\omega t - 150°)$ V，$u_{CA} = 380\sqrt{2}\sin(\omega t + 90°)$ V。

9. 三相对称负载的条件是：每相电阻相等，电抗相等，负载性质相同。

10. 三相调压器使用时应逆时针旋到底后，从 0 开始增加电压值。

11. 三相对称交流电量相量和为 0。

12. 三相对称交流电量在任一瞬间的代数和为 0。

13. 三相负载平衡的动力线路采用三相三线制供电。

14. 三相四线制电路线电压是相电压的 $\sqrt{3}$ 倍，线电流是相电流的 1 倍。

15. 三相四线制电路中，可提供两种电压，分别称为线电压和相电压。

16. 三相四线制电路中，中性线的作用是使不对称负载的相电压对称。

17. 已知三相电源的线电压为 380 V，而三相负载的额定相电压为 220 V，则此负载应作星形(Y形)连接。

18. 已知三相电源的线电压为 380 V，而三相负载的额定相电压为 380 V，则此负载应作三角形连接。

19. 由单相负载组成的三相负载一般为不对称负载。

20. 在电源电压相同的情况下，测量对称负载作三角形连接的线电流和作星形(Y形）连接的线电流，两者之比为 3∶1。

21. 在电源电压相同的情况下，测量对称负载作星形(Y形）连接的总功率和作三角形连接的总功率，两者之比为 1∶3。

22. 在三相四线制电路中，若测得中性线电路为零，则表明三相负载对称，这种情况下负载可以不接中性线。

23. 在三相四线制电路中，若负载对称，则中性线电流为 0。

24. 在三相四线制供电主干线路中，规定中性线上不允许安装开关或熔丝。

三、选择题

1. 在 *RLC* 串联谐振电路中，(　　) 将达到最大值。

A. 电压　　B. 电流　　C. 总阻抗　　D. 频率

2. 比较两个正弦量的相位关系时，两正弦量必须是(　　)。

A. 同相位　　B. 同频率　　C. 最大值相同　　D. 初相位相同

3. 纯电感电路的感抗与电路的频率(　　)。

A. 成反比例关系　　B. 成正比例关系

C. 无关　　D. 无法确定

4. 纯电感电路中，能够反映线圈对电流起阻碍作用的物理量是(　　)。

A. 感抗　　B. 线圈的匝数　　C. 信号的频率　　D. 线圈的电阻

5. 纯电容电路的功率是(　　)。

A. 有功功率　　B. 视在功率　　C. 无功功率　　D. 不能确定

6. 纯电容电路的平均功率等于(　　)。

A. 瞬时功率　　B. 有功功率　　C. 最大功率　　D. 0

7. 纯电容电路的容抗是(　　)。

A. $\frac{U}{\omega C}$　　B. $I\omega C$　　C. $\frac{1}{\omega C}$　　D. $\frac{1}{\mathrm{j}\omega C}$

8. 纯电感电路两端(　　)，纯电容电路两端(　　)。

A. 电压　　B. 电流　　C. 电阻　　D. 频率

9. 单相交流电路的有功功率计算公式是：(　　)，无功功率的计算公式是(　　)。

A. UI　　B. $UI\sin\varphi$　　C. $UI\cos\varphi$　　D. $UI\sin\varphi + UI\cos\varphi$

10. 电路的视在功率等于总电压与(　　) 的乘积。

A. 总电流　　B. 总电阻　　C. 总阻抗　　D. 总功率

11. 电路的总电压超前于总电流 0° ~ 90°，则该电路的性质属于(　　)。

A. 阻感性　　B. 阻容性　　C. 纯电感性　　D. 纯电容性

12. 多芯电缆导线中规定：用作保护零线的颜色是(　　)。

A. 红色　　B. 白色　　C. 黑色　　D. 黄绿相间

13. 负载在交流信号一个周期内所消耗的平均功率称为(　　)。

A. 有功功率　　B. 无功功率　　C. 视在功率　　D. 瞬时功率

14. 功率因数与(　　)是一个意思。

A. 设备的利用率　B. 电源的利用率　C. 设备的效率　　D. 负载的效率

15. 在交流电路中,提高功率因数的目的是(　　)。

A. 节约用电,增加用电器的输出功率

B. 提高用电器的效率

C. 提高用电设备的有功功率

D. 提高电源的利用率,减小电路电压损耗和功率损耗

16. 交流电路中,无功功率是(　　)。

A. 电路消耗的功率

B. 瞬时功率的平均值

C. 电路与电源能量交换的最大规模

D. 电路的视在功率

17. 正弦交流电的角频率与频率之间的关系是(　　)。

A. $\omega = 2\pi f$　　B. $\omega = \pi f$　　C. $\omega = \frac{1}{2\pi f}$　　D. $\omega = f$

18. 某一交流电路,其端电压为 220 V,电路总电流 10 A,则其视在功率为(　　)。

A. 220　　B. 10　　C. 2 200　　D. 2 000

19. 认为 R-C 电路充电趋于结束大约需要(　　)长时间。

A. τ　　B. 2τ　　C. 5τ　　D. 7τ

20. 若变压器的额定容量为 1 000kVA,功率因数是 0.8,则其额定有功功率是(　　)kW。

A. 1 000　　B. 800　　C. 600　　D. 1 400

21. 若两个正弦量交流电压反相,则这两个交流电压的相位差是(　　)。

A. 30°　　B. 60°　　C. 90°　　D. 180°

22. 三线电缆中的红色线表示(　　)。

A. 中性线　　B. 相线　　C. 保护线　　D. 任意线

23. 三线电缆中的蓝色线表示(　　)。

A. 中性线　　B. 相线　　C. 保护线　　D. 任意线

24. 视在功率的单位是(　　)。

A. W　　B. V · A　　C. J　　D. var

25. 提高功率因数可提高(　　)。

A. 负载功率　　B. 负载电流　　C. 电源电压　　D. 电源的输电效益

26. 为了提高设备的功率因数,常在感性负载的两端(　　)。

A. 串联适当的电容器　　B. 并联适当的电容器

C. 串联适当的电感　　D. 并联适当的电感

27. 无功功率的单位是(　　)。

A. 焦耳　　B. 瓦特　　C. 伏安　　D. 乏

28. 无功功率的单位是(　　)。

A. var　　B. V · A　　C. W　　D. J

29. 已知两个正弦量为 $i_1 = 10\sin(314t + 90°)$ A, $i_2 = 20\sin(628t + 30°)$ A 则(　　)。

A. i_1 超前 i_2 60°　B. i_1 滞后 i_2 60°　C. i_1 超前 i_2 90°　D. 不能判断相位差

30. 在解析式 $u = U_m\sin(\omega t + \varphi)$ 中, φ 表示(　　)。

A. 频率　B. 相位　C. 初相位　D. 相位差

31. 用电设备的输出功率与输入功率之比的百分数是设备的(　　)。

A. 效率　B. 功率因数　C. 有功功率　D. 视在功率

32. 由 RLC 组成的并联电路,当外加电源信号的频率为电路的谐振频率时,电路曾现(　　)。

A. 感性　B. 容性　C. 纯电阻性　D. 不确定性

33. 由 RLC 组成的串联电路,当外加电源信号的频率为电路的谐振频率时,电路曾现(　　)。

A. 感性　B. 容性　C. 纯电阻性　D. 不确定性

34. 有功功率主要是(　　)元件消耗的功率。

A. 电感　B. 电容　C. 电阻　D. 感抗

35. 有一电阻、电容并联的正弦交流电路,测得电阻支路的电流为4 A,总电流表的读数为5 A,则电容支路中电流表的读数是(　　)。

A. 3 A　B. 4 A　C. 5 A　D. 1 A

36. 在 RLC 串联电路中,已知 $R = 3\Omega$, $X_L = 5\ \Omega$, $X_C = 8\Omega$,则电路的性质为:(　　)。

A. 感性　B. 容性　C. 纯电阻性　D. 不确定性

37. 在 RL 串联电路中,计算功率因数正确的是(　　)。

A. $\frac{R}{|Z|}$　B. $\frac{U_R}{U}$　C. $\frac{P}{S}$　D. 以上都正确

38. 在纯电感电路中,端电压(　　)。在纯电容电路中,端电压(　　)。

A. 滞后电流 90°　B. 超前电流 90°　C. 与电流反相　D. 与电流同相

39. 在单一参数的交流电路中,下列各式正确的是(　　)。

A. $i = \frac{u}{R}$　B. $i = \frac{u}{X_L}$　C. $i = \frac{u}{\omega C}$　D. $i = \frac{U}{\omega C}$

40. 在交流电路中,总电压与总电流的乘积称为交流电路的(　　)。

A. 有功功率　B. 无功功率　C. 瞬时功率　D. 视在功率

41. 在线性电路中,元件的(　　)不能用叠加原理计算。

A. 电流　B. 电压　C. 功率　D. 以上均

42. 在正弦交流电路中,基尔霍夫定律(　　)。

A. 不成立　B. 电流定律有效值成立

C. 电压定律有效值成立　D. 瞬时值或相量成立

43. 在以 ωt 为横轴的电流波形图中,取任一角度所对应的电流值称为该电流的(　　)。

A. 瞬时值　B. 有效值　C. 平均值　D. 最大值

44. 在正弦交流电的波形图上,若两个正弦量正交,说明这两个正弦量的相位差是(　　)。

A. 0°　B. 60°　C. 90°　D. 180°

四、三相电路的安装与测量

1. 220 V 相电压的三相电路，其线电压是(　　)。

A. 311 V　　B. 380 V　　C. 220 V　　D. 190 V

2. 电动机绕组采用三角形连接接于线电压为 380 V 三相四线制系统中，其中三个相电流均为 10 A，功率因数为 0.1，则其有功功率为(　　)。

A. 1.14 kW　　B. 0.38 kW　　C. 0.658 kw　　D. 0.537 kW

3. 将三相负载分别接于三相电源的两个相线间的接法称为负载的(　　)。

A. 三角形连接　　B. 星形(Y形)连接

C. 并接　　D. 对称接法

4. 接在同一个电源上的三相负载，三角形连接时的有功功率是星形(Y形)连接时的(　　)倍。

A. 2　　B.　　C. 3　　D. 1/3

5. 日常生活中，照明电路的接法是(　　)。

A. 星形(Y形)连接三相三线制　　B. 星形(Y形)连接三相四线制

C. 三角形连接三相三线制　　D. 三角形连接三相四线制

6. 三相不对称负载星形(Y形)连接在三相四线制电路中，则(　　)。

A. 各相负载电流相等　　B. 各相负载电压相等

C. 各相负载电压和电流均对称　　D. 各相负载阻抗相等

7. 三相不对称负载星形(Y形)连接在三相四线制输电系统中，则各相负载的(　　)。

A. 电流对称　　B. 电压对称

C. 电流、电压都对称　　D. 电压不对称

8. 三相电路中，相电流等于(　　)。

A. $\frac{U_{相}}{|Z|}$　　B. $\frac{U_{线}}{|Z|}$　　C. $\frac{U_{线}}{R}$　　D. $I_{线}$

9. 三相电路中，相电流是通过(　　)。

A. 每相负载的电流　　B. 相线的电流

C. 电路的总电流　　D. 电源的电流

10. 三相电路中负载按(　　)连接时，一相负载的改变对其他两相有影响。

A. 星形(Y)无中性线　　B. 星形(Y)有中性线

C. 三角形　　D. 星形(Y)或三角形

11. 三相对称电路的线电压为 250 V，线电流为 40 A，则三相电源的视在功率是(　　)。

A. 10 kV·A　　B. 17.3 kV·A　　C. 30 kV·A　　D. 51.9 kV·A

12. 三相电压或电流最大值出现的先后次序称为(　　)。

A. 正序　　B. 逆序　　C. 相序　　D. 相位

13. 三相电源绕组产生的实现电动势在相位上互差(　　)。

A. 30°　　B. 90°　　C. 180°　　D. 120°

14. 三相电源绕组的尾端接在一起的连接方式称为(　　)。

A. 三角形连接　　B. 星形(Y形)连接
C. 短接　　D. 对称型

15. 三相电源绕组星形(Y形)连接时对外可输出(　　)电压。
A. 一种　　B. 两种　　C. 三种　　D. 四种

16. 三相电源绕组作三角形连接时，只能输出(　　)。
A. 一种电压　　B. 两种电压　　C. 相电压　　D. 线电压

17. 三相四线制电路中，线电压超前相应的相电压(　　)。
A. 30°　　B. 90°　　C. 180°　　D. 120°

18. 三相四线制电路中，相电流超前相应的线电流(　　)。
A. 30°　　B. 90°　　C. 60°　　D. 0°

19. 三相对称电源绕组相电压为220 V，若有一三相对称负载额定相电压为380 V，电源和负载应接成(　　)。
A. 星形(Y形)-三角形　　B. 三角形-三角形
C. 星形(Y形)-星形(Y形)　　D. 三角形-星形(Y形)

20. 三相对称负载采用三角形连接，其线电流的大小为相电流的(　　)倍。
A. 3　　B. $\sqrt{3}$　　C. $\sqrt{3}/2$　　D. $1/\sqrt{3}$

21. 三相对称负载接成三角形时，若某相的电流为 1 A，则三相线电流的相量和为(　　)A。
A. 3　　B.　　C.　　D. 0

22. 三相对称负载三角形连接于380 V线电压的电源上，其三个相电流均为10 A，功率因数为0.6，则其无功功率应为(　　)。
A. 0.38 kvar　　B. 9.12 kvar　　C. 3 800 kvar　　D. 3.08 kvar

23. 三相对称负载接成星形(Y形)时，$I_{线}$ 与 $I_{相}$ 之间的关系是(　　)。
A. $I_{线} = 3I_{相}$　　B. $I_{线} = 2I_{相}$　　C. $I_{线} = I_{相}$　　D. $I_{线} = \sqrt{3}I_{相}$

24. 三相对称负载接成三角形时，线电流与相应的相电流之间的相位关系是(　　)。
A. 相位差为0　　B. 线电流超前相应的相电流30°
C. 相电流超前相应的线电流30°　　D. 同相位

25. 三相负载的连接方式有(　　)。
A. 一　　B. 二　　C. 三　　D. 四

26. 三相负载作星形(Y形)连接，每相负载承受电源的(　　)。
A. 线电压　　B. 相电压　　C. 总电压　　D. 相电压或线电压

27. 三相三线制电源连接方式有(　　)。
A. 四　　B. 三　　C. 二　　D. 一

28. 三相四线制电路中中性线的作用(　　)。
A. 构成线电流回路　　B. 使电源线电压对称
C. 使不对称负载的相电压对称　　D. 获得两种电压

29. 三相四线制供电系统中，线电压指的是(　　)。
A. 两相线间的电压　　B. 零对地电压

C. 相线与零线电压　　D. 相线对地电压

30. 三相四线制供电系统中,相线线间电压等于(　　)。

A. 零电压　　B. 相电压　　C. 线电压　　D. 1/2 线电压

31. 三相四线制供电系统中,中性线电流等于(　　)。

A. 0　　B. 各相电流的代数和

C. 三倍相电流　　D. 各相电流的相量和

32. 三相变压器的额定电压是指(　　)。

A. 线电压的有效值　　B. 相电压的有效值

C. 线电压的最大值　　D. 相电压的最大值

33. 下列电源相序(　　)是正相序。

A. U-V-W　　B. W-V-U　　C. U-W-V　　D. V-U-W

34. 线电流是通过(　　)。

A. 每相绕组的电流　　B. 相线的电流

C. 每相负载的电流　　D. 中性线的电流

35. 相电压是(　　)间的电压。

A. 相线与相线　　B. 相线与中性线

C. 中性线与保护线　　D. 相线与地线

36. 相序是(　　)出现的次序。

A. 周期　　B. 相位

C. 三相电动势最大值　　D. 电压

37. 选择功率表的量程时,要选择它的(　　)。

A. 电压量程　　B. 电流量程　　C. 功率量程　　D. 以上三项全选

38. 一般三相电路的相序都采用(　　)。

A. 逆序　　B. 相位　　C. 正序　　D. 相序

39. 一台三相异步电动机,其铭牌上标明的额定电压为 220 V/380 V,其接法应是(　　)。

A. 星形(Y)-三角形　　B. 三角形-星形(Y)

C. 三角形-三角形　　D. 星形(Y)-星形(Y)

40. 用电设备理想的工作电压就是它的(　　)。

A. 允许电压　　B. 电源电压　　C. 额定电压　　D. 最低电压

五、判断题

1. *RLC* 串联交流电路的阻抗与电源的频率有关。(　　)
2. *RLC* 串联交流电路中,电压一定超前电流一个角度。(　　)
3. *RL* 并联电路中,各支路电流为 4 A,则总电流为 8 A。(　　)
4. 波形图可以完整地描述正弦交流电随时间的变化规律。(　　)
5. 充电电流能穿过电容器,从一个极板到达另一个极板。(　　)
6. 串联电容器的等效电容大于其中任意一个电容器的电容量。(　　)

7. 纯电感电路既消耗有功功率又消耗无功功率。 ( )

8. 纯电容电路中电压超前电流 90°。 ( )

9. 大功率负载中的电流一定比小功率负载中的电流大。 ( )

10. 单相交流电路中,无功功率的计算公式为 $Q = UI\sin\varphi$ ( )

11. 单相交流电路中,有功功率的计算公式为 $P = UI\cos\varphi$ ( )

12. 当 RLC 串联电路发生谐振时,电路中的电流将达到最大值。 ( )

13. 当电容器的容量和其两端的电压值一定时,若电源的频率增高,则电路的功率减小。 ( )

14. 电感元件具有阻低频信号,通高频信号的特性。 ( )

15. 电容元件具有隔断直流通交流的特性。 ( )

16. 电源提供的视在功率越大,表示负载取用的有功功率也越大。 ( )

17. 电源的相线(火线)可以直接接入灯具,而控制开关可接在地线上。三眼插座安装时要遵循"左零右火"的原则。 ( )

18. 对电感性电路,若保持电源电压不变而增大电源频率,则此时电路中的总电流减小。 ( )

19. 功率因数不同的负载不能并联使用。 ( )

20. 将电感为 L 的线圈通入直流电时,其感抗大于零。 ( )

21. 交流电的有功功率是指瞬时功率在交流电的一个周期内的平均值。 ( )

22. 交流电器设备铭牌上的额度电压是指最大值。 ( )

23. 两个不同频率的正弦交流电之间存在相位差。 ( )

24. 交流电路中无功功率的单位也是 W。 ( )

25. 螺口灯头的相线(火线)应接于灯口中心的舌片上,中性线接在螺纹口上。 ( )

26. 提高电路的功率因数,就可以延长电器的使用寿命。 ( )

27. 某实际电容器充电至 24 V 后,将其从电路中取出来,则该电容器上电压将长期保持为 24 V 电压。 ( )

28. 通常所讲的电功率,在没有注明的情况下,都是指设备的视在功率。 ( )

29. 我国工业用电的频率为 50 Hz,其周期为 0.02 s。 ( )

30. 无功功率就是指无用的功率,应尽量减少。 ( )

31. 一般用电设备铭牌上表明的额定功率是指额定的有功功率,而电源设备(发电机或变压器)铭牌上标明的额定容量是指额定的视在功率。 ( )

32. 已知正弦交流电的"三要素",即可写出其解析式。 ( )

33. 用电器的功率越大,则表示该用电器消耗的电能越多。 ( )

34. 在 RLC 串联电路中,总电压的有效值总是大于各元件上的电压有效值。 ( )

35. 在纯电容交流电路中,电容器在电路中只吸收能量。 ( )

36. 在纯电阻正弦交流电路中,电压与电流相位差始终为 0。 ( )

37. 在感性负载中,电压相位可以超前电流相位 105°。 ( )

38. 在三相交流电路中,功率因数是总电压与总电流相位差的余弦。 ( )

39. 在正弦交流电的波形图中可以看出交流电的最大值、初相位和周期。 ( )

40. 正弦交流电的解析式可以表示最大值与瞬时值之间的关系。 ( )

41. 总电压滞后总电流 90° 的正弦交流电路是一个纯电感电路。 (　　)

六、三相电路的安装于测量

1. 电源设备(发电机或变压器)铭牌上标注的额定容量是指额定的有功功率。 (　　)

2. 任意三相交流电路中,线电压均为相电压的$\sqrt{3}$ 倍。 (　　)

3. 若对称三相电源的 U 相电压为 $u_{U} = 100\sin(\omega t + 60°)$ V,相序为 U-V-W,则当电源作星形(Y形)连接时线电压 $u_{UV} = 100\sqrt{3}\sin(\omega t + 90°)$ V。 (　　)

4. 三角形连接的负载每相承受电源的线电压。 (　　)

5. 三相不对称负载星形(Y形)连接时线电流是相电流的$\sqrt{3}$ 倍。 (　　)

6. 三相电动机的供电方式可用三相三线制,同样照明电路的供电方式也可用三相三线制。 (　　)

7. 三相电动机接在同一电源中,作三角形连接时总功率是作星形连接时的 3 倍。(　　)

8. 三相电路中,三相视在功率等于某相视在功率的三倍。 (　　)

9. 三相电路中,三相有功功率等于任意一相有功功率的三倍。 (　　)

10. 三相电路中,线电压就是任意两相线间的电压。 (　　)

11. 三相电路中,相电流就是流过相线的电流。 (　　)

12. 三相电路中,相电流就是流过每相负载的电流。 (　　)

13. 三相电路中,相电压就是相线与相线之间的电压。 (　　)

14. 三相对称电路中,三相视在功率等于三相有功功率与三相无功功率之和。 (　　)

15. 三相电源绕组的三角形连接,是将电源的三相绕组任意连接成一个闭合回路。 (　　)

16. 三相电源绕组星形(Y形)连接时可输出两种电压即相电压和线电压。 (　　)

17. 三相对称负载作星形(Y形)连接时,相电压滞后相应的线电压 30°。 (　　)

18. 三相对称电路中,相电压等于线电压的倍。 (　　)

19. 三相对称负载是指每相负载的阻抗大小相等且性质相同。 (　　)

20. 三相对称负载三角形连接,每相负载电阻 10 Ω,接在 380 V 线电压的三相交流电路中,电路的线电流为 38 A。 (　　)

21. 三相对称负载三角形连接,每相负载电阻 10 Ω,接在 380 V 线电压的三相交流电路中,每相负载流过的相电流为 38 A。 (　　)

22. 三相负载如何连接应根据负载的额定电压和三相电源电压的数值而定。 (　　)

23. 三相负载三角形连接的电路,线电流是指流过相线中的电流。 (　　)

24. 三相负载星形(Y形)连接时,无论负载对称与否,线电流必等于相电流。 (　　)

25. 三相负载三角形连接时,若测得三个相电流相等,则三个线电流也必然相等。(　　)

26. 三相负载星形(Y形)连接时,负载越接近对称,则中性线电流越小。 (　　)

27. 三相负载星形(Y形)连接时,无论负载对称与否,线电流必定等于相电流。 (　　)

28. 三相四线制对称电路中,取消中性线对负载有影响。 (　　)

29. 三相四线制系统中,中性线上可装设开关。 (　　)

30. 为了避免保护线(PE 线)断线,在保护线上不允许安装任何开关或熔断器。( )
31. 相序表是检测电源的相位的电工仪表。( )
32. 相序是三相电动势或三相电流达到最大值的先后次序。( )
33. 星形(Y形)连接和三角形连接的三相对称负载功率可以用同一个公式计算。( )
34. 在三相电路中,电源中性点与负载中性点间的电压始终为零。( )
35. 在三相负载不平衡电路中,通常只要计算一相无功功率,乘 3 就是总的无功功率。( )

七、综合计算

1. 某线圈接到电压为 10 V 的直流电源上,测得流过线圈的电流为 0.25 A,现将它改接在交流电压为 $u = 220\sqrt{2}\sin 314t$ V 上,测得流过线圈的电流为 4.4 A,试求线圈的电阻和电感量。

解:在直流电路中,$R = \frac{U}{I} = \frac{10}{0.25}\Omega = 40\ \Omega$

在交流电路中,$|Z| = \frac{U}{I} = \frac{220}{4.4} = 50\ \Omega$

$Z = R + jX_L \qquad |Z| = \sqrt{R^2 + X_L^2}$

电感元件的阻抗 $X_L = \sqrt{Z^2 - R^2} = \sqrt{50^2 - 40^2} = 30\ \Omega$,电感系数为:$L = \frac{X_L}{\omega} = \frac{30}{314} =$ 95.5 mH

2. 电感、电容元件对交流电流的阻碍作用分别称为什么?其大小与哪些因素有关?

3. 当交流电的频率增加上,哪种元件的阻抗值随频率增加而增加,哪种元件的阻抗值随频率的增加而减小?电阻、电感、电容元件在交流电路中的主要作用分别是什么?

4. 功率 $P = 40$ W 的日光灯电路,接在 $U = 220$ V 的工频交流电压上使用,测得功率因数 $\cos\varphi = 0.5$,电流 $I = 0.367$ A,求:(1) 电路的无功功率 Q;(2) 若将电路的功率因数提高到 $\cos\varphi = 0.9$,求电路的总电流 I',无功功率 Q' 及所并联的电容值。

5. 荧光灯导通后的电路模型为电阻与电感串联,其等效电阻为 300 Ω,等效电感 1.66 H,接在 220 V 的工频交流电压上使用,求:荧光灯电路的电流 I,功率 P 及功率因数 $\cos\varphi$。

6. 设电压 $u = 220\sqrt{2}\sin(314t - 30°)$ V,它的周期、频率、角频率、有效值、最大值、相位、初相位各为多少?当 $t = 0.03$s 时,电压的瞬时值是多少?

7. 在正弦交流电路中,电阻、电感、电容元件中的电流与两端电压的相位关系如何?同一电路中有多种元件时,如何判断电路的性质?

参 考 文 献

[1] 金仁贵,李蛇根. 电工基础[M]. 北京:北京大学出版社,2005.
[2] 程周. 电工与电子技术[M]. 北京:中国铁道出版社,2010.
[3] 曹才开,郭瑞平. 电路分析基础[M]. 北京:清华大学出版社,2009.
[4] 秦斌. 电路分析[M]. 北京:科学出版社,2009.
[5] 刘文革. 实用电工电子技术基础[M]. 北京:中国铁道出版社,2010.
[6] 邢迎春,王晓. 电工电子技术基础[M]. 大连:大连理工大学出版社,2010.
[7] 杨清德,余明正. 轻轻松松学电工:基础篇[M]. 北京,人民邮电出版社,2008.
[8] 王建生,张益农. 电路分析与应用基础[M]. 北京:北京邮电大学出版社,2007.
[9] 白乃平. 电工基础[M]. 西安电子科技大学出版社,2002.
[10] 陈跃安. 电工技术习题指导[M]. 北京:中国铁道出版社,2010.
[11] 余佩琼. 电路实验教程[M]. 北京:人民邮电出版社,2010.
[12] 张峰,吴月梅,李丹. 电路实验教程[M]. 北京:高等教育出版社,2008.
[13] 曹才开. 电路实验[M]. 北京:清华大学出版社,2005.
[14] 日曾根悟,等. 图解电气大百科[M]. 北京:科学出版社,2002.
[15] 程周. 电工基础[M]. 北京:电子工业出版社,2008.
[16] 秦曾煌. 电工学[M]. 北京:高等教育出版社,2004.
[17] 罗挺前. 电工与电子技术[M]. 北京:高等教育出版社,2006.